“十二五”国家重点图书出版规划项目

城市防灾规划丛书

谢映霞　主编

第五分册

城市消防规划

韩　新　编著

中国建筑工业出版社

图书在版编目（CIP）数据

城市防灾规划丛书 第五分册 城市消防规划 / 韩新编著．—北京：中国建筑工业出版社，2016.7（2024.8 重印）

ISBN 978-7-112-19469-8

Ⅰ.①城… Ⅱ.①韩… Ⅲ.①城市-灾害防治-城市规划 ②消防-城市规范 Ⅳ.①X4 ②TU998.1

中国版本图书馆CIP数据核字（2016）第121651号

责任编辑：焦 扬 陆新之
责任校对：王宇枢 李欣慰

城市防灾规划丛书
第五分册
城市消防规划
韩 新 编著
*
中国建筑工业出版社出版、发行（北京海淀三里河路9号）
各地新华书店、建筑书店经销
北京锋尚制版有限公司制版
北京中科印刷有限公司印刷
*
开本：880×1230毫米 1/16 印张：17¾ 字数：470千字
2016年12月第一版 2024年8月第四次印刷
定价：**98.00**元

ISBN 978-7-112-19469-8
（28735）

总　序

我国是一个灾害频发的国家，近年来，随着公共安全意识的逐渐提高，我国防灾减灾能力不断提升，防灾减灾设施建设水平迅速提高，有效应对了特大洪涝灾害、地震、地质灾害以及火灾等灾害。但是，我国防灾减灾体系仍然还不完善，防灾减灾设施水平和能力建设仍然相对薄弱，随着我国城镇化的迅速发展，城市面临的灾害风险仍然呈日益加大的趋势。特别是当前我国正处于经济和社会的转型时期，公共安全的风险依然存在，防灾减灾形势严峻，不容忽视。

城市防灾减灾规划是保护生态环境，实施资源、环境、人口协调发展战略的重要组成部分，对预防和治理灾害，减轻灾害造成的损失、维护人民生命财产安全有着直接的作用，对维护社会稳定，保障生态环境，促进国民经济和社会可持续发展具有重要的意义。

防灾减灾工作的原则是趋利避害，预防为主，城市规划是防灾减灾的重要手段，这就是要在城市规划阶段做好顶层设计，防患于未然，关键是关口前移。城市安全是关乎民生的大事，国务院高度重视城市防灾减灾工作，在2016年对南京、广州、合肥等一系列城市的规划批复中要求各地要“高度重视城市防灾减灾工作，加强灾害监测预警系统和重点防灾设施的建设，建立健全包括消防、人防、防洪、防震和防地质灾害等在内的城市综合防灾体系”，进一步阐明了防灾减灾规划的重要作用，无疑，对规划的编制和实施提出了规范化的要求。

随着我国城镇化的发展，各地防灾规划的实践日益增多，防灾规划编制的需求日益加大。但目前我国城市防灾体系还不健全，相应的防灾规划的体系也不完善，防灾规划的编制内容、深度编制和方法一直在探索研究中。为了满足防灾规划编制的需要，加强防灾知识的普及，我们策划了本套丛书，旨在总结成熟的规划编制经验，顺应城市发展规律，推动规划的科学编制和实施。

本套丛书针对常见的自然灾害，按目前城市防灾规划中常规分类分为城市综合防灾规划、城市洪涝灾害防治规划、城市抗震防灾规划、城市地质灾害防治规划、城市消防规划和城市灾后恢复与重建规划六个方面。丛书系统介绍了灾害的基本概念、国内外防灾减灾基本情况和发展趋势、城市防灾减灾规划的作用、规划的技术体系和技术要点，并通过具体案例进行了展示和说明。体现了城市建设管理理念的更新和转变，探讨了新的可持续的城市建设管理模式。对实现城市发展模式的转变，合理建设城市基础设施，推进我国城镇化健康发展，具有积极的作用，对防灾规划的研究和编制具有很好的参考价值和借鉴作用。

丛书编写过程中，编写组收集了国内外相关领域的大量资料，参考了美国、日本、欧洲一些国家以及我国台湾和香港地区的先进经验，总结了我国城市综合防灾规划以及单项防灾规划编制的实践经验，采纳了城市规划领域和防灾减灾领域的最新研究成果。本套丛书跨越了多个学科和门类，为了便于读者理解和使用，编者力求从实际出发，深入浅出，通俗易懂。每一分册由规划理论、规划实务和案例三部分组成，在介绍规划编制内容的同时，也介绍一些编制方法和做法，希望能对读者编制综合防灾规划和单灾种防灾规划有所帮助。

本套丛书共分六册，第一分册和第六分册为综合性的内容。第一分册为综合防灾规划编制，第六分册针对灾后恢复与重建规划编制。第二分册至第五分册分别围绕防洪防涝、抗震、防地质灾害和消防几个单灾种专项规划编制展开。第一分册《城市综合防灾规划》，由中国城市规划设计研究院邹亮、陈志芬等编著；第二分册《城市洪涝灾害防治规划》，由华南理工大学吴庆洲、李炎等编著；第三分册《城市抗震防灾规划》，由北京工业大学王志涛、郭小东、马东辉等编著；第四分册《城市地质灾害防治规划》，由中国科学院山地研究所崔鹏等编著；第五分册《城市消防规划》，由上海市消防研究所韩新编著；第六分册《城市灾后恢复与重建规划》由清华同衡城市规划设计研究院张孝奎、万汉斌等编著。本套丛书既是系统的介绍，也是某一个专项的详解，每一本独立成册。读者可以阅读全套丛书，进行综合地系统地学习，从而对城市综合防灾和防灾减灾规划有一个全方位的了解，也可以根据工作需要和专业背景只选择某一本阅读，掌握某一种灾害的防治对策，了解单灾种防灾规划的编制内容和方法。

本套丛书阅读对象主要是从事防灾减灾专业的技术人员和城市规划专业的技术人员；大专院校、科研院所城市规划专业和防灾领域的教师、学生也可以作为参考书；对政府管理人员了解防灾减灾规划基本知识以及管理工作也会有一定帮助。

本书编写过程中，得到了洪昌富教授、秦保芳先生、黄国如教授等的大力帮助，他们提供了相关领域的研究成果和案例，在百忙之中抽出时间审阅了文稿，并提出了宝贵的意见和建议。本书编写出版过程中还得到了中国建筑工业出版社的大力帮助和支持，出版社陆新之主任和责任编辑焦扬对本丛书倾注了极大的心血，从始至终给予了很多具体的指导，在此一并致谢。

由于本丛书篇幅较大，专业涉及面广，且作者水平有限，尽管我们竭尽诚意使书稿尽量完善，但不足及疏漏的地方仍在所难免，敬请读者批评指正。

丛书主编　谢映霞

2016年8月

前言

由国家发展和改革委员会组织编写的《国家新型城镇化报告2015》显示，从1978年到2014年，我国城镇化率年均提高约 1 个百分点，城镇常住人口由1.7亿人增加到7.5亿人，城市数量由193个增加到653个，城市建成区面积从1981年的0.7万km^2增加到2015年的4.9万km^2。城市基础设施明显改善，公共服务水平不断提高，城市功能不断完善。2015年，城镇化率进一步提高到56.1％。目前，我国正进入城镇化的加速发展阶段，如此快速的城市化进程使城市安全综合治理能力建设明显落后于城市发展的速度，对于城市消防规划也带来了许多新的问题和困难，如何应对这些难题是城市消防规划必须面临的挑战。

在城市快速发展过程中，城市规模日益扩大，使新城与旧城、城区与工业区、商业区与棚户区共存，直接影响城市消防安全布局。另外，由于历史原因，我国的城市消防给水往往存在老城区管网陈旧、供水能力不足以及新城区消防管网建设严重滞后于城市发展等问题，特别是城市市政消火栓数量普遍不足，缺口量大，已成为影响火灾扑救的制约因素。一旦发生火情，城市基础设施发展的滞后会直接导致人民生命财产的损失。此外，许多城市采取多中心的发展模式，各城市次中心既各有侧重又相互补充，联系紧密，将城市的一些行政、科研、工业功能外迁，以缓解城市集中化发展带来的压力。因而原先以单一城市中心为背景的城市消防规划已不能完全适应这种转变，新的城市中心必然需要配套相应的消防规划与消防设施，应根据新的城市空间格局合理调整城市消防站以及相应消防资源的配置，既要满足相应法规的要求，又要使资源得到合理的利用。目前，尽管我国城市居民的整体消防安全意识在不断提高，但仍有市民还不会使用灭火器或采取一些常用的灭火方法扑救初期火灾，在火灾中自救逃生能力不强，也难以发现自己周围存在的消防安全隐患，消防安全意识相对淡薄。对于许多火灾案例进行分析不难发现，火灾发生初期是控制火势或者扑救火灾的最佳时期，若初期处理得当，许多悲剧都不会发生。因此，必须将提高全民消防意识纳入城市消防规划，通过营造良好的消防人文环境，最终实现消防工作社会化。城市消防规划是对城市消防安全保障体系未来几年甚至几十年的规划设计，在制定城市消防规划时既要对城市的发展前景进行预判，也需要立足于确保城市安全运行，科学、合理、具有前瞻性地考虑城市消防的发展需求。本书尝试系统梳理编制城市消防规划的各项要素，并通过实例为各级政府编制可持续的城市消防规划提供技术支撑和应用指导。

全书分三部分，共9章。第一部分为第一章至第五章，主要是城市消防规划理论。第一章绪论，通过研究城镇化进程对火灾的影响以及城市火灾的类型和特点，分析了城市消防面临的挑战，论述了城市消防规划的意义；第二章介绍了我国城市消防规划的发展概况、编制工作现状与展望；第三章论述了城市消防规划体系，包括消防规划的地位与作用、指导思想与原则、基本任务与内容；第四章结合实例介绍了城市消防发展水平综合评价方法；第五章应用案例介绍了我国城市区域火灾风险评估方法，简要分析了国外城市火灾风险评估方法的主要特点。第二部分为第六章至第八章，主要是城市消防规划实务。第六章论述了消防规划的编制与实施管理，主要包括消防规划编制与实施的主体及责任，消防规划的编制依据、编制程序、编制成果以及消防规划的实施管理；第七章论述了城市消防安全布局，包括城市消防安全布局规划的基本要求和主要内容，城市地下空间消防规划措施以及城市防灾避难场所的设置要求；第八章论述了城市公共消防基础设施规划，分别分析了消防站布局、消防装备、消防通信、消防供水和消防车通道规划的目的与作用、原则、主要内容和具体要求。第三部分为规划实例，主要介绍上海市消防规划、2010年上海世博会消防规划、福建省厦门市消防规划和广东省小城镇消防规划。

本书由韩新编著。编者先后参与了上海市消防规划、2010年上海世博会消防规划、海南省消防发展规划、海南省洋浦经济开发区消防规划、海南省洋浦经济开发区海陆消防站规划等相关消防规划的编制工作，参与编写了由中华人民共和国公安部消防局主编的《中国消防手册第三卷“消防规划·公共消防设施·建筑防火设计”》中的消防规划相关内容，本书中有关城市消防发展水平综合评价方法和城市区域火灾风险评估方法参考借鉴了中国消防手册中的相关成果。在本书编者参与的相关消防规划编制、《中国消防手册》与本书的编写过程中，得到了上海市消防局沈友弟、曾杰、杨风雷、唐淼、周贤龙，海南省消防局张刚、张哲、吴思军、吴世彬、汤坚，上海市城市规划设计研究院徐国强、张锦文，重庆市规划设计研究院罗翔的鼎力支持和热心帮助；公安部天津消防研究所杜霞认真审阅了书稿，提出了宝贵的修改意见；中国建筑工业出版社焦扬编辑对本书的编写给予了耐心细致的帮助，她认真负责、精益求精的专业态度给编者留下了深刻印象；卫雯雯协助汇总了全书稿件。至此书稿即将付梓之际，本书编者谨向审稿人、编辑以及所有在撰写过程中给予支持的个人和单位致以衷心的感谢！

本书在编写过程中得到了相关专家的指导和丛书组织单位中国建筑工业出版社的帮助，由于编者水平所限，书中难免存在不足之处，敬请读者批评指正。

韩新

2016年5月

目 录

第 1 篇　规划理论

第1章 绪论

1.1 概述

从新中国成立到改革开放，再到新世纪以来，中国城镇化经历了缓慢发展期、加速发展期和快速发展期三个阶段。根据《中国统计年鉴》[1]数据显示，2014年年末，中国大陆总人口数136782万人，城镇人口74916万人，城镇化率达到54.77%。城镇化水平总体上有了大幅度提升，由2000年的36.22%上升至2010年的49.95%，并于2014年突破50%的水平，14年来共增长了18.55个百分点，年均增长率1.33%，高于1980～1990年间0.68%的增长率和1990～2000年间0.98%的增长率（图1-1）。地级以上城市数量从2000年的262个增加到292个（表1-1、图1-2）。城镇化水平总体处于快速稳步上升阶段，预计未来将大体保持每年1%的增长速度。京津冀、长江三角洲、珠江三角洲三大城市群，以2.8%的国土面积集聚了18%的人口，创造了36%的国内生产总值，成为带动我国经济快速增长和参与国际经济合作与竞争的主要平台。城市水、电、路、气、信息网络等基础设施显著改善，教育、医疗、文化体育、社会保障等公共服务水平明显提高，人均住宅、公园绿地面积大幅增加（表1-2）。城镇化的快速推进，吸纳了大量农村劳动力转移就业，提高了城乡生产要素配置效率，推动了国民经济持续快速发展，带来了社会结构深刻变革，促进了城乡居民生活水平全面提升，取得的成就举世瞩目。改革开放以来，我国经历了世界历史上规模最大、速度最快的城镇化进程。《国家新型城镇化规划（2014—2020年）》明确指出，到2020年，我国的城镇化水平和质量稳步提升；城镇化格局更加优化；城市发展模式科学合理；城市生活和谐宜人；城镇化体制机制不断完善。这一全局性的城市发展和变化，将会影响着我国国民经济建设各个方面的战略对策和部署。因此，切实把握城市发展时机，科学地编制城市规划，其中包括城市消防专项规划，不断强化城市火灾防控的综合能力，对于确保我国城镇化进程健康、协调发展具有重要的现实意义。

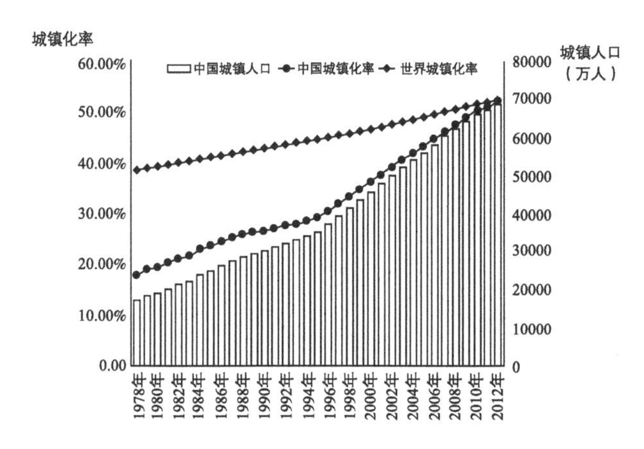

图1-1 城镇化水平变化

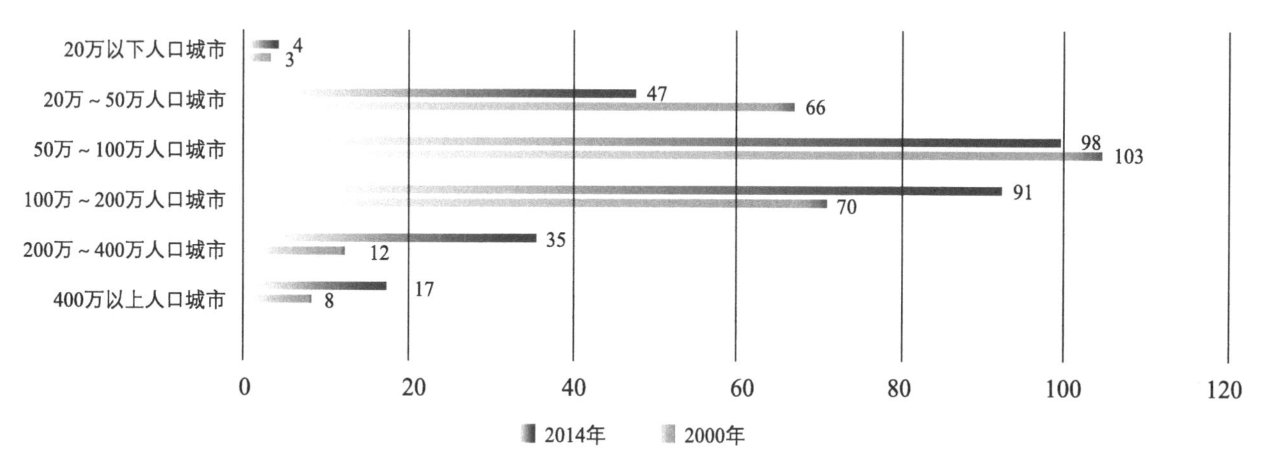

图1-2 地级以上城市数量和规模变化

地级以上城市数量和规模变化情况（个） 表1-1

城市规模 \ 城市数量	2000年	2014年
	262	292
400万以上人口城市	8	17
200万～400万人口城市	12	35
100万～200万人口城市	70	91
50万～100万人口城市	103	98
20万～50万人口城市	66	47
20万以下人口城市	3	4

注：2014年数据根据《中国统计年鉴（2014年）》数据整理。

城市基础设施和服务设施变化情况 表1-2

指标	2000年	2012年	2013年	2014年
用水普及率	63.9%	97.2%	97.6%	97.6%
燃气普及率	44.6%	93.2%	94.3%	94.6%
人均道路面积（m^2）	6.1	14.4	14.87	15.34
人均住宅建筑面积（m^2）	20.3	32.9	—	—
污水处理率	34.3%	87.3%	—	—
人均公园绿地面积（m^2）	3.7	12.3	12.64	13.08
普通中学（所）	14473	17333	—	—
病床数（万张）	142.6	273.3	—	—

1.2 城镇化进程对火灾的影响

从社会发展的宏观角度看，一个国家基本建设规模的大小，反映着经济发展的速度，同时也在相当程度上反映着城市化进程的快慢。我国自改革开放以来，国民经济的年递增率基本上保持在8%，国家进行了空前大规模的基本建设。特别是近几年来国家基本建设规模不断加大，其投资总额占国内生产总值（GDP）的比例持续稳定在13%左右（表1-3）[1]，这反映出我国城市化的进程正处在一个高速发展期（图1-3）。

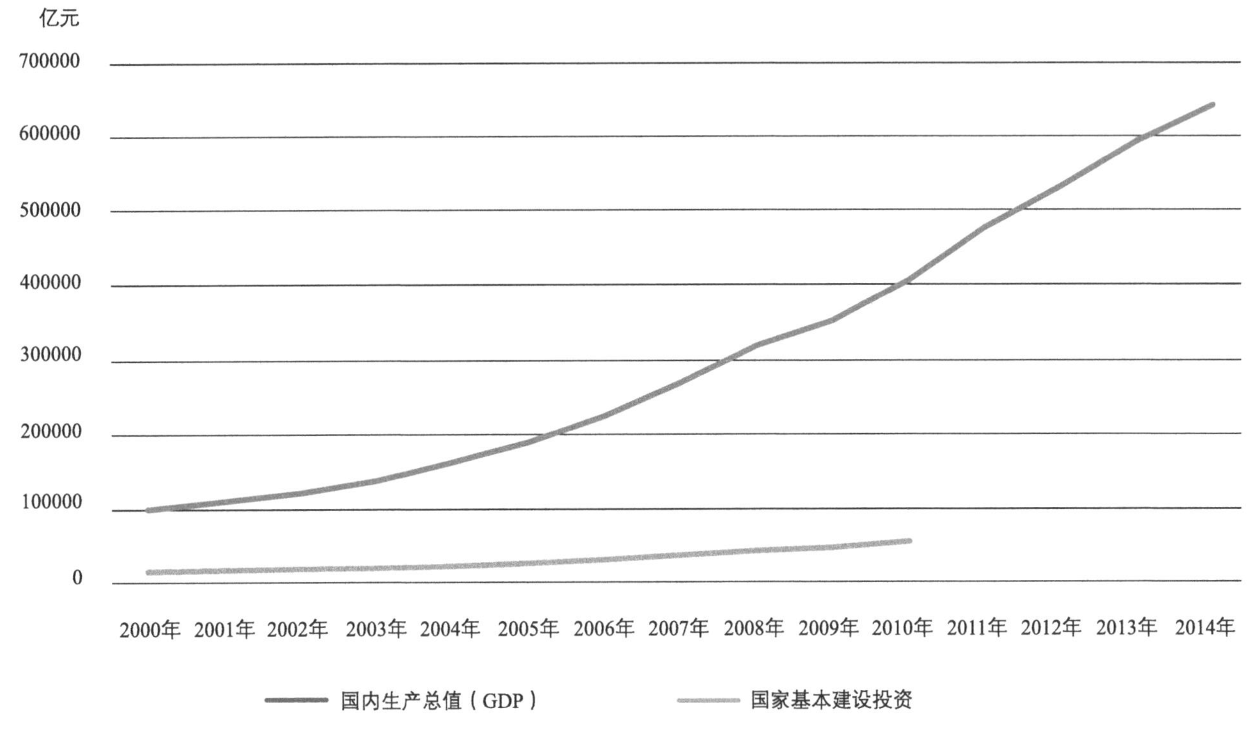

图1-3 国家基本建设投资增长情况

国家基本建设投资增长情况表（亿元） 表1-3

年度	国内生产总值（GDP）	国家基本建设投资	国家基本建设投资占国内生产总值的比例	年度	国内生产总值（GDP）	国家基本建设投资	国家基本建设投资占国内生产总值的比例
2000年	98749.00	15661.40	15.86%	2008年	315974.60	41752.09	13.21%
2001年	109028.99	17498.03	16.05%	2009年	348775.12	45690.18	13.10%
2002年	120475.62	18759.95	15.57%	2010年	402816.47	53356.31	13.25%
2003年	136613.41	20035.70	14.67%	2011年	472619.00	—	—
2004年	160956.58	22334.10	13.88%	2012年	527608.00	—	—
2005年	187423.47	26398.83	14.09%	2013年	588019.00	—	—
2006年	222712.53	30528.40	13.71%	2014年	635910.00	—	—
2007年	266599.21	35900.30	13.47%				

我国的城镇化进程不断加快，带来了经济和社会的变革，迎来了中国经济和社会发展的上升期，同时城市火灾也越来越严重。据对1980～1988年全国城市火灾情况的统计分析[2]，火灾造成的死伤人数和经济损失呈逐年上升趋势，城市火灾年均损失占全国火灾年均损失的57%，个别年度高达86.5%，而且城市火灾发生频率一年比一年高。随着城镇化的进程，火灾明显呈现严重化趋势。

表1-4所示为1990年至2010年二十年间我国城市化进程与城市火灾的数据对照。20年间，城市数量增长41.8%，城镇数量增长60.63%，人口普查城镇人口增长122.07%，住宅房屋竣工面积增长102.08%，火灾起数增长127.63%，火灾经济损失增长264.97%。

20年间城市化进程与城市火灾的数据对照表　表1-4

	项目	单位	1990年年底	2010年年底	增长（%）
城市化指标	城市数	个	464	658	41.8%
	建制镇数	个	12084	19410	60.63%
	人口普查城镇人口数	万人	29971	66557	122.07%
	建成区面积	km^2	—	40058.01	—
	城市人口密度	人/km^2	—	2209	—
	住宅房屋竣工面积	亿m^2	8.64	17.46	102.08%
	商品住宅房屋竣工面积	亿m^2	—	6.34	—
	生活煤气消费量	亿m^3	—	167	—
	生活天然气消费量	亿m^3	—	227	—
火灾指标	火灾起数	次	58207	132497	127.63%
	死亡人数	人	2172	1205	-44.52%
	伤残人数	人	4926	624	-87.33%
	经济损失	万元	53688.6	195945.2	264.97%

近10年火灾占新中国成立64年来火灾的比例情况　表1-5

项目	2004至2013年	1950至2013年	所占比例
火灾起数	1949256	6120707	31.85%
死亡（人）	16610	191450	8.68%
伤亡（人）	12812	342153	3.74%
直接损失（亿元）	195	439	44.42%

由此看出，当前我国火灾总体形势依然十分严峻。随着国家经济的发展和城镇化的进程，社会经济问题不断增长，物质财富不断积累，火灾造成的财产损失将呈现增长趋势，预计对国民经济和社会发展的潜在威胁和危害还将继续扩大（表1-5）。因此，建立综合性的城市消防安全保障体系，增强城市抵御火灾侵袭整体能力，实现城市建设的可持续发展，是一项非常迫切的任务。

1.3 城市火灾的类型及特点

现代城市是政治、经济、科学技术和文化教育的中心，城市在社会经济发展中一直起着主导作用。城市既是生产、商贸、高科技产业、通信、金融、交通、信息的主要载体，同时也是各种灾害的集中载体。城市火灾的多发性、破坏程度的严重性及其危害影响的宽广性和分散性，是城市受多种灾害“诱发链”诱发灾害的缘由。表1-6所示是从火灾起数、直接经济损失、死亡与伤亡人数、每十万人火灾发生率等方面对1950～2013年全国火灾年度情况的统计，图1-6、图1-7和图1-8分别表示1950年～2013年全国火灾的起数与直接经济损失、死亡人数以及发生率的年度统计，表1-7和图1-9是对2000年～2013年全国一次死亡30人以上火灾情况的统计分析。城市火灾的灾场情况异常复杂，大城市和特大城市往往具有恶性火灾的多种诱发源[3]。

1950～2013年全国火灾情况统计　　表1-6

年度	起数	直接损失（万元）	死人	伤人	火灾发生率（起/十万人口）	火灾死亡率（人/百万人口）	火灾伤人率（人/百万人口）	次均损失（元）	人均损失（元）	火灾损失率（元/万元国内生产总值）
合计	6120707	4385410.8	191450	342153	—	—	—	—	—	—
1950年	19692	1778.8	908	1873	3.6	1.6	3.4	903.3	0.03	—
1951年	19740	4420.1	754	2526	3.5	1.3	4.5	2239.2	0.1	—
1952年	36585	7321.3	741	2967	6.4	1.3	5.2	2001.2	0.1	—
1953年	37766	8077.2	1180	4292	6.4	2.0	7.3	2038.7	0.1	—
1954年	43849	3962.6	1414	2773	7.3	2.3	4.6	903.7	0.1	—
1955年	89703	4158.6	1865	5210	14.6	3.0	8.5	463.6	0.1	—
1956年	89680	6141.9	3408	14454	14.3	5.4	23.0	684.9	0.1	—
1957年	75579	5818.2	2929	9742	11.7	4.5	15.1	769.8	0.1	—
1958年	73315	8173.9	5310	11352	11.1	8.0	17.2	1114.9	0.1	—
1959年	114880	11616.9	10131	14617	17.1	15.1	21.7	1011.2	0.2	—

续表

年度	起数	直接损失（万元）	死人	伤人	火灾发生率（起/十万人口）	火灾死亡率（人/百万人口）	火灾伤人率（人/百万人口）	次均损失（元）	人均损失（元）	火灾损失率（元/万元国内生产总值）
1960年	90845	17886.3	10843	13809	13.7	16.4	20.9	1968.9	0.3	—
1961年	103485	23009.2	6989	10597	15.7	10.6	16.1	2223.4	0.4	—
1962年	105064	17389.6	4990	8555	15.6	7.4	12.7	1655.1	0.3	—
1963年	106468	16691.2	4798	8939	15.4	6.9	12.9	1567.7	0.2	—
1964年	63301	9724.0	3441	6646	8.9	4.9	9.4	1536.2	0.1	—
1965年	76859	9588.2	4179	8283	10.6	5.8	11.4	1247.5	0.1	—
1966年	85377	19695.0	5386	12171	11.5	7.2	16.3	2306.8	0.3	—
1967年	36861	6403.4	1912	4199	4.8	2.5	5.5	1737.2	0.1	—
1968年	25940	5538.9	1114	2484	3.3	1.4	3.2	2135.3	0.1	—
1969年	35205	9651.2	1348	3615	4.4	1.7	4.5	2741.4	0.1	—
1970年	39925	9904.9	2167	5658	4.8	2.6	6.8	2480.9	0.1	—
1971年	75593	30428.4	4362	12368	8.9	5.1	14.5	4025.3	0.4	—
1972年	88417	26625.7	4629	10437	10.4	5.3	12.0	3011.4	0.3	—
1973年	84966	22141.9	4337	9095	9.5	4.9	10.2	2606.0	0.3	—
1974年	86614	27527.8	4348	8799	9.5	4.8	9.7	3178.2	0.3	—
1975年	82221	21343.0	4818	8674	8.9	5.2	9.4	2595.8	0.2	—
1976年	81634	25418.9	5673	9865	8.7	6.1	10.5	3113.8	0.3	—
1977年	85442	33519.4	5583	8699	9.0	5.9	9.2	3923.1	0.4	—
1978年	81667	22743.4	4046	7990	8.5	4.2	8.3	2784.9	0.24	6.28
1979年	88082	23236.2	3696	6175	9.0	3.8	6.3	2638.0	0.24	5.81
1980年	54333	17609.3	3043	3710	5.5	3.1	3.8	3241.0	0.18	3.90
1981年	50034	23130.6	2643	3480	5.0	2.6	3.5	4623.0	0.23	4.76
1982年	41541	18926.3	2249	2929	4.1	2.2	2.9	4556.1	0.19	3.57

续表

年度	起数	直接损失（万元）	死人	伤人	火灾发生率（起/十万人口）	火灾死亡率（人/百万人口）	火灾伤人率（人/百万人口）	次均损失（元）	人均损失（元）	火灾损失率（元/万元国内生产总值）
1983年	37026	20398.0	2161	2741	3.6	2.1	2.7	5509.1	0.20	3.44
1984年	33618	16086.4	2085	2690	3.3	2.0	2.6	4785.1	0.32	2.24
1985年	34996	28421.9	2241	3543	3.3	2.1	3.3	8121.5	0.27	3.17
1986年	38766	32584.4	2691	4344	3.6	2.5	4.0	8405.4	0.30	3.19
1987年	32053	80560.8	2411	4009	2.9	2.2	3.7	25133.6	0.74	6.73
1988年	29852	35424.4	2234	3206	2.7	2.0	2.9	11866.7	0.32	2.37
1989年	24154	49125.7	1838	3195	2.1	1.6	2.8	20338.5	0.44	2.90
1990年	52807	53688.6	2172	4926	5.1	1.9	4.3	9223.7	0.47	2.90
1991年	45167	52158.8	2105	3771	3.9	1.8	3.3	11548.0	0.45	2.41
1992年	39391	69025.7	1937	3388	3.4	1.7	2.9	17523.2	0.59	2.59
1993年	38073	111658.3	2378	5937	3.2	2.0	5.0	29327.4	0.94	3.22
1994年	39337	124391.0	2765	4249	3.3	2.3	3.5	31621.9	1.04	2.66
1995年	37915	110315.5	2278	3838	3.1	1.9	3.2	29095.5	0.91	1.89
1996年	36856	102908.5	2225	3428	3.0	1.8	2.8	27921.8	0.84	1.52
1997年	140280	154140.6	2722	4930	11.4	2.2	4.0	10988.1	1.25	2.06
1998年	142326	144257.3	2389	4905	11.4	1.9	3.9	10135.7	1.16	1.81
1999年	179955	143394.0	2744	4572	14.4	2.2	3.7	7968.3	1.15	1.75
2000年	189185	152217.3	3021	4404	14.9	2.4	3.5	8046.0	1.20	1.78
2001年	216784	140326.1	2334	3781	17.0	1.8	3.0	6473.1	1.10	1.46
2002年	258315	154446.4	2393	3414	20.1	1.9	2.7	5979.0	1.20	1.51
2003年	253932	159088.6	2482	3087	19.7	1.9	2.4	6265.0	1.23	1.0036
2004年	252804	167357.0	2562	2969	19.5	2.0	2.3	6620.0	1.29	1.23
2005年	235941	136603.4	2500	2508	18.0	1.9	1.9	5789.7	1.04	0.75

续表

年度	起数	直接损失（万元）	死人	伤人	火灾发生率（起/十万人口）	火灾死亡率（人/百万人口）	火灾伤人率（人/百万人口）	次均损失（元）	人均损失（元）	火灾损失率（元/万元国内生产总值）
2006年	231881	86044.0	1720	1565	17.6	1.3	1.2	3710.7	0.65	0.41
2007年	163521	112515.8	1617	969	12.4	1.2	0.7	6880.8	0.85	0.46
2008年	136835	182202.5	1521	743	10.3	1.1	0.6	12483.2	1.29	0.69
2009年	129382	162392.4	1236	651	9.7	0.9	0.5	12551.39	1.22	0.48
2010年	132497	195945.2	1205	624	9.9	0.9	0.5	14788.65	1.46	0.49
2011年	125417	205743.4	1108	571	9.3	0.8	0.4	16404.75	1.53	0.44
2012年	152157	217716.3	1028	575	11.2	0.8	0.4	14308.66	1.61	0.42
2013年	388821	484670.2	2113	1637	28.6	1.6	1.2	12465.1	3.6	0.9

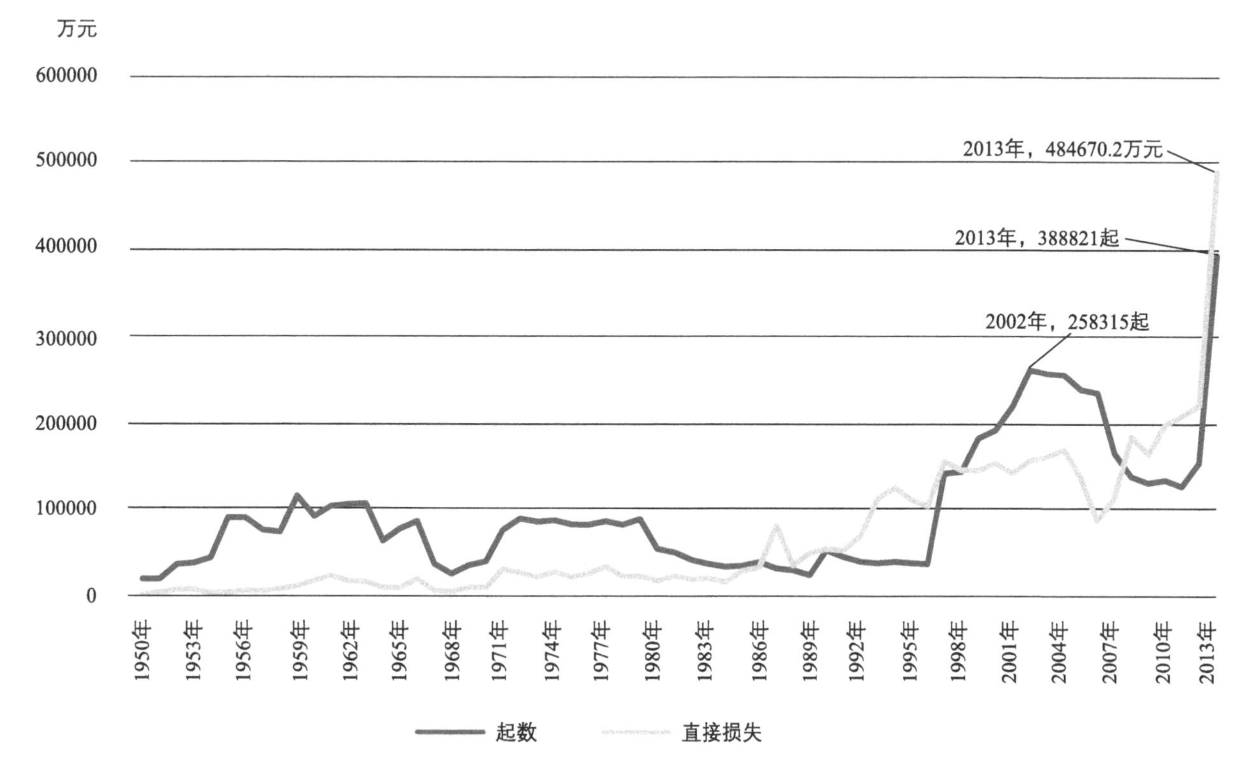

图1-4　1950~2013年全国火灾起数与直接经济损失图

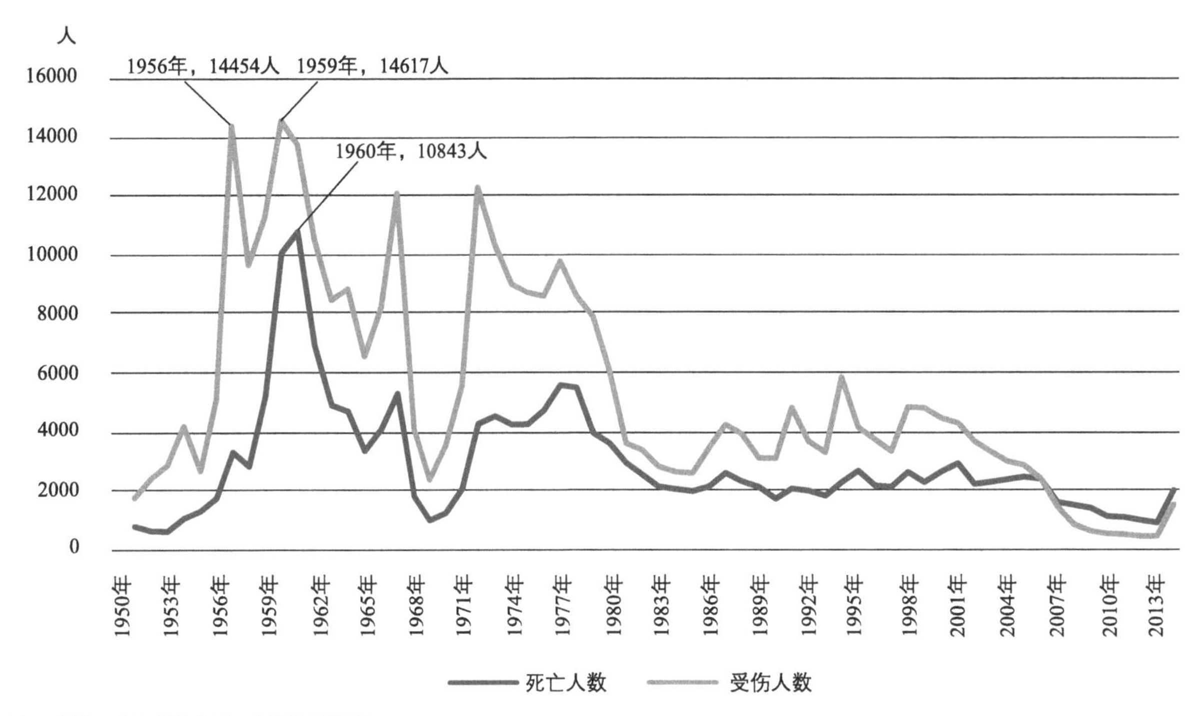

图1-5 1950～2013年全国火灾死伤情况图

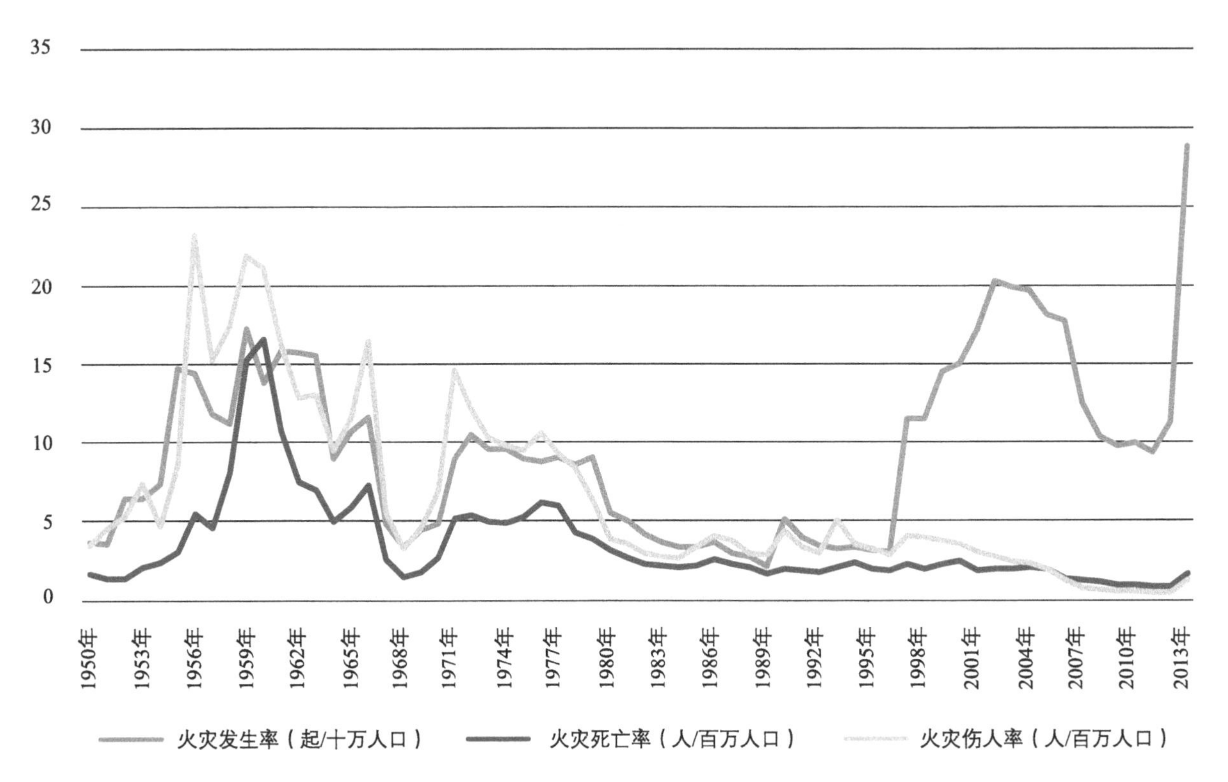

图1-6 1950～2013年全国火灾发生率图

2000～2013年全国一次死亡30人以上火灾情况 表1-7

序号	起火时间	起火单位名称或地址	死人	伤人	直接损失（万元）	火灾地点	火灾原因
1	2000年3月29日	河南省焦作市天堂音像俱乐部	74	2	20	录像厅	电气
2	2000年4月22日	山东省青州市一肉鸡加工车间	38	20	95.2	车间	电气
3	2000年12月25日	河南省洛阳市东都商厦	309	7	275.3	歌舞厅	电焊
4	2003年2月2日	黑龙江省哈尔滨市天谭大酒店	33	10	15.8	商住楼	违章操作
5	2004年2月15日	吉林省吉林市中百商厦	54	70	426.4	商场	吸烟
6	2004年2月15日	浙江海宁市黄湾镇五丰村	40	3	0.1	农村	用火不慎
7	2005年6月10日	广东省汕头市华南宾馆	31	28	81	娱乐场所	电气
8	2005年12月15日	吉林省辽源市中心医院	37	46	821.9	医院	电气
9	2007年10月21日	福建省莆田市秀屿区笏石镇飞达鞋面加工场	37	19	30.1	“三合一”厂房	人为放火
10	2008年9月20日	广东省深圳市龙岗区舞王俱乐部	44	64	27.1	歌舞厅	室内发射烟花弹
11	2010年11月15日	上海市静安区胶州路高层公寓大楼	58	71	—	高层住宅楼	违章电焊
12	2013年6月3日	吉林省德惠市宝源丰禽业有限公司	121	76	18200.0	厂房	电线短路

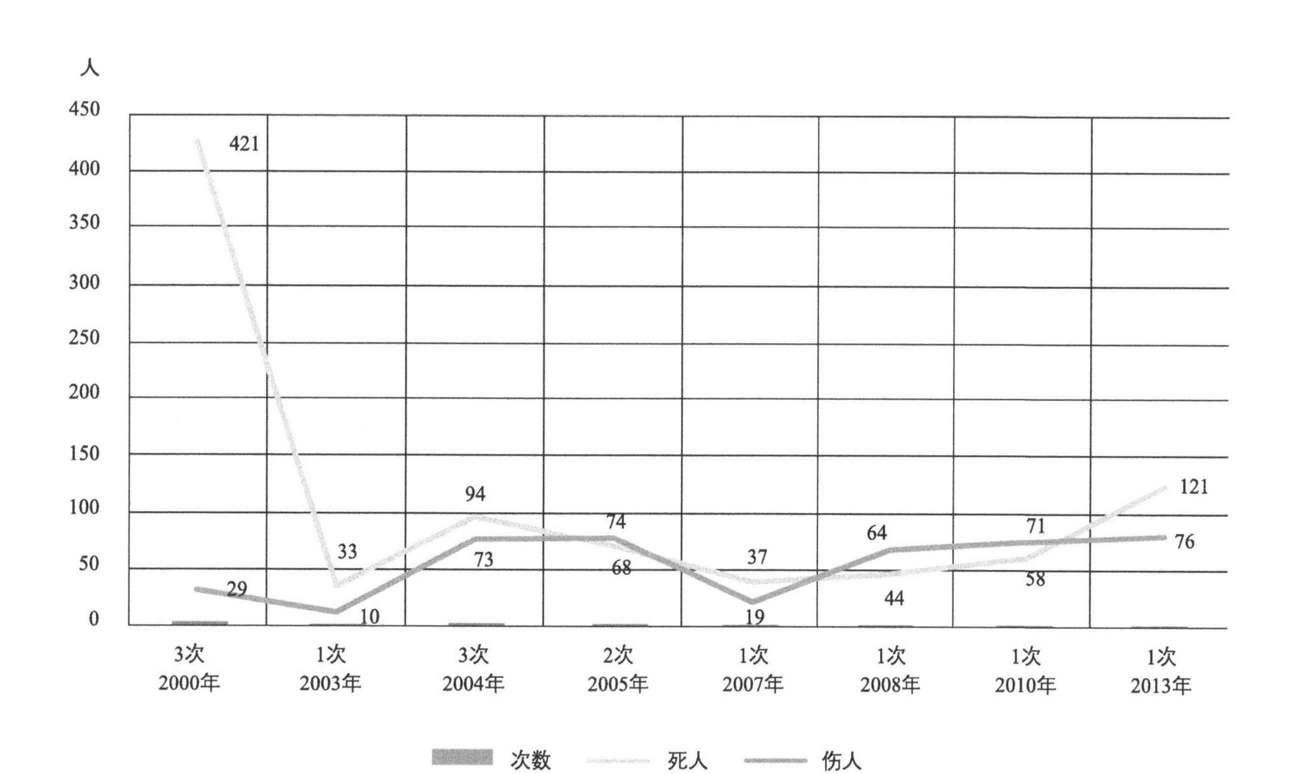

图1-7 2000～2013年全国一次死亡30人以上火灾情况

1.3.1 城市火灾类型

火灾给人类带来恐惧和伤害。火是释放能量，并伴有烟或火焰，或两者兼而有之的燃烧现象，是一种放热发光的化学反应。而火灾则是在时间和空间上失去控制的燃烧所造成的灾害。城市火灾多为人为火灾，往往伴随着爆炸。其类型有固体火灾（A类）、液体火灾（B类）、气体火灾（C类）、金属火灾（D类）；从火灾发生的场所又可分为工业火灾、基建火灾、商贸火灾、科教卫火灾、居民住宅火灾、地下空间火灾等[4]。

1.3.2 城市火灾特点

随着城镇化建设加快，人员密集和易燃易爆场所、高层地下和大跨度大空间建筑增多，用火用电用油用气增加，火灾发生概率和防控难度加大，稍有不慎就可能发生火灾。以2012年为例，全国共接报火灾15.2万起，死亡1028人，受伤575人，直接财产损失21.8亿元，与2011年相比，起数上升21.3%，死亡人数下降7.2%，受伤人数上升0.7%，直接财产损失上升5.8%；其中，较大火灾60起，同比下降25%，重大火灾2起，同比下降71.4%。

1. 冬春季节火灾发生率略高于夏秋季节

从2012年火灾分布看，由于冬春季节气温偏低、风干物燥、用火用电用油用气增多，火灾发生概率较高，尤其是10月、12月和1月、4月，每月火灾大多在1.4万起以上，合计占总数的52.2%。夏秋季节气温升高、降水较多，火灾发生率相对降低，每月火灾多为1万余起，合计占总数的47.8%，低于冬春季节4.4个百分点。

2. 农村火灾死亡人数比重大于城市与县城、集镇

从城乡火灾起数及死亡人数分布看，农村发生火灾4.7万起，死亡382人，起数只占总数的31%，但死亡人数占总数的37.2%；城市发生火灾5.2万起，死亡298人，分别占总数的33.9%和29%；县城、集镇发生火灾4.1万起，死亡325人，分别占总数的27%和31.6%；其他区域发生火灾1.2万起，死亡23人，分别占总数的8.1%和2.2%。

3. 住宅、人员密集场所火灾起数及伤亡人数较多

从各类场所情况看，住宅共发生火灾4.6万起，死亡622人，受伤250人，其中，起数占总数的30%，死亡和受伤人数分别占死伤总数的60.5%和43.5%；各类人员密集场所共发生火灾2.8万起，死亡222人，受伤158人，分别占总数的18.3%、21.6%和27.5%；此外，交通工具、农副场所、厂房火灾也占一定比例，分别为10.1%、7.8%和4.4%。

4. 企业类火灾多数发生在个体私营企业

从各类企业火灾情况看，国有集体企业共发生火灾0.5万起，死亡16人，受伤29人，直接财产损失1.2亿元，分别占总数的12.8%、7%、11.7%和8.7%；个体私营企业共发生火灾3.5万起，死亡212人，受伤209人，直接财产损失12.4亿元，分别占总数的86.6%、92.6%、84.3%和88.9%；外资企业发生火灾较少，四项数字分别只占企业火灾总数的0.6%、0.4%、4%和2.4%。

5. 火灾中人员死亡多集中于深夜至凌晨的时段

从时段分布情况看，10时至22时生产经营活动频繁、生活用火用电较多，火灾次数明显高于其他时段。24时（0时）以后，虽然火灾发生量明显减少，但由于该时段人员安全防范能力最为薄弱，是火灾特别是较大火灾中人员死亡高发的时段。据统计，0时至6时共发生火灾2.3万起，只占火灾总数的14.9%，但造成448人死亡，占死亡总数的43.6%；有45起较大火灾发生在该时段，占较大火灾总数的75%。

6. 用电、用火不慎引发的火灾约占一半

从起火原因的调查结果看，因电线短路、超过

负荷及电气设备故障等电气原因引起的火灾共4.9万起，占火灾总数的32.2%，生活用火不慎引发火灾2.7万起，占17.9%；此外，吸烟引发的火灾占6.2%，生产作业不慎引发的火灾占4.1%，玩火引发的火灾占3.8%，雷击自燃引发的火灾占3.2%，放火引发的火灾占2%，静电等其他原因引发的火灾占23.3%，原因不明及正在调查的火灾占7.2%。

7. 消防队伍灭火救援任务更加繁重

全国消防队伍共接警出动75.6万起，继续呈快速增加趋势，比2011年增加10万起。其中，火灾扑救15.1万起、抢险救援23.3万起、社会救助20.2万起、公务执勤1.5万起、其他出动15.4万起，共出动人员811万人次，出动消防车辆131.6万辆次，营救遇险被困人员14.3万人，挽回经济损失330多亿元。这一年，共有8名消防员在灭火救援战斗中牺牲、23名消防员受伤。

1.3.3 城市火险等级

四季火源，以及温度、降雨、湿度、风等气象因素与城市火灾的发生、蔓延、成灾有较大关系[5][6]。通过统计多年火灾气象发现，冬季是火灾多发期，降雨少、连续无雨日长、空气温度低，使物质干燥易燃。另外，气温低，取暖用火、用电量大，也是导致冬季城市火灾频发的重要原因。夏季，降雨多、物质含水量较大，一般不易起火，火灾偏少，但自燃火灾最为突出，易燃、可燃液（气）体事故也高于其他季节，其主要原因是高温伏旱，物质在日晒、通风不良等条件下，达到自燃点或爆炸浓度极限，从而引发较严重的火灾。另外，近年因空调制冷设备用电超负荷导致起火的事故也大有增加之势。

研究表明，与城市火灾密切相关的气象因子依次为：当天的空气相对湿度、气温、连旱天数、当天的最大风速等，火险等级也依此划分为4级（表1-8）。

城市火灾风险等级　　表1-8

等级	名称	预防策略
1级	低火险	防止大意，谨防化学物品遇水起火
2级	较低火险	禁止滥用火源
3级	中等火险	注意防火，谨防电器火灾和生产性火灾
4级	高火险	加强防火，排除火灾隐患，谨防生产性和非生产性火灾

1.4 城市消防面临的挑战

1.4.1 消防安全薄弱环节

近年来城市重特大火灾事故时有发生，反映出对城市快速建设中的巨大风险隐患认识不足、准备不足，社会单位消防安全主体责任落实不到位，城市消防站的规划和建设、特种装备的配置率、安全逃生自救知识的普及和演练等方面存在不匹配、不适应、不重视等问题，潜伏着不容忽视的消防安全薄弱环节和城市安全运行重大挑战[7]。

1. 重大消防难题日益突出

以上海市为例，目前上海在用高层建筑已逾1.5万幢，投资148亿元、高632m的“上海中心大厦”将于2016年竣工；全球化工巨头纷纷落户上海化学工业区，全市各类易燃易爆化工企业逾1万家；上海已建成投用世界级的洋山深水港，集航空、地铁、高铁、高速公路交通于一体的虹桥综合交通枢纽，集公路、铁路、电缆通道于一体的长江隧桥工程，车辆穿梭不断、潜入黄浦江底的10多条隧道，运营线路12条、里程425km、日客流峰值近900万（超过全国铁路日客运量）的城市轨道交通网；超大型地下空间等重大项目全面开发建设，50万V变电站建在地下45m处，等等。上述每个领域都是国际上公认的消防安全难题，而且如此聚集叠加前所未有、世所罕见，对消防安全的前端监管、技术防范和灾后处置提出了严峻考验。

2. 传统与非传统消防安全问题错综复杂

城市在建设发展进程中遗留下来的老化工、危棚简屋、人防工程等传统消防难题至今仍未彻底解决。进入新世纪以来，随着经济社会加快转型，产业结构加快调整，二元社会结构特征日益明显，现代城市形态与低端生产生活状态相互交织，出现了闲置厂房、家庭式作坊、经营性“三合一”场所、“群租”房、动拆迁基地、部分居民小区消防车通道被占用，以及“边施工、边经营、边居住”的房屋修缮工程中违章动火操作等非传统消防安全问题。同时，涌入城市的外来人员消防安全素质参差不齐，高龄独居老人的消防安全监护薄弱，城市国际化引来的境外人员等特殊人群的消防服务管理，都是社会消防管理的新难题。

3. 消防硬件设施设备存在“硬伤”

城市市郊区域公共消防设施欠账多，中心城区消防站落地难，一些消防站辖区面积过大，消防队营房设施陈旧等问题仍然突出。城市水域消防基础设施建设滞后，部分水域消防码头还是空白。应对高难度灭火救援任务的消防装备缺口较大，尤其是空勤、水域、油气、地下空间、高层建筑等领域消防应急特种装备配备不足，消防通信设备老化，难以满足新形势下城市综合应急救援的实战需求。

4. 消防软实力存在“软肋”

大型城市消防安保任务日趋繁重，尤其是消防部队法定承担综合性应急救援工作后，消防警力不足的矛盾更加突出。一些社会单位消防安全主体责任不落实，消防基本投入不足，企业专职消防力量削弱，日常消防管理薄弱，火灾隐患整改不力。对公众消防安全宣传教育的针对性、有效性不够，市民消防安全意识、自救逃生能力有待提高。消防法规体系仍需进一步健全完善，消防安全监管体系和监督执法能力尚需补课。

1.4.2 消防安全趋势分析

综合分析经济、政治、社会、生态“四位一体”发展对城市消防安全的作用，回顾剖析新世纪以来城市消防任务呈约40°角向上陡增的走势，可以预计未来城市消防工作压力将愈来愈大，消防年接出警量将比现在显著增加；火灾诱因更加错综复杂，不仅小火趋于频发，而且重特大火灾的发生概率可能上升；交通事故、化学灾害、洪涝等非火灾处置任务和各类救人行动的比重趋高，消防综合应急救援任务更重、难度更大[7]。

1. 城市快速发展衍生消防安全副产品

由于市场竞争加剧，商务成本激增，倒逼各经济体压缩成本、节能增效，难免影响消防安全等非生产性投入；粗放生产型、原始代工型、劳动密集型企业的生存空间缩紧，难免产生更多的厂房闲置、转租、群租，并衍生出消防设施失修、安全管理失控等社会消防问题。社会面临大量建设工程集中开工复工，赶工期、抢进度的安全生产形势严峻，各种公共安全的新情况、新问题极有可能以火灾形势爆发出来，由此产生的消防安全问题相当尖锐。

2. 发展模式“范式转变”蕴含消防安全新风险、新要求

（1）城市正在加快转变经济增长方式，优先发展以大型金融数据库、大型物流中心、大型游乐设施、大空间会展场所等为主项目的现代服务业和先进制造业，大力发展以环保材料、节能设施、智能技术为代表的“低碳”经济，这不仅蛰伏新的、难以预见的火灾风险和更大的灾后处置难度，而且对打造节能型消防设施和环保型灭火药剂提出了新要求。

（2）城市的人流、物流、车流呈新一轮提速，城市化、工业化加快推进，大型综合交通枢纽和城际高铁等现代交通工具频繁运营，新的火灾防控难题和更多的跨区域灭火救援作战任务将接踵而来，市郊消防基础设施建设的“补缺”任务更加紧迫。

（3）由于“能源储备”战略的实施，城市火灾荷载势必又添新量，优化、落实能源储备基地的消防安全布局和消防综合保障措施，以及改造、完善城市老化工基地消防安全设施的任务十分繁重。

（4）鉴于城市推行“创新驱动”战略，势必要求城市火灾技防设施和消防装备建设更加注重自主创新，更加注重扶持民族消防产业，实现消防工作科学发展、节约发展、可持续发展。

3. 体制改革涉入“深水区”催生消防行政服务新需求

（1）公众对消防公权力依法、透明、规范、高效运作的心理价位抬升，势必要求进一步深化消防行政审批制度改革，扩大消防简政放权，深化消防政务公开，规范消防执法行为，开放更多的合法性空间给社会组织，引导中介等消防服务产业充分、有序参与市场竞争。

（2）公众一方面对丰富拓展、公平共享公共消防产品的期望值加码，这势必要求加快提升城市消防站点、消防警力、消防装备、消防技战术水平等消防综合实力，加紧实施中心城区老式民宅消防安全改造，加强市郊公共消防设施建设，强化弱势群体消防安全监护等；另一方面，公众维护自身利益的意识日趋强烈，以及城市动拆迁新规的出台，都将加重新建消防站落地难等问题。

（3）公众的消防法制意识、维权意识增强，多元化的消防利益格局悄变，消防部门实施民爆物品、烟花爆竹安全监管和排爆处置等超越法律框架的行政作为风险更大，完善消防立法，建立各种利益的表达、诉求、博弈和协调机制，前端稀释、化解社会矛盾的任务更重。

4. 社会转型、生态变迁提出消防应急管理新挑战

（1）社会转型期，各种矛盾和冲突易叠加、易“井喷”，并且极可能以跳楼、纵火、自焚、爆炸等“泄愤型”暴力表现出来，对消防应急处突、抢险救援、反恐排爆工作提出更加严峻的考验。

（2）未来几年，台风、雷暴、洪涝、地震、地陷等极端自然现象可能频现，加之大型城市在重大灾害面前的脆弱性，消防综合应急救援任务更趋繁重。并且，随着城市综合竞争力和影响力的不断提升，城市消防无疑将承担更多的重大自然灾害跨区域救援甚至国际性消防救援任务。

（3）城市正在积极打造绿色、宜居环境，森林、植被面积将不断扩大，森林火灾发生概率日益加大，配套建设消防基础设施、特种消防装备，加强消防应急救援准备等问题已迫在眉睫。

不难预见，未来城市消防工作挑战严峻、任务艰巨、风险巨大，必须提前谋划、多策并举，全方位加大消防安全公共产品的综合投入，实现消防工作与经济社会同步协调发展，方能化险为夷，最大限度地减少火灾风险和灾害损失，确保城市科学发展、安全发展。

1.5 城市消防规划的意义

对于火来说，“善用之则为福，不善用之则为祸”。在人类社会发展史上，火的使用使人类步入了文明社会。然而，火在造福人类的同时，也给人类带来了灾难。火灾无情地吞噬了人们的生命，无数财富在火灾中化为灰烬。尽管有的火灾是由于雷击起火、物质自燃等非人为原因所致，但就全部火灾而言，90%以上的火灾都是人为原因造成的，加之火灾的频繁与危害的严重化，因而火灾成了人为灾害事故中的主要灾种，更是各类灾害中发生最频繁，并极具毁灭性的灾害之一。所以，预防火灾是人类抵御各类灾害事故中的一项极其重要的工作[8]。

城市是一个地区政治、经济、文化的中心，在国民经济建设中具有十分重要的地位和作用。由于城市企事业单位多，机关团体多，商业网点多，建筑密集，物资、人员集中，往往发生火灾的危险性大，发生火

灾后损失大、伤亡大、影响大。随着改革开放的深入和经济建设的发展，消防保卫任务越来越繁重，因而，城市必须具有较强的防灾抗灾能力，才能有效预防和抵御火灾事故对城市经济建设和人民生命财产安全的危害。消防安全，是文明、美丽城市的重要保障，因此，城市消防规划和公共消防基础设施建设的状况如何，是衡量一个城市现代化文明程度的标志之一。

凡事预则立，不预则废。目前大多数城市存在总体布局不合理，消防站、消防给水、消防通信、消防通道等公共消防基础设施严重不足，消防装备数量少和陈旧落后，防灾抗灾能力弱的问题。究其原因，主要是没有制定城市消防规划；少数城市虽已制定，但没有纳入城市总体规划并付诸实施；再就是没有逐年投入必要的消防经费用于公共消防基础设施建设，以致城市公共消防基础设施和消防装备建设严重滞后于城市建设发展，欠账太多，极不适应城市消防保卫工作的需要。以致发生火灾后，不能及时有效扑救，造成不必要的重大经济损失和人员伤亡。为此，必须严格进行消防规划管理，不折不扣地执行消防规划。

第2章　城市消防规划发展概况

2.1　古代消防规划的思想

据史料记载和考古发掘，我国消防的历史几乎与文明同步。如置火巷，拓宽道路，以路作为防火隔离，避免“火烧连营”之灾；挖水沟，修护城河，备水缸，以水分隔和灭火；设花园、园林、广场，既成了防火隔离带，又可作避难疏散的场所；在古建筑群和城市中建立防火安全间距、消防通道，以及古人对建筑群中的生产区、生活区的规划，是我国古代城市防火的重要手段[8]。

西汉长安“每街一亭”，设有16个街亭；东汉洛阳城内二十四街，共有24个街亭。这种城内的街亭，又称都亭。唐代京师长安，没有亭，却建有名为“武侯铺”的消防组织，分布各个城门和坊里。这种“武侯铺”，大城门100人，大坊30人；小城门20人，小坊5人，在全城形成了一个原始的治安消防网络系统。北宋开封“每坊三百步有军巡铺一所，铺兵5人”。明朝的内外皇城则设有“红铺”112处，每铺官军10人。街亭、武侯铺、军巡铺、遮阴哨所和红铺，名称虽然各异，但它们都是城市基层的消防机构。从它的布局来看，都是按一定的区域或大小标准设置的，与现在的消防站布局规划有类似之处。

纵观古代建筑、城市的形成和发展，有许多建设行为和措施都与防火安全的需要有关，体现了古代建筑和城市发展的消防安全理念，体现了早期的消防规划思想。

2.2　近代城市规划理论对消防规划的影响

近代工业革命给城市带来了巨大的变化，创造了前所未有的财富，同时也给城市建设与发展带来了种种矛盾。从社会发展的需要出发，一些学者提出了解决这些矛盾的各种城市规划理论。从资本主义早期的空想社会主义者、各种社会改良主义者及一些从事城市建设的实际工作者和学者提出种种设想，到19世纪末20世纪初形成了有特定的研究对象、范围和系统的现代城市规划学[9]。具有代表性的思想主要有1898年英国人霍华德（Ebenezer Howard）提出的“田园城市”理论。20世纪初，霍华德的追随者昂温（Unwin）进一步提出了在大城市的外围建立卫星城市的理论。1930年代，在美国、欧洲又出现了“邻里单位”（Neighborhood Unit）的居住区规划理论以及“有机疏散理论”。1933年在雅典召开的国际现代建筑协会（CIAM）会议上制定了“城市规划大纲”，也即后称的《雅典宪章》。这些理论不仅对城市总体布局提出了较好的建议，也都考虑到了城市防灾抗灾方面的要求，为现代城市规划和消防规划理论的发展奠定了理论基础。

2.3 新中国成立以来城市消防规划的实践

我国消防规划的理论和实践，是伴随着城市发展的客观需要而产生和逐步发展的。新中国成立以来，特别是改革开放以来，随着我国经济建设和城市规划的发展，城市消防规划进入了一个崭新的发展阶段[10]。

2.3.1 新中国成立初期的消防建设要求

新中国成立初期，城市消防建设主要是作为城市建设和管理的一个方面予以考虑的，还没有完整科学的消防规划概念。

1950年7月，在北京市召开的第一次全国治安行政工作会议上，公安部罗瑞卿部长指出：消防工作的方针为“以防为主，以消为辅”。

1953年11月，中共中央《批准〈第二次全国民警治安工作会议的决议〉给各级党委的指示》中提出：“凡有自来水的城市，建议消防部门的负责干部，参加市政建设委员会，以便使自来水的铺管计划能与消防水源的供应统一起来。”

1957年，国务院发出《国务院关于加强消防工作的指示》，要求：“各级人民政府和有关部门应当根据城市、工业建设的发展，将公共消防基础设施相应地加以规划，应当根据工业区域的分布情况统一设置消防队（站），计划、经济等部门应当将消防车辆、器材、化学灭火剂的生产和供应全面地加以规划，消防事业所需的经费应当由各级人民政府列入当地预算开支。”

1957年11月，全国人民代表大会常务委员会第86次会议批准颁布《消防监督条例》，这是我国第一部比较全面系统的消防行政法规，对制定消防规则、办法和技术规范，实行防火责任制度，建立专职消防组织，消防经费纳入行政预算开支等作了统一规定。

1963年9月，公安部在北京召开全国消防工作会议，印发了《关于城市消防管理工作的规定（试行草案）》，要求加强城市消防监督管理，加强县城、集镇和农村地区的消防建设，积极开展消防科学技术研究，进一步改善消防技术装备。

我国早期的消防建设要求已经具备消防规划雏形，为进一步开展消防规划工作奠定了基础。

2.3.2 改革开放以来消防规划工作的发展

我国改革开放和经济的快速发展，以及对外交流的蓬勃开展，为城市规划工作注入了新的动力和内涵，也为消防规划工作的理论发展和实践应用提供了技术条件和物质条件。

1978年3月，国务院召开第三次全国城市工作会议，会议制定并经中央批准颁发了《关于加强城市建设工作的意见》，要求全国各城市、新建城市都要认真编制和修订城市规划。

1980年12月，国家建委颁发《城市规划编制审批暂行办法》，推动了城市消防规划工作的开展。

1984年5月，第六届全国人民代表大会常务委员会第五次会议批准实施《中华人民共和国消防条例》。该《条例》规定了“预防为主、防消结合”的消防工作方针，规定“在新建、扩建或改建城市的时候，必须同时规划和建设消防站、消防供水、消防通信和消防通道等公共消防设施。原有市区公共消防设施不足或者不适合实际需要的，应当进行技术改造或者改建、增建。”

1989年9月，公安部、建设部、国家计委、财政部联合发布《城市消防规划建设管理规定》，要求“城市消防安全布局和消防站、消防给水、消防车通道、消防通信等公共消防设施，应当纳入城市规划，与其他市政基础设施统一规划、统一设计、统一建设”，这是我国关于城市消防规划工作的第一个规范性文件。

1995年2月，国务院批准颁发了《消防改革与发展纲要》，要求“必须将消防事业的发展纳入国民经济和社会发展的总体规划，争取在较短时间内把我国消防事业推进到一个新阶段”。“尚未制定消防规划的城镇，均应在今后3年制定出来。今后上报城市总体规划，如果缺少消防规划或消防规划不合理的，上级政府不予批准。一些经济发达的乡村，也要着手搞好消防规划，同步建设相应的消防设施。”

1995年4月，公安部在北京召开全国消防工作会议，学习贯彻《消防改革与发展纲要》，在工作部署中，要求大力推动城镇消防规划和消防基础设施建设。

1998年4月，第九届全国人民代表大会常务委员会第二次会议批准颁布《中华人民共和国消防法》，规定：“消防安全布局和消防站、消防供水、消防通信、消防车通道、消防装备等内容，应当纳入城市总体规划，与其他市政基础设施同步规划、同步建设。公共消防设施，消防装备不足或者不适应实际需要的，应当增建、改建、配置或者进行技术改造。”消防规划从此具有了法律地位和法律效力。

1998年8月，公安部、建设部在山东省青岛市联合召开全国城市公共消防设施建设工作会议，交流全国城市公共消防设施建设的经验，提出进一步依法做好城市消防规划和公共消防设施建设的工作要求。

在宣传、贯彻、执行《消防法》的强力推动下，截至1998年年底，全国231个地级以上城市中，已编制消防规划的城市为195个，占城市总数的84.4%。

2002年10月，公安部、民政部、建设部联合在山东省济南市召开全国城市社区消防建设暨小城镇消防规划建设工作会议。会议对全国城镇消防规划工作进展情况进行了分析，要求各级政府高度重视消防规划工作，努力做到消防工作与城市发展、社区建设同步规划、同步建设、同步发展。

2006年5月，国务院发出《国务院关于进一步加强消防工作的意见》，要求：“地方各级人民政府要结合实际编制城乡消防规划，确保公共消防设施建设与城镇和乡村建设同步实施；对缺少消防规划或消防规划不合理的城市总体规划、乡村和集镇建设规划，不得批准。对公共消防设施不能满足灭火应急救援需要的，要及时增建、改建、配置或者进行技术改造；要按照消防规划改造供水管网、修建消火栓、消防水池和天然水源取水设施，确保消防用水。”国务院的指示进一步推动了全国消防规划和公共消防基础设施的建设高潮。

2.4　城市消防规划编制工作现状与展望

2.4.1　我国城市消防规划编制工作的现状

据《中国火灾统计年鉴》[2]，截至2013年年底，全国283个地级以上城市以及359个县级市都已完成了消防规划编制工作，一般建制镇的消防规划编制工作也在大力推进（表2-1、图2-1）。

但是，从国内大部分城市编制的消防规划来看，起步较晚，起点较低，总体水平还不高。从规划立意来看，大部分规划只注重硬件建设，忽视城市消防管理特别是消防人文环境的建设，缺少对城市消防事业发展的前瞻性和战略性思考；从规划期限来看，大部分规划时间跨度较短，长远规划不多；从规划内容来看，对城市消防安全布局和公共消防设施综合建设考虑不够，规划提出的目标、任务比较单一；从规划执行情况来看，一些地方缺乏监督管理，城市消防规划的可操作性比较差，实施效果还不明显。

全国城乡消防规划统计表（截至2013年年底） 表2-1

直辖市			地级							
			地级市				其他			
已编制消防规划情况	当年新编制、修订消防规划情况	消防规划编制完成已超过10年的直辖市数量	地级市的数量	已编制消防规划的地级市数量	当年新编制、修订消防规划的地级市数量	消防规划编制完成已超过10年的地级市数量	地区、自治州、盟的数量	已编制消防规划的地区、自治州、盟的数量	当年新编制、修订消防规划的地区、自治州、盟的数量	消防规划编制完成已超过10年的地区、自治州、盟的数量
4	2	1	285	283	63	36	48	48	2	2

县级							
县级市				县（包括自治县、旗、自治旗）			
数量	已编制消防规划的县级市数量	当年新编制、修订消防规划的县级市数量	消防规划编制完成已超过10年的县级市数量	数量	已编制消防规划的县的数量	当年新编制、修订消防规划的县的数量	消防规划编制完成已超过10年的县的数量
368	359	52	45	1728	1671	211	146

乡镇								
建制镇								
国家重点镇			一般建制镇			合计总数		
数量	已编制消防规划的国家重点镇的数量	当年新编制、修订消防规划的国家重点镇的数量	数量	已编制消防规划的一般建制镇的数量	当年新编制、修订消防规划的一般建制镇的数量	数量	已编制消防规划的建制镇的数量	当年新编制、修订消防规划的建制镇的数量
1887	1708	166	18231	15382	1799	20118	17090	1965

乡镇			村		
乡（包括苏木、民族乡、民族苏木）			行政村		
数量	有消防规划内容的乡的数量	当年新增有消防规划内容的乡的数量	数量	有消防规划内容的行政村的数量	当年新增有消防规划内容的行政村的数量
13829	7128	1270	552927	129649	12485

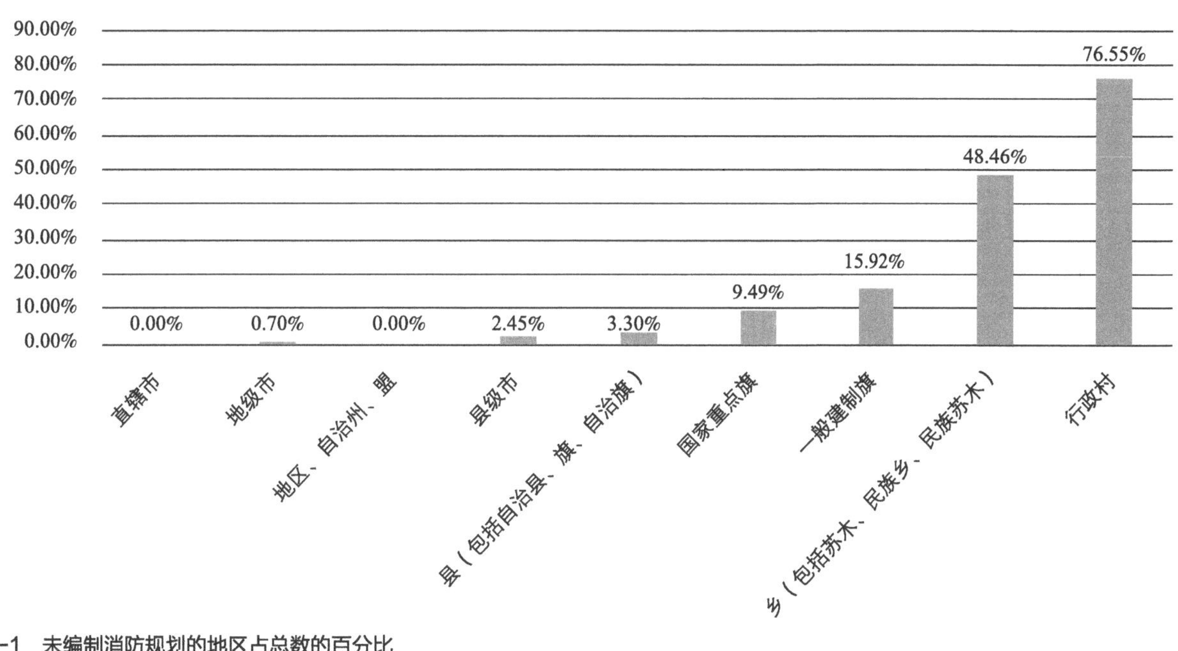

图2-1　未编制消防规划的地区占总数的百分比

2.4.2　我国消防规划的展望

城市消防规划与城市总体规划以及各种专业专项规划一样，都是在实践中不断丰富、完善和发展的。一方面，随着城市经济社会的不断发展，全社会消防安全意识明显提高，对消防安全工作提出了更高的需求，消防规划必须在这样一种新的需求基础上，从更高的起点对城市消防工作未雨绸缪，做出更加科学合理的规划，以求得消防工作与经济社会的协调发展；另一方面，经济社会的发展、城市规划编制体系的完善，特别是随着计算机技术的发展、城市火灾风险分析评估技术的应用、城市规划建设区控制性详细规划覆盖率的提高和城市各种专项规划的细化，为消防规划的编制和实施提供了有利条件和技术支持，消防规划的合理性、操作性和可行性将会进一步提高。从消防规划的发展趋势看[10]：

一是加快对消防规划编制技术的研究，尽早制定和颁布城市消防规划编制导则和技术文本，使城市消防规划编制工作法制化、标准化。

二是开展农村小城镇消防规划，结合小城镇的规模、性质、类型、地理区域位置等因素，遵循因地制宜、经济实用、不拘一格的原则，提出小城镇消防安全布局和消防站、消防供水、消防车通道、消防通信等公共消防设施建设要求，并将其纳入小城镇总体规划，与其他基础设施统一规划、统一设计、统一建设。

三是研究和制定区域性的专项消防规划，比如，建立跨区域紧急救援机制、建设跨区域特勤消防力量、建立区域性报警分区和区域性消防供水体系等。

第3章　城市消防规划体系

3.1　消防规划的地位与作用

消防规划在优化城市消防安全布局，协调公共消防基础设施建设，提高公共消防服务能力，维护城市整体消防安全等方面，发挥着日益突出的作用。

3.1.1　消防规划与城市建设

消防规划是指导城市消防建设的重要依据，是实现城市消防安全目标的综合性手段。大量的灾害事件表明，城市需要有合理的消防安全布局、完善的公共消防设施和配套的消防装备，才能满足公共消防管理和公共消防服务的需求。城市建设不能缺少消防规划，消防规划的基本作用就是确定城市消防的发展目标和总体布局，指导建立城市消防安全体系，为城市建设和发展提供消防安全保障。

3.1.2　消防规划与城市总体规划

城市总体规划是对一定时期内城市性质、发展目标、发展规模、土地利用、空间布局以及各项建设的综合部署和实施措施。消防规划是城市总体规划在城市公共消防安全方面的延伸和拓展，是城市总体规划中的一项专项规划。在编制城市总体规划时，应同步编制消防规划，以利于科学合理地调整城市规划布局，在城市建设发展中同步建设城市公共消防基础设施。

3.1.3　消防规划与各项专项规划

在城市总体规划中，城市的功能分区、内外交通系统、园林绿地系统、河湖水系、历史文化保护、旧区改建等方面都与消防规划密切相关，特别是人员密集的公共活动场所、化学危险品产业及城市道路、供水、通信、供电、燃气等方面，既要明确自身的消防安全需求，又包含着相关消防设施的规划建设要求。因此，城市消防规划作为一项专项规划，应与城市其他各项专项规划相互衔接协调，消防规划相对其他专项规划具有一定的约束性。

3.1.4　城市消防规划与消防工作

消防规划是消防工作中的基础性工作，是完善城市消防安全管理体系和提高城市消防安全整体水平的重要工作之一，也是一项有效、主动的预防工作，对整个消防工作具有指导作用。一个好的消防规划可以科学、合理地为城市的动态发展确定消防服务水准，为城市消防投入提供依据，成为城市消防工作发展的动力和支撑。如，北京市紧紧抓住奥运会消防保卫工作的契机，在政府统一领导下，专家领衔，部门配合，群众参与，制定了较为详细的城市公共消防设施建设规划，有力地推动了北京市消防力量的总体建设。上海市通过制定《上海市消防规划（2003—2020年）》[11][12]，在近期规划中明确提出了要在2007年前全市新建30个消防站和加强消防装备建设的目标，投资5亿余元购置新型消防车160余辆。截至2013年年底，上海市消防站由2003年的69座增至125座，实现了上海消防建设的跨越式发展。

3.2　消防规划的指导思想与原则

3.2.1　消防规划的指导思想

消防规划应以以人为本，全面、协调、可持续发展的科学发展观为指导，适应建立社会主义市场经济体制的要求，遵循消防工作的发展规律，以《中华人民共和国城乡规划法》、《中华人民共和国消防法》和城市总体规划、土地利用规划等法律、法规为依据，从城市社会经济发展和城市建设的实际情况出发，按照城市发展总体目标和相应的消防安全要求，充分结合城市形态特点、控制性详细规划，优化、整合城市公共基础设施资源，学习借鉴国内外先进的消防理念，体现规划的先进性、前瞻性、针对性、适应性、可操作性和创造性[10][13]。

3.2.2　消防规划的基本原则

消防规划的制定应遵循以下基本原则：

（1）坚持“预防为主、防消结合”的消防工作方针。

（2）坚持以人为本、科学合理、技术先进、经济实用的原则。

（3）坚持消防工作社会化、法制化，创造和谐的消防安全环境。

（4）坚持综合防灾减灾，促进消防力量向多种形式发展。

（5）坚持从实际出发，把握全局，突出重点，解决主要问题。

（6）坚持统筹规划，从战略角度思考消防工作，立足当前，谋划未来，注重近期与中远期相结合，分步实施、同步建设。

3.3 消防规划的基本任务与内容

3.3.1 消防规划的基本任务

消防规划的基本任务就是结合城市总体规划，在收集整理城市各种基础资料，综合分析城市消防工作薄弱环节和火灾等灾害事故发展趋势的前提下，对城市消防安全布局、公共消防站、消防供水、消防车通道、消防通信等各种公共消防基础设施和消防装备的建设进行科学的、前瞻性的、战略性的思考和预测，提出近、中、远期消防建设发展目标和实施意见，推动消防工作与经济社会的协调发展，不断提升城市消防综合实力，满足社会的消防安全需求。

3.3.2 消防规划的基本内容

消防规划的基本内容一般包含城市消防安全布局、城市公共消防基础设施和消防装备建设等。就时效性角度而言，消防规划分为近期规划、中期规划和远期规划。从执行的角度来看，分为强制性内容和非强制性内容。强制性内容是指在消防规划中必须纳入和实施的内容，必须严格执行。除法律、法规规定的强制性内容之外，不同的城市可根据不同的实际情况，具体选择其他的规划内容和侧重点。

3.3.3 消防规划工作的特点和环节

3.3.3.1 消防规划工作的特点

消防规划一般具有以下特点。

1. 强制性

消防规划是城市总体规划的重要组成部分。制定城市总体规划以及消防规划是各级政府实施社会管理和公共服务的重要职责，是国家行政机关对城市建设实施宏观调控的管理手段。消防规划一经制定、批准，就具有法律效力。它是依法实施消防行政，整顿城市消防安全管理秩序的重要依据，任何单位、个人都应遵守城市消防规划，服从城市消防规划管理，使城市建设沿着科学、合理、健康的轨道运行。

2. 综合性

消防规划的编制和实施是一项综合性的系统工程。例如，规划城市消防安全布局，要综合考虑城市工业区、仓储区、居住区、商业区、绿地等建设布局；配置城市各项公共消防设施，要综合考虑国土资源、市政公共服务设施（供水、电信、交通、电力、燃气）等配套设施。因此，城市消防规划必须与其他专项规划相互协调，共同融汇于城市总体规划之中。

3. 科学性

由于每个城市的自然条件、总体布局各有特点，其火灾危害程度和消防需求也不可能完全相同。消防规划的制定，既要研究探索本地城市的发展规律，又要吸收借鉴国内外先进的消防理念，在对城市规划建设和发展态势、重大火灾危险源的分布、消防安全力量布局等实际情况进行全面调研的基础上，运用科学的分析和评估方法，对城市消防安全形势做出科学预测，提出科学合理的消防发展目标、内容和具体规划部署，从实际出发，因地制宜地编制消防规划。

4. 时效性

城市是在不断变化发展的，影响城市消防建设发展的因素也在不断变化，城市发展并没有一个终极的蓝图。作为指导城市消防工作的消防规划也不可能一成不变，必须根据城市发展动态，通过法定程序适时加以调整、修订和完善，从而保证消防规划既定目标的实现。因此，消防规划的编制与实施既要符合当前消防工作的需要，又要考虑长远发展目标的需要，是一项时效性较长的工作。

3.3.3.2　消防规划工作的主要环节

开展城市消防规划工作是科学合理地为城市的动态发展确定将来的消防服务，改善城市的消防安全布局，提高城市消防安全整体水平，为城市公共消防设施的建设和市政有关的财政预算提供依据，使城市充分做好预防和控制火灾的软硬件准备，以满足城市建设发展需要。因此，城市消防规划工作作为一个实践的过程，通常包括四个环节：

（1）部署与调查的准备环节。

（2）制定与审批的决策环节。

（3）建设实施的执行环节。

（4）监督管理的反馈环节。

通过这些环节的往复循环，才能保证城市消防规划按计划有效实施。

第4章　城市消防发展水平综合评价方法

随着城市化进程的不断加快，我国城市发展进入了一个新的阶段，几乎所有城市都在加速扩大城市范围，城市总体规划不断调整、修编，人口规模和用地规模不断增加，城市基础设施建设规模日益增大，公共服务设施在数量和体量上都有大幅度的提高，这对于城市消防发展提出了更高要求。

城市消防是全社会共同认识、抗御火灾的能力与实践活动，其目的是保障社会、经济顺利发展和人民的生命财产安全。它是由与社会、经济、科技普遍联系的诸多因素构成的统一整体，属社会大系统的组成部分，与社会各方面普遍联系并渗透、融汇其间。

城市消防发展是城市消防的构成要素及其有机整体在质和量上的统一，是适应社会、经济发展的要求而相应增长并不断完善的进程。城市消防发展是城市发展不可分割又具有相对独立性的一部分，应与社会、经济、科技同步协调发展，同时要实现它的构成要素的综合优化。

通过调研相同级别城市或城市的不同区域之间的各项消防发展指标，科学、全面地综合评价城市消防发展水平，为各级政府、公安机关和其他有关领导部门制定城市全面发展规划、实施社会管理的正确决策提供科学依据，并为促进城市消防与社会、经济、科技持续协调发展，增强社会抗御火灾的能力提供有效手段。

随着时代的发展，城市消防发展水平会具备新的内涵，因此本章中介绍的综合评价指标体系可能还不够完善，有待进一步研究确定[14]。

4.1　城市消防发展水平综合评价指标体系

4.1.1　评价指标体系的结构及组成

城市消防发展水平综合评价指标体系是由一系列有内在联系的、有代表性的、能概括城市消防要素的指标组合成的指标集，它是能有条理地系统反映城市消防的发展水平，并能对其是否与社会、经济、科技持续协调发展做出客观、全面的综合评价的一种科学体系。

城市消防发展水平综合评价指标体系分综合评价层、评价子系统层（即评价要素层）和评价指标层三个层次，由消防实力水平、消防基础设施状况、消防社会化程度和火灾状况四个评价要素形成的评价子系统层，及其隶属的16个评价指标构成（表4-1）。

城市消防发展水平综合评价指标体系　　表4-1

综合评价层	评价要素层	评价指标层
城市消防发展水平	消防实力水平	1. 城市专业消防队伍车辆装备水平
		2. 15min消防时间达标率
		3. 大专以上学历和中、高级职称专业消防人员比重
		4. 每万人口专业消防人员数
		5. 消防监督法规完善率
	消防基础设施状况	6. 政府消防经费占财政支出比重
		7. 城市消防站布局达标率
		8. 市政消防供水能力
		9. 119火警线和火警调度专用线达标率
		10. 工程消防设施达标率
	消防社会化程度	11. 消防知识教育普及率
		12. 公众消防素质
		13. 社会自防自救能力
	火灾状况	14. 每万元国内生产总值火灾直接损失额
		15. 每十万人口火灾发生率
		16. 每百万人口火灾死亡率

4.1.2　评价指标的计算方法及说明

1. 城市专业消防队伍车辆装备配备水平

$$\text{城市专业消防队伍车辆装备配备水平}=\frac{\text{消防执勤车辆数（辆）}}{\text{人口数（万人）}}+\frac{\text{举高消防车（辆）}+\text{大功率消防车（辆）}}{\text{消防执勤车辆数（辆）}} \tag{4-1}$$

式中　专业消防队伍——现役和地方公安编制以及民办专业、企事业专职消防队伍；

消防执勤车辆数——专业消防队伍投入灭火执勤的消防车总数，不包括指挥车、后勤保障车、非执勤消防车和超期服役消防车；

举高消防车——云梯消防车、登高平台消防车和举高喷射消防车；

大功率消防车——发动机功率在191kW（260马力）以上的消防车。

2. 15min消防时间达标率

$$\text{15min消防时间达标率}=\frac{15(\text{min})}{\sum_{i=1}^{n}\bar{T}_i} \tag{4-2}$$

式中 15min消防时间——起火至发现起火4min（T_1）；发现起火至报警2.5min（T_2）；报警至接警出动1min（T_3）；接警出动至行车到场4min（T_4）；行车到场至战斗展开出水扑救3.5min（T_5）。

评价时采取整体测算与抽样实测相结合的方式进行，起火至发现起火4min、发现起火至报警2.5min，按此标准时间计算，后三段时间实测取得。

3. 大专以上学历和中、高级职称专业消防人员比重

$$大专以上学历和中、高级职称专业消防人员比重=\frac{大专以上学历和中、高级职称专业消防人员数（人）}{专业消防人员总数（人）} \quad (4-3)$$

式中 大专以上学历和中、高级职称专业消防人员——持有大专和大专以上学历证明和中、高级技术职称资格证书的专业消防人员；

专业消防人员——现役和地方公安编制的消防人员，以及民办专业、企事业专职消防人员（含专职防火人员）。

4. 每万人口专业消防人员数

$$每万人口专业消防人员数=\frac{专业消防人员数（人）}{人口数（人）} \quad (4-4)$$

式中 人口数——统计部门统计的城市人口数。

5. 消防监督法规完善率

$$消防监督法规完善率=\frac{地方消防监督法规条文累计数（条）}{国家消防监督法规数（个）} \quad (4-5)$$

式中 地方消防监督法规条文累计数——其所在的各省、自治区、直辖市人大和政府以及当地有立法权的市级人民政府颁发实施的各个消防监督法规按条文累计的总条数；

国家消防监督法规数由该类法规归口单位统计。

6. 政府消防经费占财政支出比重

$$政府消防经费占财政支出比重=\frac{地方政府消防经费（万元）}{地方政府财政支出总额（万元）} \quad (4-6)$$

式中 地方政府消防经费——地方政府拨给公安消防部门使用的专门经费，以决算为准；

地方政府财政支出总额——地方政府的全部财政支出，以决算为准。

7. 城市消防站布局达标率

$$城市消防站布局达标率=\frac{已设置消防站数（个）}{应设置消防站数（个）} \quad (4-7)$$

式中 应设置消防站数——根据现行实施的《城市消防站建设标准》和各地制定的消防规划确定本城市应设置的消防站数。

8. 市政消防供水能力

市政消防供水能力

$$=\frac{\text{城市建成区市政消防供水平均流量（L/s）×完好的市政消火栓数（个）}}{\text{人口数（万人）}} \quad (4\text{-}8)$$

式中　城市建成区市政消防供水平均流量——在本城市的建成区内，选测若干个不同流量的、完好的市政消火栓，取其流量的平均值。

9. 119火警线和火警调度专用线达标率

119火警线和火警调度专用线达标率

$$=\frac{\text{119火警线已开通数(对)+火警调度专用线已开通数（数）}}{\text{119火警线和火警调度专用线应开通数（对）}} \quad (4\text{-}9)$$

根据现行实施的《城市消防规划建设管理规定》和《城镇公安消防部队通信装备配备标准》，结合当地发展的需要，确定本城市119火警线和火警调度专用线应开通数（对）。

10. 工程消防设施达标率

$$\text{工程消防设施达标率}=\frac{\text{抽查达标项目数（项）}}{\text{抽查项目总数（项）}} \quad (4\text{-}10)$$

式中　工程消防设施达标率——本城市现有高层建筑、地下工程和石油化工企业的火灾自动报警、自动灭火、安全疏散等消防设施符合有关防火规范和维护保养规定的达标程度。

11. 消防知识教育普及率

$$\text{消防知识教育普及率}=\frac{\text{总得分（分）}}{\text{调查人数（人）}} \quad (4\text{-}11)$$

式中　消防知识教育普及率——采取有选择的对等人数和统一问卷的调查方式测评，以人均得分表达。

12. 公众消防素质

$$\text{公众消防素质}=\frac{\text{人为因素火灾数（起）}}{\text{火灾总数（起）}} \quad (4\text{-}12)$$

式中　公众消防素质——采用人为因素火灾数与火灾总数的比值表达。

人为因素火灾——是指公安消防部门火灾统计中的“生活用火不慎、吸烟、玩火、违反安全规定和违反电器安装规定”五项原因引起的火灾。

火灾总数——公安消防部门统计的火灾起数。

13. 社会自防自救能力

社会自防自救能力

$$=\frac{\text{公众自行扑灭火灾数（起）+自动扑（熄）灭火灾数（数）}}{\text{公安消防部门受理的火灾报警数（起）}}$$
$$=\frac{\text{公安消防部门受理的火灾报警数（起）—公安消防的出水扑救数（起）}}{\text{公安消防部门受理的火灾报警数（起）}} \quad (4\text{-}13)$$

式中　公众自行扑灭火灾数——在公安消防部门受理的火灾报警中由非专业消防人员的社会公众将火灾扑灭于初起阶段的火灾数；

自动扑（熄）灭火灾数——在公安消防部门受理的火灾报警中由于自动灭火或防火阻燃、耐火分隔等消防设施起作用而自动地将火灾扑（熄）灭于初起阶段的火灾数；

公安消防部门受理的火灾报警数——公安消防指挥调度中心接到的火灾报警数，不包括虚警和其他社会救援；

出水扑救数——公安消防部门接到火灾报警并出水扑救的火灾数。

14. 每万元国内生产总值火灾直接损失额

$$\text{每万元国内生产总值火灾直接损失额} = \frac{\text{火灾直接经济损失（万元）}}{\text{国内生产总值（亿元）}} \tag{4-14}$$

式中 火灾直接经济损失——公安消防部门统计的火灾直接损失；

国内生产总值——统计部门统计的国内生产总值。

15. 每十万人口火灾发生率

$$\text{每十万人口火灾发生率} = \frac{\text{火灾总数（起）}}{\text{人口数（十万人）}} \tag{4-15}$$

式中 火灾总数——公安消防部门统计的火灾起数。

16. 每百万人口火灾死伤率

$$\text{每百万人口火灾死伤率} = \frac{\text{火灾伤亡数（人）}}{\text{人口数（百万人）}} \tag{4-16}$$

式中 火灾伤亡数——公安消防部门统计的火灾伤亡数。

4.2 城市消防发展水平的综合评价方法

4.2.1 评价方法的数学模型

目前，综合评价方法类型很多，主要评价方法有复合权重法、直接综合法、综合记分法、因子分析法、投影法、加权评分法等。通过对上述各类方法深入的分析比较，认为加权评分法不仅能满足城市消防发展水平综合评价的要求，而且具备了操作简便、准确、计算结果符合实际等特点。因此，城市消防发展水平综合评价方法是按照加权评分法的类型和框架进行设计的，这种方法是依据模糊数学关于综合评判的数学模型，计算公式为：

$$F = \sum_{i=1}^{n} J_X B_X \tag{4-17}$$

式中 F——综合评分；

B_X——单项指标X的评分；

J_X——单项指标X的权重；

n——指标数。

4.2.2 综合评价指标的权重

城市消防发展水平综合评价指标体系中各评价子系统和评价指标的权重值是采用“专家打分法（Delphi

法）”进行确定的，各子系统和评价指标的具体权重值见表4-2 。

4.2.3　综合评价的基础数据体系

应用城市消防发展水平综合评价指标体系及评价方法必须有一套与之相适应的基础数据体系，它是城市消防发展水平综合评价进行定量分析的基础。因此，为满足16个评价指标量化的需要，确定出最能反映城市消防发展水平本质的37个基础数据，构成“城市消防发展水平综合评价基础数据体系”（表4-3）。

评价子系统和评价指标的权重　表4-2

评价子系统	权重	评价指标	权重
消防实力水平	0.33	城市专业消防队伍车辆装备配备水平	0.07
		15min消防时间达标率	0.07
		大专以上学历和中、高级职称专业消防人员比重	0.07
		每万人口专业消防人员数	0.06
		消防监督法规完善率	0.06
消防基础设施状况	0.32	政府消防经费占财政支出比重	0.07
		城市消防站布局达标率	0.07
		市政消防供水能力	0.06
		119火警线和火警调度专用线达标率	0.06
		工程消防设施达标率	0.06
消防社会化程度	0.18	消防知识教育普及率	0.07
		公众消防素质	0.06
		社会自防自救能力	0.05
火灾状况	0.17	每万元国内生产总值火灾直接损失额	0.07
		每十万人口火灾发生率	0.05
		每百万人口火灾死伤率	0.05

城市消防发展水平综合评价基础数据体系　表4-3

序号	基础数据	序号	基础数据
1	公安消防执勤车辆数	9	接警出动平均时间
2	企事业专职和民办专业消防执勤车辆数	10	行车到场平均时间
3	公安消防举高车辆执勤数	11	开始出水平均时间
4	企事业专职和民办专业消防举高车辆执勤数	12	公安消防人员数
5	公安消防大功率车辆执勤数	13	企事业专职消防人员数
6	企事业专职和民办专业消防大功率车辆执勤数	14	民办专业消防人员数
7	城市人口总数	15	大专以上学历和中、高级职称公安消防人员数
8	城市建成区人口数	16	大专以上学历和中、高级职称企事业专职和民办专业消防人员数

续表

序号	基础数据	序号	基础数据
17	地方消防监督法规条文累计数	28	工程消防设施抽查达标项目数
18	地方政府消防经费	29	火灾总数
19	地方政府财政支出总额	30	人为火灾数
20	城市建成区已设置消防站数	31	公安消防受理的火灾报警数
21	城市建成区应设置消防站数	32	公安消防出水扑救数
22	城市建成区已设置完好消火栓数	33	消防社会教育问卷调查得分
23	城市建成区市政消防供水平均流量	34	火灾直接损失
24	城市建成区电话分局数	35	国内生产总值
25	城市建成区119火警线开通数	36	火灾死亡人数
26	城市建成区消防站火警调度专用线已开通数	37	火灾受伤人数
27	工程消防设施抽查项目数		

4.2.4 城市消防发展水平综合评价指标的标准评分

1. 指标的同量度处理

由于综合评价中各指标计量单位不同，数量级差异很大，因此不能简单相加，必须经过无量纲处理，消除指标单位，并将各指标压缩到统一数量级上来。本评价方法中采用“标准化计分法”进行同量度处理，计算公式为：

$$Z_X=(X_i-\overline{X})/SD \tag{4-18}$$

式中 Z_X——指标X的标准分数；

X_i——某评估地区指标X值；

$\overline{X}$——全部评估地区指标X的平均值；

SD——指标X的标准差。

标准差SD计算公式为：

$$SD=\sqrt{\frac{\sum_{i=1}^{n}(X_i-\overline{X})^2}{N}} \tag{4-19}$$

式中 N——评估地区总数。

标准化计分法的好处是，对不同形式和量纲的指标均可进行比较，并且能够通过标准化值相对地表现各指标在不同单位的发展水平。

2. 指标标准分数结果处理

计算结果表明，指标标准分数有正有负，当某地区指标值大于平均数时为正，反之为负。指标得分为负不符合人们的习惯，为消除计算中出现负数，本评价方法中对指标标准分数采取了一定的处理方法，其计算公式为：

$$B_X=70\pm10\times Z_X \tag{4-20}$$

式中 当指标为逆指标时，中间符号为负。

城市消防综合评价16个指标根据价值取向大部分是正指标，但也有少量逆指标，如：用人为因素火灾次数与火灾总数之比反映的公众消防素质、火灾直接损失占国内生产总值比重、每十万人口火灾发生率、每百万人口火灾死亡率等四项逆指标。正指标是指与评价总目标价值取向一致的指标；逆指标是指与评价总目标价值取向相反的指标。

4.3 示例

本节通过一个示例来说明城市消防发展水平综合指标体系和评价方法的具体应用过程。

4.3.1 获取城市消防发展水平综合评价基础数据

根据城市消防发展水平综合评价指标体系和方法中所需要的“城市消防发展水平综合评价基础数据体系”，收集和获取城市消防发展水平综合评价基础数据。本示例中所采用的城市消防发展水平综合评价基础数据见表4-4。

4.3.2 应用评价方法，综合评价城市消防发展水平

将表4-4中的基础数据代入相应的指标计算公式，得出16个指标的数值，并按照相应指标的权重值和评价方法可以得到示例城市的评价结果，具体评价结果见表4-5。

示例城市的综合评价基础数据表　　表4-4

序号	项目	城市A	城市B	序号	项目	城市A	城市B
1	公安消防执勤车辆数	110	80	20	城市建成区已设置消防站数	23	16
2	企事业专职和民办专业消防执勤车辆数	8	10	21	城市建成区应设置消防站数	40	27
3	公安消防举高车辆执勤数	10	8	22	城市建成区已设置完好消火栓数	4400	3100
4	企事业专职和民办专业消防举高车辆执勤数	2	4	23	城市建成区市政消防供水平均流量	15	12
5	公安消防大功率车辆执勤数	25	17	24	城市建成区电话分局数	8	6
6	企事业专职和民办专业消防大功率车辆执勤数	5	6	25	城市建成区119火警线开通数	23	16
7	城市人口总数	650	500	26	城市建成区消防站火警调度专用线已开通数	23	16
8	城市建成区人口数	400	280	27	工程消防设施抽查项目数	12	12
9	接警出动平均时间	1	1	28	工程消防设施抽查达标项目数	10	9
10	行车到场平均时间	13	10	29	火灾总数	4630	3400
11	开始出水平均时间	2.5	3	30	人为火灾数	82	102
12	公安消防人员数	894	610	31	公安消防受理的火灾报警数	4270	3230
13	企事业专职消防人员数	88	60	32	公安消防出水扑救数	587	789
14	民办专业消防人员数	20	10	33	消防社会教育问卷调查得分	65	61
15	大专以上学历和中、高级职称公安消防人员数	248	180	34	火灾直接损失	1023.7	1532
16	大专以上学历和中、高级职称企事业专职和民办专业消防人员数	30	20	35	国内生产总值	2099.8	1524
17	地方消防监督法规条文累计数	3	2	36	火灾死亡人数	20	19
18	地方政府消防经费	6000	3000	37	火灾受伤人数	28	37
19	地方政府财政支出总额	329.7	230				

示例城市的评价结果表 表4-5

序号	评价指标	评价结果	
		城市A	城市B
1	城市专业消防队伍车辆装备配备水平	60	80
2	15min消防时间达标率	80	60
3	大专以上学历和中、高级职称专业消防人员比重	80	60
4	每万人口专业消防人员数	60	80
5	消防监督法规完善率	60	80
消防实力水平子系统得分		22.6	23.6
6	政府消防经费占财政支出比重	60	80
7	城市消防站布局达标率	60	80
8	市政消防供水能力	60	80
9	119火警线和火警调度专用线达标率	60	80
10	工程消防设施达标率	60	80
消防基础设施状况子系统得分		19.2	25.6
11	消防知识教育普及率	60	80
12	公众消防素质	80	60
13	社会自防自救能力	60	80
消防社会化程度子系统得分		12	13.2
14	每万元国内生产总值火灾直接损失额	80	60
15	每十万人口火灾发生率	60	80
16	每百万人口火灾死伤率	80	60
火灾状况子系统得分		12.6	11.2
城市综合得分		66.4	73.6

第5章　城市区域火灾风险评估方法

城市区域火灾风险评估的主要目的是综合考虑不同区域之间的建筑特征、火灾危险源、公共消防基础设施、消防监管水平、灭火救援力量等因素，辨识火灾的主要危险源及分析其危害特征，确定城市火灾风险等级，预测火灾发展趋势，提高防火能力。为此，需要对城市的灾害事故、火灾危险源进行分析，确定区域消防安全规划及需求目标。

5.1　危险源和火灾风险评估

5.1.1　火灾风险评估的相关概念

火灾风险评估以及评估过程中涉及的主要有以下相关概念。

火灾风险评估：对目标对象可能面临的火灾危险、被保护对象的脆弱性、控制风险措施的有效性、风险后果的严重度以及上述各因素综合作用下的消防安全性能进行评估的过程。

可接受风险：在当前技术、经济和社会发展条件下，组织或公众所能接受的风险水平。

消防安全：发生火灾时，可将对人身安全、财产和环境等可能产生的损害控制在可接受风险以下的状态。

火灾危险：引发潜在火灾的可能性，针对的是作为客体的火灾危险源引发火灾的状况。

火灾隐患：由违反消防法律法规的行为引起、可能导致火灾发生或发生火灾后会造成人员伤亡、财产损失、环境损害或社会影响的不安全因素。

火灾风险：对潜在火灾的发生概率及火灾事件所产生后果的综合度量。一般可用“火灾风险=概率X后果”表达。其中“X”为数学算子，不同的方法中“X”的表达会有所不同。

火灾危险源：可能引起目标遭受火灾影响的所有来源。

火灾风险源：能够对目标发生火灾的概率及其后果产生影响的所有来源。

火灾危险性：物质发生火灾的可能性及火灾在不受外力影响下所产生后果的严重程度，强调的是物质固有的物理属性。

5.1.2　危险源

危险源是各种事故发生的根源，是指可能导致事故从而造成人员伤亡和财产损失等损害的潜在的不安全因素[15]。

危险源包括四个方面的含义：

（1）决定性：事故的发生以危险源的存在为前提，危险源的存在是事故发生的基础，离开了危险源就不会有事故。

（2）可能性：危险源并不必然导致事故，只有失去控制或控制不足的危险源，才可能导致事故。

（3）危害性：危险源一旦转化为事故，会给生产生活带来不良影响，还会对人的生命健康、财产安全以及生存环境等造成危害。如果不能造成这些影响和危害，就不能称之为危险源。

（4）隐蔽性：危险源是潜在的，一般只有当事故发生时才会明确地显现出来。人们对危险源及其危险性的认识往往是一个不断总结教训并逐步完善的过程，对于尚未宣传认识的现有和新危险源，其控制必然存在着缺陷。

作为事故致因的各种不安全因素，在导致事故发生、造成人员伤害和财产损失方面所起的作用很不相同。可以按照危险源在事故发生、发展过程中的作用来研究危险源。危险源可分成两大类，即第一类危险源和第二类危险源，它们是性质完全不同的两类危险源，其辨识、控制和评价的方法也不相同。

1. 第一类危险源

根据事故致因理论中的能量意外释放论，事故是能量的意外释放，作用于人体（或结构）的过量的能量或干扰人体与外界能量交换的危险物质是造成人员伤害或财产损失的直接原因。能量或危险物质在事故致因中占有非常重要的位置，我们称其为第一类危险源。即第一类危险源是反映系统中存在的，可能产生意外释放的能量或危险物质。第一类危险源具有的能量越高，发生事故的后果就越严重；反之，拥有的能量越低，对人或物的危害越小。第一类危险源处于低能量状态时比较安全。同样，第一类危险源具有危险物质的量越大，其危害性就越大。

2. 第二类危险源

在生产、生活中，为了利用能量，让能量按照人们的意图在系统中流动、转移和做功，必须采取措施约束、限制能量，即必然控制第一类危险源。约束、限制能量的措施的根本目的是控制能量，防止能量意外地释放。实际生产、生活活动中，绝对可靠的控制措施并不存在，在许多因素的复杂作用下，约束、限制能量的措施可能失效，导致能量屏蔽被破坏，能量意外释放导致事故。把导致能量或危险物质的约束或限制措施破坏或失效的各种不安全因素称为第二类危险源。

从系统论的观点，考察导致能量和危险物质的约束和限制措施破坏的原因时，可以认为第二类危险源包括人、物、环境三个方面的问题。其中，人的失误（人的因素）和物的障碍（物的因素）等第二类危险源是第一类危险源失控的原因，与第一类危险源不同，它们是一些随机出现的现象和状态。第二类危险源出现越频繁，发生事故的可能性越高，第二类危险源出现的情况决定着事故发生的可能性。

5.1.3 重大危险源

重大危险源是指工业活动中客观存在的危险物质（能量）达到或超过临界量的设备或设施[16～18]，其中包括：易燃、易爆、有毒物质的贮罐或贮罐区；易燃、易爆、有毒物质的库区（库）；具有火灾、爆炸、中毒危险的生产场所。

重大危险源分类是重大危险源申报、普查的基础。科学、合理的分类有助于客观地反映重大危险源的本质特征，有利于重大危险源普查工作的顺利进行。从可操作性出发，以重大危险源所处的场所或设备、设施对其进行分类，可将城市重大危险源分为七大类。

（1）易燃、易爆、有毒物质的贮罐区（贮罐）。

（2）易燃、易爆、有毒物质的库区（库）。

（3）具有火灾、爆炸、中毒危险的生产场所。

（4）企业危险建（构）筑物。

（5）压力管道。

（6）锅炉。

（7）压力容器。

其中，对城市安全威胁最大的城市重大危险源主要是：化工企业和一些相关企业的有毒、有害和易燃、易爆物质的储备、生产和运输设备；以燃气储备、输送管道和各类燃具为主的公共设施；以油库、油储罐和加油站为主的燃料储备和供应系统；以工业和商业场所的易燃、易爆粉尘和气体构成的爆炸源。

按照国家标准《危险化学品重大危险源辨识》（GB18218—2009），重大危险源分为生产场所重大危险源和贮存区重大危险源两种，贮存区重大危险源包括贮罐区（贮罐）重大危险源和库区（库）重大危险源。重大危险源按照安全评价报告评价出的事故后危害程度分为三级：一级重大危险源：在事故状态下可能造成死亡29人以上或直接经济损失1000万元以上或其他性质特别严重事故；二级重大危险源：在事故状态下可能造成死亡9人以上或直接经济损失500万元以上或其他性质特别严重事故；三级重大危险源：在事故状态下可能造成死亡3人以上或直接经济损失100万元以上或其他性质特别严重事故。

5.1.4　火灾危险源

火灾危险源属于安全工程学所称危险源中的一种，它在社会生产、生活活动中大量存在。在尚未统一制定火灾危险源辨识标准的情况下，人们通常把火灾危险源划分为三类：

（1）存在可燃物和起火危险，起火后会造成一定危害后果的场所。

（2）约束和限制火灾的措施失效，可能导致火灾发生和失控的场所。

（3）可能导致火灾发生、失控的工艺和行为。

火灾危险源中，对发生火灾可能造成重大经济损失或重大人员伤亡，或对社会公共安全造成重大危害的，应确认为重大火灾危险源。

由于火灾危险源是火灾发生的基础，因此准确地辨识火灾危险源是有效控制和减少火灾危害的前提。通过辨识和确认火灾危险源，可以有针对性地采取相应管理措施，做好火灾预防工作。

5.1.5　城市火灾风险评估的意义

火灾风险评估，又称消防安全评估，是在辨识火灾危险源和重大火灾危险源的基础上，对区域火灾风险综合进行评估，从而提出消防安全的管理要求和处置能力，为人们预防火灾、控制火灾和扑灭火灾提供技术依据[19][20]。城市区域火灾风险评估的作用主要有以下几个方面。

1. 可以掌握区域的火灾风险总体水平

随着我国经济的发展和社会的不断进步，城市化发展的速度非常快，大中小城市的规模都在日益扩大。特别是大城市，人口密度大，城市功能呈现多元化、复杂化，建筑形式也日趋多样化，过去远离市中心的高风险工业区逐渐被外延的城市新区所包围；城市居民和流动人员的活动方式、生活方式发生了根本性的变化；生产生活中采用新材料、新工艺、新技术、新能源等，这些因素决定了城市的火灾风险在不断增大。统计数据显示，火灾已对我国城市安全形成了巨大的威胁，严重影响着我国城市经济可持续发展和社会稳定。消防安全水平也体现了社会的文明程度。城市区域火灾风险的评估结果可以清楚地显示某一特定区域的火灾风险总体水平、造成火灾风险高的主要原因以及提高消防安全度应采取的一些措施，可以为城市消防决策科学化和管理现代化提供一定的科学依据，使消防管理工作由经验型向科学型转化。

2. 可以为城市消防规划提供技术支持

城市火灾风险评估可为城市消防规划提供依据。城市的固有火灾风险与相应的设防力量构成城市火灾的综合风险。研究综合风险可以为城市的整体消防规划、应急力量布局和设防力量整体要求等方面的决策提供科学的技术手段，从而提高社会消防安全管理水平，完善城市消防功能，提升社会抗御火灾的能力。

通过火灾风险评估这一技术手段来确定消防站的数量、位置和辖区范围，是当今国内外消防站规划布局的一种新方法。英、美、德等发达国家，针对不同的火灾风险，确定不同的消防车行车到场时间，结合规划区内交通道路、行车速度、地形地貌、消防站布局现状以及当地经济发展等因素，通过风险评估方法，为确定消防站的数量、位置和辖区范围提供依据和优化方案。

比如：中国香港在进行消防站的规划时，首先确定某一区域的火灾风险等级，主要考虑以下四个因素：①人口居住密度；②土地发展密度（总建筑面积与占地面积的比例）；③建筑物高度；④楼房用途（按表5-1计算风险总得分，按表5-2确定风险等级及消防响应时间）。

我国《城市消防站建设标准》规定：普通消防站的辖区一般不应大于7km^2；设在近郊区的普通消防站仍以接到出动指令后5min内消防队可以到达辖区边缘为原则确定辖区面积，其辖区面积不应大于15km^2。也可针对城市的火灾风险，通过评估方法确定消防站辖区面积。

3. 可以为火灾保险费率的合理制定提供科学依据

火灾风险评估还可为保险行业制定合理的火灾保险费率提供科学依据。保险是一种信用行为，投保户向保险公司交付了保险费，就意味着把可能发生的风险转嫁给了保险公司。保险公司收取了保费，签订了保险合同，也就承担了风险发生后补偿损失的义务。火灾保险费率的确定应该建立在科学、合理的风险评估基础之上。

中国香港区域火灾风险得分表 表5-1

居住密度		发展密度		楼房高度		楼房用途					
						工业		商业		政府/社团/其他	
公顷人口	得分	容积率	得分	平均层数	得分	建筑面积占比（%）	得分	建筑面积占比（%）	得分	建筑面积占比（%）	得分
>1000	12	>4.0	4	>5.0	8	>75.0	12	>40.0	8	>25.0	5
800～950	10	3.00～3.99	3	4.0～4.9	6	50.0～74.9	8	30.0～39.9	6	20.0～24.9	4
600～750	8	2.00～2.99	2	3.0～3.9	4	25.0～49.9	4	20.0～29.9	4	15.0～19.9	3
400～550	6	<2.00	1	2.0～2.9	2	<25.0	2	10.0～19.9	2	10.0～14.9	2
200～350	4			1.0～1.9	1			<10.0	1	<10.0	1
100～150	2			<1.0	0						
100	1										

中国香港区域火灾风险划分及消防响应时间 表5-2

总得分	风险级别	响应时间（min）
>25.0	甲	5
20～24	乙	6
15～19	丙	9
10～14	丁	15
<10	戊	23

5.2 火灾风险评估

风险评估技术起源于1930年代，最早起源于保险业。保险公司为客户承担各种风险，必须收取一定的保险费用，而收取费用的多少是由所承担的风险大小决定的。因此，就产生了一个衡量风险程度的问题，这个衡量风险程度的过程就是当时美国保险协会所从事的风险评估。而风险评估技术的发展又为企业降低事故风险提供了技术手段，很多大的公司也对风险管理及风险评估技术进行了深入研究，如1964年美国道（DOW）化学公司根据化工生产的特点，首先开发出“火灾、爆炸危险指数评估法”，用于对化工装置进行风险评估[21]。

1980年代初期，系统安全工程引入我国，受到许多大中型企业和行业管理部门的高度重视，系统安全分析、评估得到了大量的应用。我国原化工部提出了“化工厂危险程度分级”[22]，采用两步评估模式：先计算工厂的固有危险指数并得到相应的固有危险等级；然后依据检查表对安全管理进行检查、评分、定级，得到安全管理等级，再根据固有危险等级和安全管理等级确定工厂的实际危险级别。该方法在大型化工企业进行了试点、应用，富有特色。

5.2.1 火灾风险的概念

火灾风险有以下含义：

（1）可能发生的火灾事件和概率。

（2）火灾事件可能产生的后果。

5.2.2 火灾风险管理的ALARP原则

ALARP（As Low as Reasonably Practicable，尽可能合理可行的低）原则的含义是：任何工业系统都是存在风险的，不可能通过预防措施来彻底消除风险；而且，当系统的风险水平越低时，要进一步降低就越困难，其成本往往呈指数曲线上升。也可以说，安全改进措施投资的边际效益递减，最终趋于零，甚至为负数。因此，必须在工业系统的风险水平和成本之间作出一个折中。可以这样来理解ALARP原则：应满足使风险水平“尽可能低”这样一个要求，而且是介于可接受风险和不可接受风险之间的、可实现的风险范围内，来尽可能降低风险水平，常用的方法是以成本效益评估为基础，确定某一减少风险措施的合理性。

5.2.3 火灾风险接受准则

对于风险分析和风险评估的结果，人们往往认为风险越小越好。但是，减少火灾风险是要付出代价的。无论是减少火灾发生的概率还是采取各种措施使火灾造成的损失降到最少，都需要投入资金、技术、人力等资源。通常的做法是将火灾风险限定在一个合理的、可接受的水平上。

图5-1所示为ALARP的原则：

火灾风险若在不可承受范围：不计成本，必须降低风险；

火灾风险若在可容忍范围：可以“切实合理地”得以降低；

火灾风险若在广泛可承受范围：无须进一步降低风险，但必须进行风险监测。

城市火灾风险评估由于其复杂性，容许上、下限的确定比较复杂，在实际应用中，可根据具体城市的经济、社会发展水平确定。

5.2.4 火灾风险评估常用方法介绍

火灾风险评估方法的种类很多，大体可分为定性分析方法、半定量分析方法和定量分析方法三大类[19]。引进“量”的概念是进行分析和比较的基础，严格的定量分析应当以基于统计方法的事故概率计

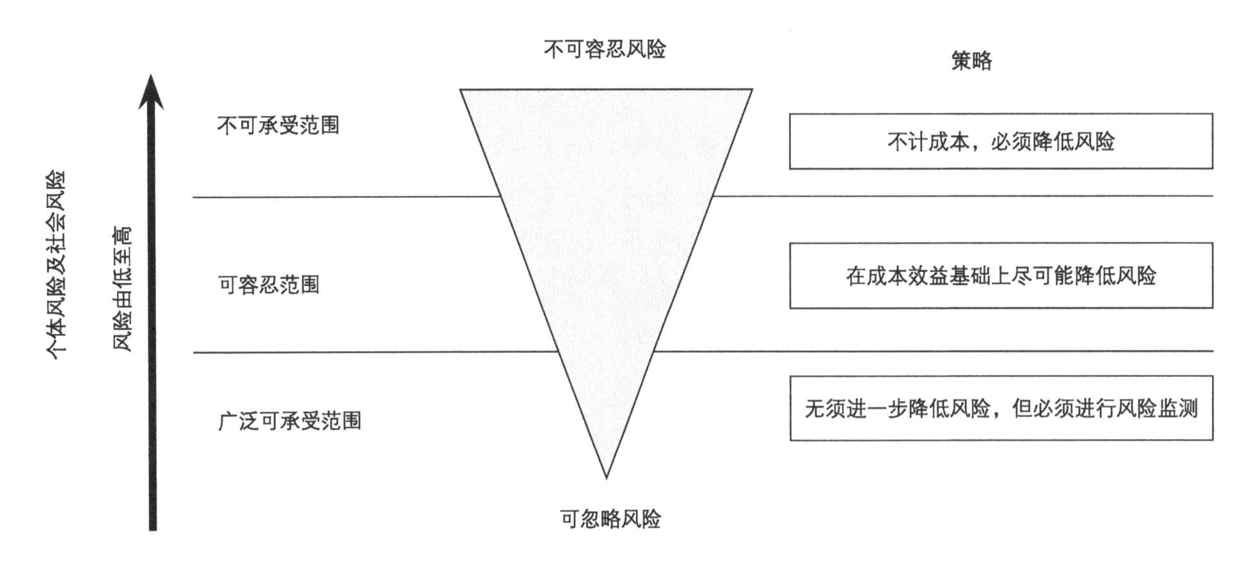

图5-1 风险管理的ALARP原则

算和基于火灾动力学的火灾后果计算为基础。但由于火灾事故数据资料的缺乏以及时间、费用等方面的限制，准确计算火灾事故的概率是比较困难的，而且在相当多的场合根本无法得到这种概率，因此，长期以来火灾风险评估仍以定性分析方法和半定量分析方法为主。下面介绍几种常用的火灾风险评估方法。

1. 安全检查表评估法

安全检查表（Safety Check List）是进行安全检查，发现潜在危险，督促各项安全法规、制度、标准实施的一个较为有效的工具。1930年代，国外就采用了安全检查表，至今仍然是安全系统工程中最基础也是最广泛使用的一种定性分析方法。

安全检查表分析法就是制定安全检查表，并依据此表实施安全检查和火灾危险控制。参照火灾安全规范、标准，系统地对一个可能发生火灾的环境进行科学分析，找出各种火灾危险源，依据检查表中的项目，把找出的火灾危险源以问题清单形式给出并制成表，以便于安全检查和火灾安全工程管理。

火灾安全检查分析法的核心是安全检查表的设计和实施。安全检查表必须包括系统或子系统的全部主要检查点，尤其不能忽视那些主要的潜在危险因素，而且还应从检查点中发现与之有关的其他危险源。总之，安全检查表应列明所有可能导致火灾发生的不安全因素和岗位的全部职责，其内容包括：①分类；②序号；③检查内容；④回答；⑤处理意见；⑥检查人和检查时间；⑦检查地点；⑧备注等。

2. 重大危险源评估方法

“八五”国家科技攻关专题“易燃、易爆、有毒重大危险源辨识评价技术”，在大量重大火灾、爆炸、毒物泄漏中毒事故资料统计分析的基础上，从物质危险性、工艺危险性入手，分析了重大事故发生的原因、条件，提出了工艺设备、人员素质以及安全管理缺陷三方面的107个评价指标，评价事故的影响范围、伤亡人数、经济损失和应采取的预防、控制措施。

图5-2所示为所采用的评价指标体系，公式（5-1）为评价的数学模型：

$$A=\left\{\sum_{i=1}^{n}\sum_{j=1}^{m}(B_{111})_i W_{ij}(B_{112})_j\right\} B_{12}\prod_{k=1}^{3}(1-B_{2k}) \quad (5-1)$$

式中 $(B_{111})_i$——第i种物质危险性的评价值；

$(B_{112})_j$——第j种工艺危险性的评价值；

W_{ij}——第j项工艺与第i种物质危险性的相关系数；

B_{12}——事故严重度评价值；

B_{21}——工艺、设备、容器、建筑结构抵消因子；

B_{22}——人员素质抵消因子；

B_{23}——安全管理抵消因子。

第i种物质的事故易发性$(B_{111})_i$是在未明确工艺条件下给出的，是典型工艺下的取值或多种工艺下的平均值，在事故易发性为$(B_{112})_j$的第j种工艺条件下，事故的易发性有一个相关系数W_{ij}，三者相乘并对各种危险物质求和就得到事故的易发性评价值。

事故的严重度是在6种火灾、爆炸伤害模型和9种毒物扩散伤害模型基础上，按照最大危险原则和概率求和原则计算的。6种火灾、爆炸伤害模型分别是：①凝聚相含能材料爆炸；②蒸汽云爆炸；③沸腾液体扩展为蒸汽云爆炸；④池火灾；⑤固体和粉尘火灾；⑥室内火灾。

9种毒物扩散伤害模型分别是：①源抬升模型；②气体泄放速度模型；③液体泄放速度模型；④高斯烟羽模型；⑤烟团模型；⑥烟团积分模型；⑦闪蒸模型；⑧绝热扩散模型；⑨重气扩散模型。当一种物质既有燃爆特性，又具有毒性时，则人员伤害按二者中较重的情况进行测算，财产损失按燃烧、爆炸伤害模型测算。采用公式（5-2）对人员伤亡和财产损失进行折算：

$$S=C+20(N_1+0.5N_2+105N_3/6000) \quad (5-2)$$

式中　C——事故中财产损失的评价值（万元）；

N_1、N_2、N_3——事故中人员死亡、重伤、轻伤人数的评价值。

在危险性的抵消因子中，工艺、设备、容器和建筑结构抵消因子由23个指标组成，安全管理状况由11类72个指标组成，危险岗位操作人员素质由4个指标组成。

3. 模糊数学评估法

模糊理论起源于1965年美国加利福尼亚大学控制论专家扎德（L.A.Zadeh）教授在《Information and Control》杂志上的一篇“Fuzzy Sets”。模糊数学自

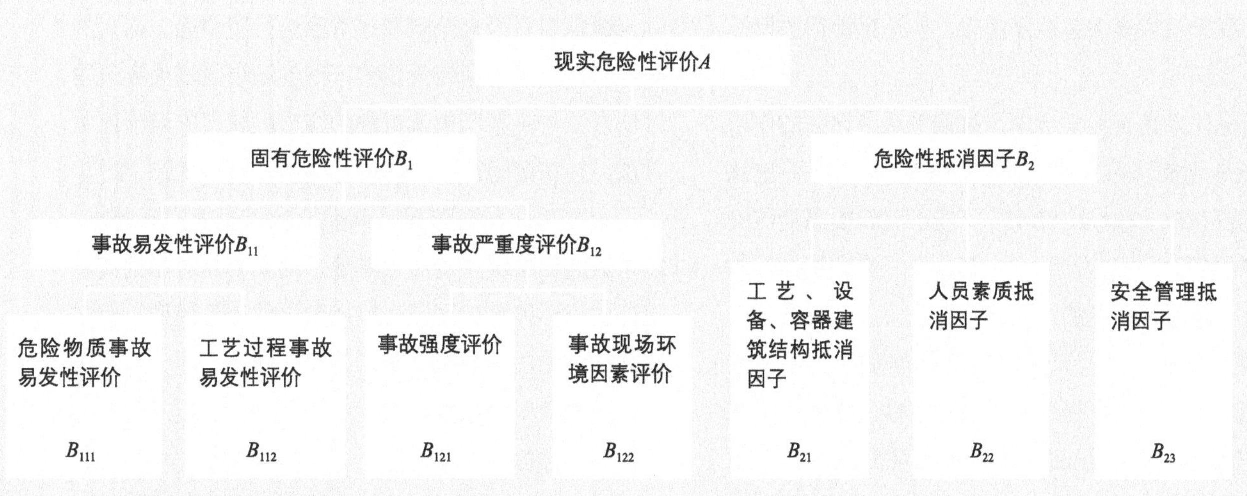

图5-2　重大危险源评价指标体系框图

1976年传入我国后，在我国得到迅速的发展，现在它的应用已遍及各个行业。

由于安全与危险都是相对模糊的概念，在很多情况下都有不可量化的确切指标。但对火灾风险管理和评估中，又确切需要将影响火灾风险的各种复杂因素综合起来，给出一个明确的级别，如一级风险、二级风险、三级风险等，并据此分配人力、财力和物力，这就需要将诸多模糊的概念定量化、数字化。在此情况下，应用模糊数学将是一个较好的选择方案。模糊数学评估方法是应用模糊数学的计算公式以及一些由专家确定的常数来确定火灾的各种影响。风险评估的特殊性和模糊方法的优势，使得模糊方法在系统风险评估中得到广泛应用。

4. 火灾风险指数法

火灾风险指数（Fire Risk Index）法是进行火灾风险评估常用的方法之一，它包括评估指标体系设计、指标权重计算、建立评估模型等几个方面。

（1）指标体系的设计既是评估中非常重要的基础性工作，又是非常具体的核心内容，需要广泛的调查研究、深入细致的分析与综合。具体地说，就是把影响火灾风险的主要因素归纳总结成一系列概念明确、边界清晰、便于把握的指标，并把这些指标按照其内在的联系及隶属关系组织起来，构造出评估的指标体系。

指标体系是否科学合理，直接关系到评估的作用和功能是否能正常发挥，进而影响到评估能否被认可，能否在行业领域内被推广，能否达到提高消防安全水平的目的。因此，建立一套科学、合理的指标体系，是一项非常重要的工作。

（2）在城市火灾风险评估指标体系中，不同的评估指标对系统的贡献不同，指标的权重是指标在系统中的相对重要程度的主观和客观反映的综合度量，它表示该指标在指标体系中的相对重要程度，即在其他指标不变的情况下该指标的变化对结果的影响。正确、合理地确定指标体系的权重是一个十分困难的问题，所以评估指标的权值计算是进行火灾风险评估所涉及的重要问题之一，它直接影响评估结果的合理性。美国匹兹堡大学教授莎泰（T. L. Saaty）提出的层次分析法（Analytic Hierarchy Process，简称AHP法）是计算权重的一种比较有效、实用、方便的方法。

（3）根据问题的实际情况，建立合适的数学模型，是火灾风险评估指数法非常关键的问题。

5.3 我国城市区域火灾风险评估方法

5.3.1 基于单体对象的城市区域火灾风险评估方法

为使各级消防部队掌握辖区火灾危险源情况、城镇公共消防设施现状和灭火救援力量，推动各级政府进一步完善城市消防规划，加强消防基础设施建设，切实提高公安消防部队为经济社会发展服务的能力，公安部消防局决定，从2005年5月起，在全国部分地区先行试点，开展重大危险源调查、评估工作，并成立了专门的课题组。结合消防部队灭火抢险救援的实际，课题组对灭火抢险救援对象进行了全面、深入的研究，建立了一套较为切实可行的城市区域火灾风险评估方法——基于单体对象的城市区域火灾风险评估方法，并在全国7个地区进行了全面试点评估工作[10]。

本方法结合消防部队灭火抢险救援的实际需求，以指数法和层次分析法为基础，建立单体对象火灾风险评估指标体系、区域火灾风险评估计算模型，旨在以评估结论指导消防部队进行作战训练、防火监督工作。下面简单介绍该方法。

1. 有关定义

对本评估方法中涉及的有关概念定义如下。

1）固有火灾风险

指在没有公安消防力量保护的情况下被考察对象的火灾风险，是被考察对象在消防安全方面对灭火救援力量需求大小的反映。以下内容中出现的“风险”没有特殊说明的，均指固有火灾风险。

2）单体对象

在火灾风险评估中，划分出使用性质单一、相对独立的建（构）筑物（群），简称单体。一般地，单体对象即是评估的最小单元，是可以用指标模型（体系）直接评估的单元。

3）区域对象

根据火灾风险评估需要，在城市地理区域中划定出的相对独立的一个评估范围。评估区域是由多个单体对象组成，区域对象简称区域。

4）人员风险值（R_m）

在评估某类对象的火灾风险时，对其可能的人员伤亡数量的估算值。

5）财产风险值（R_f）

在评估某类对象的火灾风险时，对其可能的财产损失数量的估算值。

6）火灾事故发生率（P）

某类单体每年发生某等级火灾事故的频度。$P_i=\dfrac{S_i}{nN_i}$，其中：P_i表示第i类单体火灾事故发生率；S_i表示第i类单体火灾事故发生总数；N_i表示评估区域内第i类单体的总数；n表示统计年限。

7）单体对象固有火灾风险率（OL）

用评估指标体系及其评判标准对单体对象火灾事故发生的严重性进行综合评估的结果。

8）风险向量（R）

指火灾事故中评估对象人员伤亡风险与财产损失风险的集合，是衡量火灾事故中评估对象的总体风险的表征量，可以表示为$R=(R_m,\ R_f)$。

在单体对象评估中，主要选取人员和财产风险来表征单体对象的火灾风险。单体对象在人和物两方面的火灾风险无法换算或统一为一个表征量，采用风险向量来表征单体对象火灾风险，使得不同单体对象的火灾风险可以定量地相互比较，这也较好地解决了区域火灾风险的计算问题。

2. 评估基本思想

1）单体对象固有火灾风险评估因素

单体对象固有火灾风险评估因素从致灾程度因素、影响消防力量发挥因素、毗邻情况、自身火灾防控能力等四个方面进行分析。

致灾程度因素主要考虑单体对象的火灾荷载与建筑情况。

自身火灾防控能力主要包括消防设施、消防管理、消防水源等要素。

影响消防力量发挥的因素主要包括距离最近消防站的路程、消防车道、消防水源，其中消防水源作为复用因素。

毗邻情况包括周围环境所带来的风险和防火间距两个因素，主要反映单体间火灾风险耦合程度。

单体对象固有火灾风险评估因素包括人员、财产与固有火灾风险率三个方面。

2）区域火灾风险评估思路

区域是由单体组成的，单体评估的实现是区域评估的基础，区域火灾风险评估是单体火灾风险的综合衡量。区域组成和结构的复杂性导致区域划分的多样性，根据需要，可按消防队辖区或行政辖区将评估区域划分为多个子区域。区域风险由子区域风险组成，子区域风险由单体对象风险组成。

3. 单体对象评估指标体系

在建立指标体系方面，从解决消防部队对辖区基本信息和火灾风险分布情况的需求出发，充分分析和研究城市区域各种类型单体对象自身的致灾因素及制约灭火抢险救援力量发挥的环节，旨在使指标体系切实反映单体对象的火灾风险特点，有利于火灾风险评估，尽最大可能地满足消防部队的实际需求。

单体风险评估指标体系采用“三层次模型”进行设计，形成自上而下的构造单体对象评估指标体系和自下而上的度量固有风险率的评估机制。

根据消防部队灭火救援和防火监督工作的特点，将单体对象划分为7大类（人员密集场所、危险化学品单位、高层公共建筑、地下建筑、仓储类、重要机关和单位、其他类场所）37种不同类型（表5-3），各类型单体对象的火灾风险因素存在差异，因此，评估指标体系也不尽相同，但评估指标体系的基本结构是相似的。指标体系的大体结构与组成参见表5-4。

单体对象分类 表5-3

人员密集场所	宾馆饭店、集体宿舍、客车站、码头、机场、生产加工车间、商场、市场、图书馆、博物馆、展览馆、档案馆、托幼儿园所、养老院、学校教学区、学校试验楼区、医院、娱乐场所、影剧院、体育场馆
危险化学品单位	储罐区、库房、生产车间
高层公共建筑	办公写字楼、宾馆饭店商场、商住综合楼类
地下建筑	地下仓库、地下商场、地下市场、地下娱乐场所
仓储类	非露天类仓库、露天、半露天类仓库
重要机关和单位	重要机关和单位
其他类场所	易燃建筑密集区、古建筑、隧道

人员密集场所（宾馆类）单体对象固有风险率评估指标体系示例 表5-4

一级指标	二级指标	三级指标	分值或计算表达式				
			2	4	6	8	10
建筑情况	建筑容积率		<1.0	1~2	2~3	3~4	≥4
	建筑高度		<24	—	24~100	—	>100
	地下层数		1	—	2	—	>2
	建筑结构		钢混	混合	钢结构	砖木	其他
	内装修		符合	—	—	—	不符合
	玻璃幕墙		无	—	局部	—	全部
消防设施	自动灭火系统		符合	—	—	—	不符合
	自动报警系统		符合	—	—	—	不符合
	室内消火栓系统		符合	—	—	—	不符合
	机械防排烟设施		符合	—	—	—	不符合
	应急广播系统		符合	—	—	—	不符合
	疏散通道		符合	—	—	—	不符合
	疏散指示标志		符合	—	—	—	不符合
	防火分区		符合	—	—	—	不符合
	应急照明		符合	—	—	—	不符合
	灭火器		符合	—	—	—	不符合

续表

一级指标	二级指标	三级指标	分值或计算表达式				
			2	4	6	8	10
消防水源	室外消火栓（300m内）	合格率	≥95	90～95	80～90	70～80	<70
		管网形式	环状	—	环状与枝状	—	枝状
	消防水池		符合	—	—	—	不符合
	可用的天然水源、其他水源		无限可用	—	有限可用	—	无
消防管理	消防措施	规章制度	有	—	—	—	无
		应急预案	有	—	—	—	无
		定期演练	是	—	—	—	否
		定期安全检查	是	—	—	—	否
	员工消防培训		有	—	—	—	无
	义务消防队员（人）		>20	10～20	6～10	1～5	0
火灾荷载	可燃物释放热当量（$Q/Q_{汽油}$）		<0.5	0.5～0.8	0.8～1.2	1.2～1.5	≥1.5
	输电线路敷设年限		<5	5～10	10～20	20～30	≥30
	临时用电线路铺设情况		无	—	—	—	有
消防力量发挥因素	距离最近消防站的路程		0～3	—	3～5	—	>5
	消防车道		符合	—	—	—	不符合
毗邻情况	防火间距		符合	—	—	—	不符合
	易燃易爆物品类场所		无	—	—	—	有

注：可燃物释放热当量=$Q/Q_{汽油}$，其中Q为全部可燃物资释放热量（kJ）；$Q_{汽油}$为汽油危险存储临界量燃烧释放热量（kJ）。“符合”与“不符合”指的是符合相应规范与否。

4. 计算公式

1）单体对象固有火灾风险率计算公式

单体对象固有火灾风险率采用线性加权模型计算：

$$OL=\sum_{i=1}^{n}W_i\times C_i \tag{5-3}$$

式中　W_i——末级指标对单体固有火灾风险率的权重，由层次分析法计算得到；

C_i——末级指标的评估得分。

2）单体对象固有火灾风险计算公式

风险R是一定时期风险事故发生的概率P和风险事故发生损失程度L的函数，可用函数关系式$R=f(P, L)$表示。

风险发生的损失程度可用财产损失或伤亡人数表示。设M为单体对象内平均在场人数，F为评估对象本身及其附属物财产估算值。根据下式，单体对象火灾风险由人员风险和财产风险构成，采用下面的数学模型进行计算：

$$R_i=P_j\times[(M_i, F_i)\times OL_i]=(Rm_i, Rf_i) \quad (5-4)$$

式中 R_i——第i个单体对象的风险向量；

P_j——第j类单体火灾事故发生率，由单体对象类型来确定；

M_i——第i个单体对象内平均在场人数；

F_i——第i个单体对象本身及其附属物财产估算值；

OL_i——第i个单体对象的固有火灾风险率；

Rm_i——第i个单体对象的人员风险；

Rf_i——第i个单体对象本身的财产风险。

3）区域固有火灾风险计算公式

参照前面的定义，采用线性加权模型进行区域火灾风险向量（R）计算。

$$R=\sum_i R_i=\sum_i (Rm_i, Rf_i)=(\sum_i Rm_i, \sum_i Rf_i)=(Rm, Rf) \quad (5-5)$$

区域火灾风险归根到底是由单体对象火灾风险构成的。采用这种计算模型，简化了单体间的相互关联影响，忽略了单体对象火灾风险的叠加耦合作用，为了弥补计算模型的这一不足，在单体风险评估指标体系中，把“毗邻情况”作为一级指标，充分重视毗邻间的相互影响。

4）单体对象火灾风险等级划分

确定风险数值的大小不是组织风险评估的最终目的，重要的是要确定不同单体对象火灾风险的等级，对于不同风险级的单体对象采取不同的防范和保护措施。等级划分可以按照风险数值排序的方法，也可以采用区间划分的方法。单体对象火灾风险等级划分从固有火灾风险率和固有火灾风险入手，两个等级划分结果结合起来，形成最终的等级划分结果。

单体固有火灾风险率等级划分区间临界值由参与评估的消防领域专家，根据评估数据整体情况，结合不同的城市整体消防安全水平和经济发展状况，并结合评估区域的公共消防安全设施及单体对象消防安全的整体水平，设定等级划分的数量，调整等级划分标准的上下界限。

5）评估应用

从单体对象火灾风险评估结果来看，根据火灾风险等级划分情况，消防部队按等级的高低，详细确定各等级单体对象分布，按轻重缓急区别对待消防保护对象，优先考虑既重大又危险的单体对象，认真调整和制订作战预案，加强防火监督力量，消除火灾隐患，使火灾发生的可能性降到最低，同时，对可能发生的火灾做出充分准备，做到战之能胜。

从区域火灾风险评估结果出发，不同类型火灾风险分布各异，通过风险高低排序、比较，分析各种类型单体对象对灭火救援力量的需求，规划灭火救援力量建设方案，并把高风险类型单体对象的灭火救援作战训练作为灭火作战训练重点；各划分出来的子区域（通常以消防中队和消防站辖区为划分原则）调查对象数量和人员风险、财产风险分布反映相应中队责任区对灭火救援力量的需求，根据风险评估结果优化、加强各中队灭火救援力量的配置，可以达到平衡、高效地建设灭火救援力量的目的。

据统计，7个试点城市共调查了11890个单位，累积数据信息近60万条，表5-5为试点城市调查对象分类汇总情况。

试点城市调查对象分类汇总　　表5-5

城市	安顺	都匀	沈阳	重庆	苏州	厦门	江阴	合计
调查对象共计	560	489	3102	1476	1982	2937	1344	11890
高层建筑	6	18	259	230	45	309	11	878
人员密集场所	330	255	2068	806	1431	2183	886	7959
危险化学品单位	107	92	344	228	345	232	417	1765
地下建筑	2	1	7	19	2	11	1	43
仓储类	11	63	128	29	11	93	2	337
重要机关和单位	104	58	283	125	98	78	21	767
其他类场所	0	2	13	39	50	31	6	141

5.3.2 城市居住区火灾风险评估方法

居住是城市居民生存生活的基本需要之一，通常把城市中由主要道路或自然分界线所围合，设有与其居住人口规模相应的、较完善的、能满足该区居民物质与文化生活所需的公共服务设施的相对独立的居住生活聚居地区，称为居住区。居住区在城市用地和建设量上都占有绝对高的比重，是城市的重要组成部分。由于居住区建筑密集、物质和人员聚集，用火、用电、用气频繁，加上居民缺乏自防自救能力，消防安全环境不理想，发生火灾的概率相对较高。根据全国火灾年鉴统计，居住建筑火灾连续十几年居各类火灾之首。

1. 居住区火灾风险评估单元的确定

1）居住区火灾风险评估基本单元的确定

目前我国城市居住区规划，有三种基本构成形式：①以居住小区为基本单元组织居住区，即居住区—居住小区。当城市规模较大时，还可由若干居住区形成居住地区。②以住宅组团为基本单元组织居住区，即居住区—住宅组团，住宅组团相当于一个居民委员会的规模。③以住宅组团和居住小区为基本单位来组织居住区，即居住区—居住小区—住宅组团，居住区由若干个居住小区组成，每个小区由2～3个住宅组团组成。因此，确定居住区火灾风险评估基本单元时，应结合城市用地的整体布局和自然地形的特点，方便地采集有关数据，比如可依据经审批通过的城市居住区规划作为平台，根据公安消防部门的消防监督管理模式和城市街道办事处以及社区行政管辖范围，选择以居住区或居住小区作为居住区火灾风险评估的基本单元，如图5-3所示。

2）居住区火灾风险评估基本单元的参考规模

居住区火灾风险评估基本单元的参考规模，包括人口和用地两个方面：以城市主干道或居住区级道路或自然分界线所围合，在一个街道办事处或社区居委会行政管理的管辖范围，居住户数在2000～15000户，居住人口规模为7000～50000人，用地规模在0.1～1km^2左右，配建有一整套较完善的、能满足该区居民基本的物质与文化生活所需的公共服务设施的居住生活聚居地。

2. 居住区火灾风险指标体系设计

指标体系的设计既是评估中非常重要的基础性工

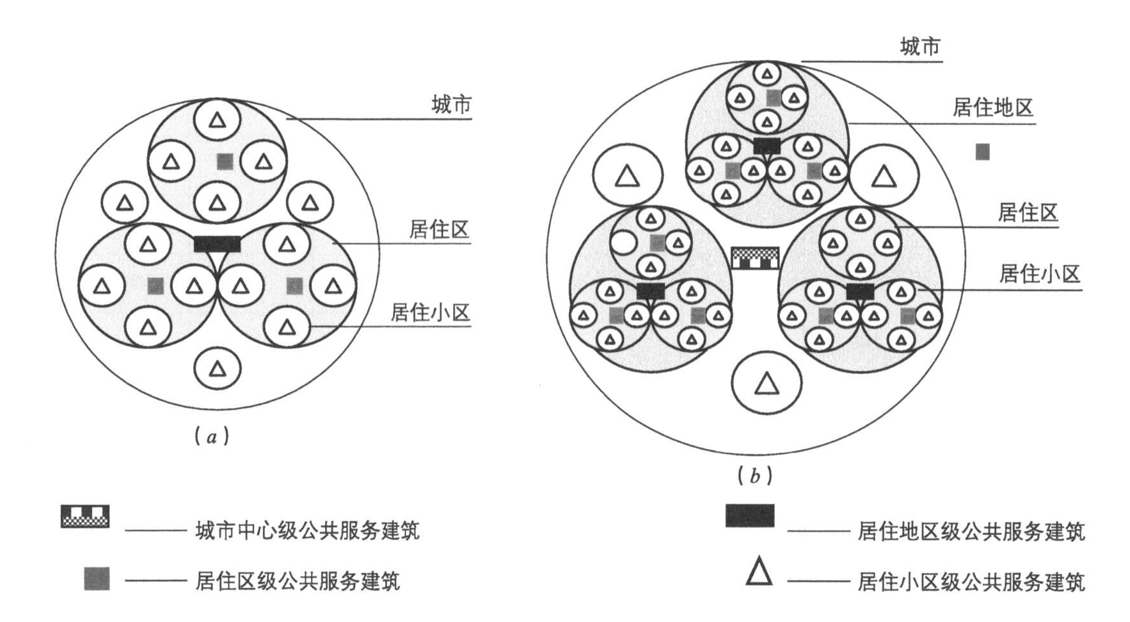

图5-3 居住区火灾风险评估基本单元
(a)中、小城市居住区;(b)大城市居住区

作，又是非常具体的核心内容，需要广泛的调查研究、深入细致的分析与综合。具体地说，就是把影响火灾风险的主要因素归纳总结成一系列概念明确、边界清晰、便于把握的指标，并把这些指标按照其内在的联系及隶属关系组织起来，构造出评估的指标体系。

指标体系是否科学合理，直接关系到评估的作用和功能是否能正常发挥，进而影响到评估能否被认可，在行业领域内能否被推广，以实现提高消防安全水平的目的。因此，建立一套科学、合理的指标体系，是一项非常重要的工作。

1）建立指标体系的原则

建立评估指标体系要坚持如下原则：

（1）科学性。指标体系要能够全面反映所评区域火灾风险的各主要方面，其主要指标要能够准确反映某一方面的具体内容，体现科学性。只有这样，获取的信息才具有客观性和可靠性，评估的结果才有较高的可信度。

（2）可行性。从我国的现实出发，所选指标的检查考核方式要简便易行，尽量简化评估工作的程序，容易实现量化，要有可行性。这样，评估的实施方案才容易被各级部门所接受。

（3）可比性。所选指标要具有可比性。这样，便于各区域间进行横向比较，也便于公安消防部门及时总结共性问题，及时调整有关消防安全技术规范，更好地指导消防安全管理工作。

2）居住区火灾风险评估指标体系的构成

居住区火灾风险评估指标体系的构成，以及相应的权重和赋分示例见表5-6。

居住区火灾风险评估指标体系、权重及赋分示例　　表5-6

一级	二级	三级	评估因素及其分值				
居住区特征（0.35）	建筑容积率（0.25）		≥4.0	4.0～3.0	3.0～2.0	2.0～1.0	<1.0
			10	8	6	4	2
	一、二级耐火等级建筑所占比例(%)（0.10）		<60	60～70	70～80	80～90	≥90
			10	8	6	4	2

续表

<table>
<tr><th>一级</th><th>二级</th><th>三级</th><th colspan="5">评估因素及其分值</th></tr>
<tr><td rowspan="14">居住区特征（0.35）</td><td colspan="2" rowspan="2">建筑物内供电线路敷设年限(年)（0.10）</td><td>≥30</td><td>30～20</td><td>20～10</td><td>10～5</td><td><5</td></tr>
<tr><td>10</td><td>8</td><td>6</td><td>4</td><td>2</td></tr>
<tr><td colspan="2" rowspan="2">燃气管网密度(km/km^2)（0.1）</td><td>≥10</td><td>10～7</td><td>7～4</td><td>4～1</td><td><1</td></tr>
<tr><td>10</td><td>8</td><td>6</td><td>4</td><td>2</td></tr>
<tr><td rowspan="6">高风险建筑所占比例(%)（0.25）</td><td rowspan="2">高层住宅（%）（0.35）</td><td>≥70</td><td>70～50</td><td>50～30</td><td>30～10</td><td><10</td></tr>
<tr><td>10</td><td>8</td><td>6</td><td>4</td><td>2</td></tr>
<tr><td rowspan="2">棚户住宅（%）（0.32）</td><td>≥20</td><td>20～15</td><td>15～10</td><td>10～5</td><td><5</td></tr>
<tr><td>10</td><td>8</td><td>6</td><td>4</td><td>2</td></tr>
<tr><td rowspan="2">公共建筑（%）（0.33）</td><td>≥35</td><td>35～30</td><td>30～25</td><td>25～20</td><td><20</td></tr>
<tr><td>10</td><td>8</td><td>6</td><td>4</td><td>2</td></tr>
<tr><td colspan="2" rowspan="2">建筑消防设施设置完好率（%）（0.10）</td><td><60</td><td>60～75</td><td>75～85</td><td>85～95</td><td>≥95</td></tr>
<tr><td>10</td><td>8</td><td>6</td><td>4</td><td>2</td></tr>
<tr><td colspan="2" rowspan="2">消防车道达标率（%）（0.10）</td><td><70</td><td>70～80</td><td>80～90</td><td>90～95</td><td>≥95</td></tr>
<tr><td>10</td><td>8</td><td>6</td><td>4</td><td>2</td></tr>
<tr><td colspan="3" rowspan="2">人口密度（人/hm^2）（0.2）</td><td>≥800</td><td>800～700</td><td>700～600</td><td>600～500</td><td><500</td></tr>
<tr><td>10</td><td>8</td><td>6</td><td>4</td><td>2</td></tr>
<tr><td rowspan="4">气象因素（0.05）</td><td colspan="2" rowspan="2">相对湿度（%）（0.75）</td><td><30</td><td>30～45</td><td>45～60</td><td>60～75</td><td>≥75</td></tr>
<tr><td>10</td><td>8</td><td>6</td><td>4</td><td>2</td></tr>
<tr><td colspan="2" rowspan="2">风力（级）（0.25）</td><td>≥7</td><td>7～5</td><td>5～3</td><td>3～1</td><td><1</td></tr>
<tr><td>10</td><td>8</td><td>6</td><td>4</td><td>2</td></tr>
<tr><td rowspan="6">市政消防给水（0.15）</td><td colspan="2" rowspan="2">消防水源数量(个)（0.2）</td><td colspan="2">1</td><td colspan="2">2</td><td>≥3</td></tr>
<tr><td colspan="2">10</td><td colspan="2">6</td><td>2</td></tr>
<tr><td colspan="2" rowspan="2">管道消防供水能力满足率（%）（0.3）</td><td><70</td><td>70～80</td><td>80～90</td><td>90～95</td><td>≥95</td></tr>
<tr><td>10</td><td>8</td><td>6</td><td>4</td><td>2</td></tr>
<tr><td colspan="2" rowspan="2">消火栓设置完好率（%）（0.5）</td><td><70</td><td>70～80</td><td>80～90</td><td>90～95</td><td>≥95</td></tr>
<tr><td>10</td><td>8</td><td>6</td><td>4</td><td>2</td></tr>
<tr><td rowspan="6">移动消防力量（0.25）</td><td rowspan="6">消防站（0.2）</td><td rowspan="2">保护面积（km^2）（0.5）</td><td colspan="2">≥7</td><td colspan="2">7～5.5</td><td><5.5</td></tr>
<tr><td colspan="2">10</td><td colspan="2">6</td><td>2</td></tr>
<tr><td rowspan="2">建筑面积（km^2）（0.2）</td><td colspan="2"><1600</td><td colspan="2">1600～2300</td><td>≥2300</td></tr>
<tr><td colspan="2">10</td><td colspan="2">6</td><td>2</td></tr>
<tr><td rowspan="2">邻近队响应时间（min）（0.3）</td><td>≥30</td><td>30～20</td><td>20～15</td><td>15～10</td><td><10</td></tr>
<tr><td>10</td><td>8</td><td>6</td><td>4</td><td>2</td></tr>
</table>

续表

<table>
<tr><th>一级</th><th>二级</th><th>三级</th><th colspan="15">评估因素及其分值</th></tr>
<tr><td rowspan="12">移动消防力量（0.25）</td><td rowspan="4">消防装备（0.3）</td><td rowspan="2">消防车数量（0.5）</td><td colspan="5"><5</td><td colspan="5">5~7</td><td colspan="5">≥7</td></tr>
<tr><td colspan="5">10</td><td colspan="5">6</td><td colspan="5">2</td></tr>
<tr><td rowspan="2">消防装备质量（0.5）</td><td colspan="5">水罐车容量小于3500L，泡沫车泵流量小于30L/s</td><td colspan="5">水罐车容量3500~5000L,泡沫车泵流量30~40L/s</td><td colspan="5">水罐车容量不小于5000L,泡沫车泵流量不小于30~40L/s</td></tr>
<tr><td colspan="5">10</td><td colspan="5">6</td><td colspan="5">2</td></tr>
<tr><td rowspan="4">消防员（0.3）</td><td rowspan="2">每个消防员保护人数（0.6）</td><td colspan="3">≥5000</td><td colspan="3">5000~3000</td><td colspan="3">3000~2500</td><td colspan="3">2500~2000</td><td colspan="3"><2000</td></tr>
<tr><td colspan="3">10</td><td colspan="3">8</td><td colspan="3">6</td><td colspan="3">4</td><td colspan="3">2</td></tr>
<tr><td rowspan="2">工作年限(年)（0.4）</td><td colspan="5"><3</td><td colspan="5">3~5</td><td colspan="5">≥5</td></tr>
<tr><td colspan="5">10</td><td colspan="5">6</td><td colspan="5">2</td></tr>
<tr><td rowspan="4">业务建设（0.2）</td><td rowspan="2">训练时间保障率(%)（0.5）</td><td colspan="5">达到规定时间</td><td colspan="5">达到规定时间的80%</td><td colspan="5"><80%</td></tr>
<tr><td colspan="5">10</td><td colspan="5">6</td><td colspan="5">2</td></tr>
<tr><td rowspan="2">作战计划（0.5）</td><td colspan="5">一、二级单位不齐全</td><td colspan="5">一、二级单位齐全</td><td colspan="5">一、二级单位齐全，三级不少于30%</td></tr>
<tr><td colspan="5">10</td><td colspan="5">6</td><td colspan="5">2</td></tr>
</table>

3）各评估指标的详细定义和说明

（1）居住区特征

从组成居住区的各物质要素的建筑因素、物质因素、起火因素、防灭火技术因素等方面综合考虑，将"居住区特征"用下列七个子指标表征：

①建筑容积率。指居住区用地上拥有的各类建筑的建筑面积（万m^2）与居住区用地面积（hm^2）的比值。它横向可以反映建筑物的密集程度，纵向可以反映建筑群体的空间规模和城市土地利用率。它是判断建筑物是否稠密，防火间距是否合理，空地多少，是否容易造成大范围的火灾蔓延等的主要依据。由于建筑容积率的大小与所在城市及地段有关，因此，根据《城市居住区规划设计规范》（GB 50180—1993）（2002年版）以及各地有关建筑密度与建筑面积密度控制指标等城市规划中对建筑面积密度控制的最大和最小指标，确定建筑容积率分级标准的上限和下限值。

②一、二级耐火等级建筑所占比例。指居住区内一、二级耐火等级的建筑物总数与各类主要建筑物总数量之比。建筑物应当具有足够的耐火等级，以防止建筑物的主体结构火灾后被破坏。一旦建筑物发生倒塌等情况，不仅会造成巨大的财产损失，而且会造成严重的人员伤亡。我国《建筑设计防火规范》（GB 50016—2014）将建筑分为一、二、三、四4个耐火等级。建筑物耐火等级越高，该居住区火灾危险性就越小。因此，将"一、二级耐火等级建筑所占比例"作为评估指标，并根据《城市消防规划建设管理规定》，城区内新建的各种建筑，应当建造一级、二级耐火等级的建筑，控制三级建筑，严格限制四级建筑，所以将该指标的分级标准的上下限均定得很高。

③建筑物输配电线路敷设年限。火灾统计资料表明，电气事故是引发建筑火灾的重要原因。1960年代电气火灾在全国火灾总数中所占的比例为8%左右，而到了1990年代此比例已超过25%，其中的重特大火灾有40%以上为电气火灾。从统计资料来看，建筑物电气线路绝缘层破损老化、用电超负荷是引起火灾的重要原因之一。

④燃气管网密度。燃气系统是城市中必要的设

施，其易燃、易爆危险性在城市火灾风险评估中需要单独考虑。随着经济的发展和人民生活水平的提高，燃气的使用越来越普遍，燃气带给人们高效、干净的同时，也会因管道腐蚀、被占压等原因而引起泄漏和爆炸，造成非常严重的后果。1995年1月3日，济南市和平路发生燃气大爆炸，2km多路面被炸开，10多人死亡，80多人受伤。燃气系统的安全性对于城市的消防安全有着重大影响。随着“西气东输”等国家重点工程的开工建设，管道输气方式在城市中所占的比例将大幅度提高。除了上游供应系统和下游用户之外，燃气管道是城市火灾风险的重要影响因素。

⑤高风险建筑所占比例。居住区的高风险建筑，指下列三大类建筑：高层住宅、棚户住宅、公共建筑。高风险建筑所占比例指上述三类建筑的建筑总面积与居住区内的各类建筑总建筑面积的比例。为满足居民物质文化、生活等的需要，在居住区内建造有各种用途的建筑，根据我国1990～2012年火灾统计年鉴提供的数据分析，火灾发生频率高、火灾危险性大、灾后损失大的建筑在居住区系上述三大类建筑。凡居住区用地上这三类建筑数量多、总建筑面积大，则火灾风险就高。因此，将“高风险建筑所占比例”作为评估指标具有非常重要的现实意义。

⑥建筑消防设施设置完好率。建筑消防设施，指预先在建筑内设置的抵御火灾的各种固定消防设施。主要包括：火灾自动报警设施、建筑灭火设施、防火与安全疏散逃生设施、防排烟设施、建筑消防供电设施。建筑消防设施设置完好率，指按规范规定设置消防设施且其始终保持准工作状态的建筑总数与居住区内所有按规范规定应设置消防设施的建筑总数之比。实践表明，现代建筑主要依靠预先在建筑物内设置的各种固定消防设施来抵御发生的火灾。但有些单位在房屋建设时，往往出于经济考虑而擅自违反有关消防规范，取消和削减应有的消防设施，从而造成建筑物防火安全功能降低，或留下许多火灾隐患。另外，消防设施投入使用后，有些单位不重视平时的维护管理，如消防设备及消防管道出现腐蚀、生锈，阀门无法启闭，水泵不能及时启动，消火栓不出水，自动喷水灭火系统不能及时喷水等现象，火灾发生后消防设施发挥不了应有的作用，成为一种摆设等，这是造成我国当前火灾问题比较严重的重要因素。

⑦居住区消防车道达标率。指居住区内铺设的主要道路、小区路、组团路符合国家有关消防规范规定标准的道路长度占居住区道路总长度的比例。合格标准：道路中心线间距不超过160m，道路宽度不应小于4m，净高不应小于4m。回车场面积，对于低层建筑区不小于12m×12m，对于高层建筑区不小于15m×15m，对于大型消防车不小于18m×18m。此外，小区内主要道路至少应有两个出入口，居住区内主要道路至少应有两个方向与外围道路相连，尽头式消防车道应设回车道或回车场。据调查，有的居住区由于建筑密度过大，空地率较少，应设置消防车道而没设置，有的虽设置了但路宽不够，或没有回车场、回车道，使消防车无法驶进，以致造成大面积火灾。许多火灾案例表明，造成火灾蔓延的重要原因与交通不畅通、街道狭窄、巷道拥挤有密切的关系。

（2）人口密度

人口毛密度，指每公顷居住区用地上容纳的人口数量（人/hm^2）。其大小直接影响火灾风险，研究表明人口密度越大，火灾风险越大。

（3）气象因素

气象条件是诱发火灾的重要因素，对火灾的蔓延和扑救影响也很大，是城市火灾风险评估中需要考虑的指标之一。影响城市火灾风险的气象因素主要有：空气湿度、气温、连续无降水天数、风力、降水量、雷暴等。

空气湿度：制约着可燃物的易燃程度，是影响火灾风险的本质因素。当相对湿度大于75%时，一般不易发生火灾；在55%~75%范围内，则可能发生火灾；当相对湿度小于55%，则可能发生大火。我国大部分区域冬季干旱少雨，空气干燥，火灾发生率高。连续无降水天数、降水量和气温等参数都直接、间接地影响着空气的湿度，从而影响着火灾的发生：多数火灾都发生在连续无降水的天气里；日降水量越大，着火的可能性越小；连续高温，空气湿度降低，造成火灾多发等。

风力：除了能帮助气体溢散之外，风的主要作用是加速火灾蔓延。风力越大，火灾蔓延越快，扑救难度越大，火灾扑救不彻底，遇风易复燃。

气象因素对火灾的影响是随着季节而动态变化的。冬季干燥、多风，火灾发生率高，加上天气寒冷，发生火灾时人员反应慢、报警迟、疏散慢、扑救困难，因而成为一年中火灾损失最严重的季节。有学者给出北京市冬季的火灾风险预报方程：$X=[100\times(0.8-q)+20\times u]/20$，仅由相对湿度$q$和风速$u$组合而成，因而可选用冬季（12月至翌年2月）的平均相对湿度和平均风力作为评估一年火灾风险的指标。

（4）市政消防给水

市政消防给水又称城市消防给水，指由政府投资建设的用于提供火场所需消防用水量和水压的一系列给水工程设施。消防给水设施的完善与否，直接影响着火灾扑救的效果。火灾统计资料表明，有成效扑救火灾的案例中，有93%的火场消防给水条件较好，而扑救失利的火灾案例中，有80%以上的火场缺乏消防给水。许多大火失去控制，造成严重后果，大多是消防给水不完善，火场缺水造成的。随着城市化进程加快，不少地区在城市新建、改建、扩建中未能将市政消防给水等公共消防设施纳入城市总体规划，有的城市虽有规划但未能有效实施，使其欠账较多，再加上建筑消防设施不完善，结果不仅给城市安全造成威胁，而且给灭火救援增加难度。因此，将抵御火灾风险的“市政消防给水”作为评估体系的子系统。由于市政消防给水工程是由一系列给水工程设施所组成的，从各组件对抵御城市火灾风险的贡献大小考虑，并参考美国保险管理处（Insurance Services Office）城市火灾分级法中供水指标的对比表，将该评估子系统用下列三个指标表征：

①消防水源数量。消防水源指可供灭火救援使用的市政水源、天然水源以及机关、团体、企事业单位内部建设的消防水源设施。“1”为单水源，指市政管网靠1个水厂供水或附近只有能供消防车取水的天然水源或消防水池。“2”为双水源，指市政管网同时由2个水厂供水，或既有市政管网，附近还有可使用的天然水源或消防水池。“3”为多水源，指发生火灾时，同时能由3个及3个以上水源供水。消防水源作为消防给水系统的龙头，为灭火救援提供消防用水的弹药库，其所处地位和作用可谓重中之重。

②市政给水管网消防供水能力满足率。市政给水管网供水能力，指一定直径的市政给水管道，在一定水压下的供水流量，其大小可通过公式$Q=\dfrac{(D/25)^2}{2}V$进行估算。式中，Q为给水管道的流量（L/s），D为给水管道的直径（mm），V为给水管道的当量流速（当管道的压力在0.1～0.3MPa时，枝状管道V=1m/s，环状管道V=1.5m/s）。市政给水管网消防供水能力满足率，指当生产、生活用水量达到最高峰日最大时，市政给水管网供水量能保证城市或居住区同一时间内发生火灾所需消防用水秒流量的百分比。对于城市或居住区，其同一时间内的火灾次数和一次灭火用水量应按《建筑设计防火规范》（GB 50016—2014）规定的标准进行确定。

③市政消火栓设置完好率。指处于完好有效的室外消火栓数量与按规范规定应设置的室外消火栓总数量之比。一个城市或居住区应设置的消火栓数量，按一个消火栓的最大保护半径按150m计。市政消火栓是城市或居住区的一种重要公共消防设施，其设置合理与否对城市的安全有着很大的影响。

（5）移动消防力量

城市移动消防力量评估子系统，主要是评估消防队的灭火救援能力对抵御城市火灾风险的贡献大小，主要有以下四个因素：

①消防站既是消防人员灭火训练和生活的地方，同时也是城市消防救灾指挥中心。消防站保护面积、消防站建筑面积和邻近消防站响应时间对灭火效果有直接影响。

②消防装备是指用于火灾扑救和抢险救援任务的器材装备以及灭火剂的总称，是消防实力的重要体现，也是构成灭火救灾能力的基本要素之一。它是灭火救灾的物质基础，直接制约或影响着灭火救援时采用的战术方式以及施行战术的结果，也被称为消防员的第二生命。

③消防员指消防部门所属建制内的所有人员。人是灭火救援效果的又一决定要素，人只有发挥自己的智力并利用好先进的灭火装备，才能使灭火的效益更高，才能更好地保护国家和人民的生命、财产安全。考核内容有：消防人员的数量、消防人员的工作年限等。

④业务建设主要是为完成灭火救险任务，平时与战时所做的一系列准备工作的总和。包括：人员业务培训、训练时间、灭火作战计划制订、灭火战术训练和灭火实战演习等内容。主要考核训练时间、灭火作战计划等。

3. 权重计算及线性加权评估模型

1）权重计算

指标体系确定之后，还需要确定各指标的权重。只有不同层次各重要影响因素的权重合理地确定后，才能依此设计和编写计算程序，实现定量评估。

计算权重常用的方法是层次分析法（AHP法），该方法的特点是：①将复杂问题分解为各个组成因素的层次结构；②把人的主观判断用数量形式表达和处理；③进行一致性检验，保证两判断之间的一致性。这种定性与定量相结合的方法，既可以用于系统综合评估与决策，也可以分析评估系统各要素的权重大小。

层次分析法计算权重的实施步骤如下。

（1）建立层次结构模型

表5-6所示的指标体系就是按这一方法确定的。

（2）各因素相对重要性的排序

层次分析结构模型建立后，将问题转化为层次中各因素相对于上层因素相对重要性的排序问题，在排序计算中，采取成对因素的比较判断，并根据一定的比率标度，形成判断矩阵。最常采用的是1～9的标度，含义如表5-7所示。

判断矩阵标度及其含义 表5-7

标度a_{ij}	含义
1	i和j因素相同重要
3	i比j因素稍微重要
5	i比j因素明显重要
7	i比j因素强烈重要
9	i比j因素极端重要
2,4,6,8	以上判断之间的中间状态对应的标度值
倒数	若j与i比较，得到判断值$a_{ji}=1/a_{ij}$，$a_{ii}=1$

（3）构造判断矩阵

设问题A中有B_1, B_2, …, B_n个指标，则构造的判断矩阵B为：

$$\begin{Bmatrix} b_{11} & b_{12} & \cdots & b_{1n} \\ b_{21} & b_{22} & \cdots & b_{2n} \\ \vdots & \vdots & \vdots & \vdots \\ b_{n1} & b_{n2} & \cdots & b_{nn} \end{Bmatrix}$$

b_{ij}表示纵列B_i与横行B_j相比较的结果。

（4）计算判断矩阵的最大特征根和特征向量

通常采用方根法计算，其步骤如下。

①计算判断矩阵每一行元素的乘积M_i

$$M_i=\prod_{j=1}^{n} b_{ij},\ i=1,2,\cdots,n \tag{5-6}$$

②计算M_i的n次方根$\overline{W_i}$

$$\overline{W}_i=\sqrt[n]{M_i} \qquad (5-7)$$

③对向量$\overline{W}=[\overline{W}_1, \overline{W}_2,\cdots, \overline{W}_n]$正规化，即

$$W_i=\frac{\overline{W}_i}{\sum_{j=1}^{n}\overline{W}_j} \qquad (5-8)$$

则$W=[W_1, W_2,\cdots, W_n]^T$即为所求的特征向量。

④计算判断矩阵的最大特征根

$$\lambda_{max}=\sum_{i=1}^{n}\frac{(AW)_i}{nW_i} \qquad (5-9)$$

式中 $(AW)_i$——向量AW的第i个元素。

⑤检验判断者判断思维的一致性

应用层次分析法保持判断思维的一致性是非常重要的。所谓判断一致性即判断矩阵A有如下关系：

$$a_{ij}={}^{a_{ik}}/_{a_{jk}},\ i、j、k=1,2,\cdots,n \qquad (5-10)$$

根据矩阵理论，判断矩阵（A为n阶正互反矩阵）在满足上述完全一致性的条件下，具有唯一非零的，也是最大的特征根$\lambda_{max}=n$，且除λ_{max}外，其余特征根均为零。而当判断矩阵具有满意的一致性时，它的最大特征根稍大于矩阵阶数n，且其余特征根接近于零。这样基于层次分析法得出的结论才是基本合理的。但是，由于客观事物的复杂性和人们认识上的多样性，以及可能产生的片面性，要求每一个判断都有完全的一致性显然是不可能的，特别是因素多、规模大的问题更是如此。因此，为了保证应用层次分析法分析得到的结论基本合理，还需要对构造的矩阵进行一致性检验。

λ_{max}比n大得越多，A的不一致程度越严重，用特征向量作为权向量引起的判断误差越大，因而可以用$\lambda_{max}-n$数值的大小来衡量A的不一致程度。莎泰（T. L. Saaty）将公式

$$CI=\frac{\lambda-n}{n-1} \qquad (5-11)$$

定义为一致性指标。$CI=0$时A为一致阵；CI越大A的不一致程度越严重。注意到A的n个特征根之和等于A的对角元素之和，而A的对角元素均为1，所以特征根之和$\sum_{i=1}^{n}\lambda_i=n$。由此可知，一致性指标$CI$相当于除$\lambda_{max}$外，其余$n$-1个特征根的平均值（绝对值）。

为了确定A的不一致程度的容许范围，需要找出衡量A的一致性指标CI的标准。莎泰又引入所谓随机一致性指标RI，见表5-8。

随机一致性指标RI值 表5-8

n	1	2	3	4	5	6	7	8	9	10	11
RI	0	0	0.58	0.90	1.12	1.24	1.32	1.41	1.45	1.49	1.51

表中$n=1$、2时$RI=0$，是因为1、2阶的正互反阵总是一致阵。对于$n\geqslant3$的成对比较阵A，将它的一致性指标CI与同阶（指n相同）的随机一致性指标RI之比称为一致性比率CR，当

$$CR=\frac{CI}{RI}<0.10 \qquad (5-12)$$

时，认为A的不一致程度在允许范围内，可用其特征向量作为权向量。否则要重新进行成对比较，对A加以调整。

权重的计算结果如表5-8所示。当然，此权重值只是参考值，不同城市、不同居住区可能有所不同。

2）火灾风险度的计算

采用线性加权模型计算火灾风险度：

$$R=\sum_{i=1}^{n}W_i\times F_i \qquad (5-13)$$

式中 R——居住区的火灾风险；

W_i——最基层指标对居住区火灾风险的权重；

F_i——最基层指标的评估得分；

n——最基层指标数目。

5.3.3　城市商业区火灾风险评估方法

根据《城市规划基本术语标准》(GB/T50280—1998)，商业区是指城市中市级或区级商业设施比较集中的地区；中心商业区是指大城市中金融、贸易、信息和商务办公活动高度集中，并附有购物、文娱、服务等配套设施的城市中综合经济活动的核心地区。本部分所称商业区，包括城市功能分区中的商业区和中心商务区。具体来说，指商业活动比较集中，有多栋商业性建筑的区域，在对该区域进行评估时，允许所划定的商业区中夹杂其他类型的建筑。

1. 商业区火灾风险评估的步骤

1）区域划分

理论上讲，对于某一级别的风险区域来说，不存在一个最佳的面积值，一个区域的面积大小取决于该区域的特征与其风险级别相一致的情况。但在实际操作过程中，如果所划定的区域的面积小于0.5km²，就很难再区分该区域与相邻区域之间的风险程度的差别。同时，为了突出移动消防力量，增加该评估方法对这个因素的敏感度，故建议在划分区域时就考虑到消防队第一出动的问题，即参照当地的平均行车速度，使所划定的区域的面积处于消防站在规定的响应时间内能到达的范围。

另外，出于对评估所需要的指标资料收集的难易程度的考虑，还有必要建议在评估时，尽量使所划定的区域与城市街道办事处的辖区有一定程度的吻合。

2）对所划定的区域进行风险识别和评估

对所划定的商业区域进行风险评估，主要应针对以下几个方面：消防供水；所在城市的信息资料，比如有关人口、社会经济因素、辖区划分、现有的消防力量等方面的档案；火灾事故发生的概率，即在给定的时期内，火灾发生的频率；火灾事故的后果，包括生命安全和经济影响两方面；建筑物用途的危险性，即某一栋或某类建筑物所固有的火灾风险。其中，前二者通过对商业区的整体情况进行考察得到，后三者则都需要通过对商业区的建筑物进行考察才能得以体现。

对所划定的商业区中的建筑物进行风险评估，首先应强调的是：需要考察的是单体或成组的建筑物，而不是某个场所或单位。对于具有明显特点的建筑物需要单独评估；对于同一区域的、性质相似的同类建筑物则可以通过抽样进行评估，即以样品的风险性质代表该类建筑物的风险性质。

在抽样评估的情况下，建议采取以下的抽样比例：在划定的区域内，性质相似的同类建筑物为10个以下的，抽取其中的2个；10～40个的，抽20%；40个以上的，抽10%。“性质相似的同类建筑物”是指在消防管理、建筑结构、占用情况和消防安全设施方面都相似的建筑物。

确定了应对其进行评估的建筑物后，再把这些建筑物的实际情况与下面所给出的评估指标进行对比并赋予相应的分值，使所有这些建筑物都得到一个风险评估值。具体的计算合成步骤见后述计算公式。

2. 商业区火灾风险指标体系设计

所设立的指标体系比较全面地考虑了有可能对火灾风险产生影响的各种因素，是适用于与商业区有关的各类建筑的通用指标体系。

商业区单体建筑的火灾风险评估的指标体系、权重、赋分标准如表5-9所示；商业区移动消防力量和消防给水的指标体系、权重、赋分标准如表5-10所示。

商业区建筑物火灾风险评估指标体系、权重、赋分示例 表5-9

一级指标	二级指标	三级指标	评估因素及其分值			
建筑火灾风险（0.53）	建筑特征（0.4）	建筑物用途（0.16）	多用途建筑、商（市）场、公共娱乐场所、易燃易爆化学危险品场所	宾馆饭店、古建筑文博馆、医院	办公用房、其他	
			10	8	6	
		毗邻环境（0.1）	邻近有集中可燃物	邻近有临时建筑	邻近有可燃绿化带	面临拥挤交通干线
			10	7	3	1
		防火间距（m）（0.1）	<7	7～13	≥13	
			10	5	1	
		建筑结构（0.16）	木结构	砖木结构	砖混结构	钢混框架
			10	7	3	1
		建筑层数（0.16）	≥9	地下	8～4	3～1
			10	7	5	1
		建筑面积（m^2）（0.16）	≥5001	2501～5000	201～2500	0～200
			10	7	3	1
		消防通道（0.16）	消防车难以接近	满足消防车的灭火要求		
			10	2		
	建筑消防设施（0.2）	水喷淋系统（0.19）	无	有		
			10	1		
		消火栓系统（0.14）	无	有		
			10	1		
		火灾报警（0.14）	无报警系统	有火灾报警，无语音广播	火灾报警和语音广播都有	
			10	5	1	
建筑火灾风险（0.53）	建筑消防设施（0.2）	疏散通道（0.25）	通道和出口均不合格	通道和出口其中之一合格	通道和出口均合格	
			10	7	1	
		防排烟系统（0.19）	无防排烟系统	设防排烟系统		
			10	1		
		建筑灭火器（0.09）	无	按规定配置		
			10	1		
	风险因素（0.4）	客容量（0.28）	≥1000	501～1000	201～500	50～200
			10	5	3	1
		人员疏散能力（0.1）	弱	正常	强	
			10	3	1	
		火源管理（0.12）	无防火制度，无专人管理	有防火制度和动火证制度，无专人管理	有防火制度和动火证制度，有专人管理	
			10	5	1	
		火灾荷载（0.15）	1类	2类	3类	
			10	7	3	
		火灾历史数据（0.1）	多发	常发	少发	极少发生
			10	7	3	1
		火灾扑救难度（0.25）	蔓延到相邻建筑物	蔓延到整栋建筑	蔓延到其他区域	控制在起火区域
			10	7	5	3

商业区移动消防力量和消防给水评估指标体系、权重、赋分示例　　表5-10

<table>
<tr><th>一级指标</th><th>二级指标</th><th>三级指标</th><th colspan="5">评估因素及其分值</th></tr>
<tr><td rowspan="12">移动消防力量（0.27）</td><td rowspan="6">消防站（0.2）</td><td rowspan="2">保护面积（km²）（0.3）</td><td colspan="2">≥5.5</td><td colspan="2">4～5.5</td><td>＜4</td></tr>
<tr><td colspan="2">10</td><td colspan="2">6</td><td>2</td></tr>
<tr><td rowspan="2">建筑面积（m²）（0.4）</td><td colspan="2">＜2600</td><td colspan="2">2600～3500</td><td>≥3500</td></tr>
<tr><td colspan="2">10</td><td colspan="2">6</td><td>2</td></tr>
<tr><td rowspan="2">邻近队响应时间（min）（0.3）</td><td>＞30</td><td>20～30</td><td>15～20</td><td>10～15</td><td>≤10</td></tr>
<tr><td>10</td><td>8</td><td>6</td><td>4</td><td>2</td></tr>
<tr><td rowspan="4">消防装备（0.3）</td><td rowspan="2">消防装备数量（台）（0.4）</td><td colspan="2">≤8</td><td colspan="2">8～10</td><td>＞10</td></tr>
<tr><td colspan="2">10</td><td colspan="2">6</td><td>2</td></tr>
<tr><td rowspan="2">消防装备质量（0.6）</td><td colspan="2">水罐车容量小于5500L，泡沫车泵流量小于40L/s</td><td colspan="2">水罐车容量5500～8000L，泡沫车泵流量40～50L/s</td><td>水罐车容量不小于8000L，泡沫车泵流量不小于50L/s</td></tr>
<tr><td colspan="2">10</td><td colspan="2">6</td><td>2</td></tr>
<tr><td rowspan="2">消防员（0.3）</td><td rowspan="2">每个消防员保护人数（0.45）</td><td>≥5000</td><td>3000～5000</td><td>2500～3000</td><td>2000～2500</td><td>＜2000</td></tr>
<tr><td>10</td><td>8</td><td>6</td><td>4</td><td>2</td></tr>
<tr><td rowspan="8">移动消防力量（0.27）</td><td rowspan="2">消防员（0.3）</td><td rowspan="2">工作年限（0.55）</td><td colspan="2">＜3</td><td colspan="2">3～5</td><td>≥5</td></tr>
<tr><td colspan="2">10</td><td colspan="2">6</td><td>2</td></tr>
<tr><td rowspan="6">业务建设（0.2）</td><td rowspan="2">训练时间（0.35）</td><td colspan="2">＜规定的80%</td><td colspan="2">≥规定的80%</td><td>达到规定</td></tr>
<tr><td colspan="2">10</td><td colspan="2">6</td><td>2</td></tr>
<tr><td rowspan="2">作战计划（0.35）</td><td colspan="2">一、二级单位不全</td><td colspan="2">一、二级单位齐全</td><td>一、二级单位齐全，三级单位不少于30%</td></tr>
<tr><td colspan="2">10</td><td colspan="2">6</td><td>2</td></tr>
<tr><td rowspan="2">演练情况（次/年）（0.3）</td><td colspan="2">＜1</td><td colspan="2">1～2</td><td>≥2次/年</td></tr>
<tr><td colspan="2">10</td><td colspan="2">6</td><td>2</td></tr>
<tr><td rowspan="6">消防给水（0.20）</td><td colspan="2" rowspan="2">消防水源数量（0.2）</td><td colspan="2">1</td><td colspan="2">2</td><td>≥3</td></tr>
<tr><td colspan="2">10</td><td colspan="2">6</td><td>2</td></tr>
<tr><td colspan="2" rowspan="2">供水能力（L/s）（0.3）</td><td><70</td><td>70～79</td><td>80～89</td><td>90～95</td><td>≥95</td></tr>
<tr><td>10</td><td>8</td><td>6</td><td>4</td><td>2</td></tr>
<tr><td colspan="2" rowspan="2">消火栓设置率（0.5）</td><td><70</td><td>70～79</td><td>80～89</td><td>90～95</td><td>≥95</td></tr>
<tr><td>10</td><td>8</td><td>6</td><td>4</td><td>2</td></tr>
</table>

3. 商业区火灾风险值的计算公式

各指标权重的计算方法，采用层次分析法。其结果如表5-9和表5-10所示。

1）商业区建筑火灾风险值计算

采用线性加权方法对评估所得的分值进行合成，步骤如下：

（1）对评估区域的建筑物按性质相似性进行分类，分成m类，每一类的数量为m_1，m_2，m_3……

（2）对性质相似的同类建筑物按以下比例：10个以下的，抽取其中的2个；10～40个的，抽20%；40个以上的，抽10%进行抽样评估。

（3）对每一个具体评估对象根据评估表格，按线性加权模型：

$$r_l=\sum_{i=1}^{k}W_i\times F_i \quad (5-14)$$

得到某一栋被抽查的建筑物的风险值r_l。其中：k为评估的指标数目，l为抽样的个数，W_i，F_i分别为具体指标的权重和评估得分。

①对同一类建筑物按线性加权模型：

$$R_i=\frac{\sum r_l}{l} \quad (5-15)$$

计算该类建筑物的平均风险R_i。

②计算商业区建筑总火灾风险：

$$R=\frac{\sum_{i=1}^{m}R_i\times m_i}{\sum_{i=1}^{m}m_i} \quad (5-16)$$

2）商业区综合火灾风险值计算

把商业区的建筑火灾风险和消防给水能力、移动消防力量进行线性加权合成，可得到商业区的综合火灾风险。

3）商业区综合火灾风险等级划分

在得到商业区综合火灾风险值以后，还可对其进行等级划分，建议按表5-11所示的标准进行划分。

商业区火灾风险等级划分　表5-11

评估得分	风险等级
$R\geq 9$	极高风险
$7\leq R<9$	较高风险
$5\leq R<7$	中等风险
$3\leq R<5$	较低风险
$R<3$	很低风险

5.4 国外城市火灾风险评估方法

5.4.1 英国城市火灾风险评估方法

以下介绍英国的“风险分级”方法。

英国对消防救援力量的部署是依据其内政部批准的在全国统一使用的“风险指标”，把消防队的辖区划分为“A”、“B”、“C”、“D”四类区域，名为“火灾风险分级”系统。建立这个系统的目的是对消防队的辖区进行风险评估，确定辖区内的各种风险区域，进而设立该风险区域发生火灾后，响应消防车数量和响应时间。为了保证在全国范围内的标准化和一致性，英国内政部发布了一套使用该方法的指南，具体规定了一系列使用该方法的指标、不同等级风险区域的标准响应模式等，总称为“消防力量部署标准”。同时，在这个指南中也强调了在进行分级评估时，应该通过专业的判断，密切注意各地区有可能对风险级别产生影响的地方特征。

1. 确立区域火灾风险级别的作用

确立消防队辖区的火灾风险等级非常重要，因为通过它可以确定以下内容：

在相应的区域，所需要的消防力量的水平；为了满足该区域的风险需求，消防队应常规配备的消防泵、人员和其他各种设备；在某种程度上，为消防队获取相应的财政支持，以期在确保成本—效益的基础上，满足标准的公共保护水平和保持足够的保卫力量。总之，对不同风险级别的区域，应满足表5-12所示标准。

不同风险级别区域的消防力量标准　表5-12

风险级别	第一出动的泵浦车数量	各个出动的时间限度（min）		
		头车	第二泵浦车	第三泵浦车
A	3	5	5	8
B	2	5	8	—
C	1	8～10	—	—
D	1	20	—	—

2. 区域火灾风险等级的确定

在划分火灾风险等级的指南中，给出了三种分级指导，即进行分级的三个阶段。

1）第一阶段

对各级风险进行文字表述，分别表示为A、B、C、D和偏远地区、特殊风险，如果某区域内大多数建筑设施都符合某种描述，则划分为相应的风险等级。这一阶段的目的是对消防队辖区的全部或其中一部分进行总体的观察，初步认定不同的风险区域。

"A"级风险区域：这类区域通常位于大城市或县镇，这类区域应具备相当的规模，集中了有可能对人员和财产造成极大火灾风险的建筑设施，具体包括：主要的商业聚集地，商（市）场、多层宾馆和写字楼集中；影剧院、酒吧、舞厅及其他娱乐场所集中地带；高风险性的工业和商业集中地带。

"B"级风险区域：这类区域通常属于较大的城市或镇中没有划归A类风险区域的区域，这类区域应由一定规模的连续建成区组成，集中了有可能对人员和财产造成明显火灾风险的建筑设施，具体包括：商业聚集地，主要由多层建筑组成，有一定的聚集程度；较大的旅游景点处的宾馆和休闲娱乐场所集中的地带；有一定人口密度的较陈旧的多层建筑物集中的地带；风险性较高的工业和贸易性质的建筑群。

"C"级风险区域：这类区域通常位于较大城市的郊区或较小城镇的建成区，这类区域应具备一定的建设规模，尽管发生火灾时人员和财产风险较低，但其中某些区域的人员伤亡风险可能相对较高。建筑设施集中程度不等，但通常规模有限。具体包括：二战后开发的居住用房，包括带有门廊的多层住宅、门口有露台的住宅和较大的公寓楼；旧建筑集中的地带，通常属于二战前的、联排或带前后院的多层住宅建筑，原有建筑转变为多用途建筑的情况较多；位于郊区的带前后院的、半独立式的或独立式的住宅集中的区域，风险较低的工业和居住混杂区域，小城镇中基本上没有什么高危险场所的工业或商贸区。

"D"级风险区域：不属于偏远地区，也没有划归为A、B、C级区域的其他所有区域。

偏远地区：与人口聚集的地区相隔离的、建筑物非常少的区域。

特殊风险区域：有些特定的小区域，无论其是单栋建筑还是一组建筑，无论其周围区域的风险级别如何，它们发生火灾事故时都需要超越常规地第一出动。这些建筑物或小区域则应归属为"特殊风险"区域，它们的情况各异，但通常包括：一定规模并呈现不寻常的风险的民用建筑物，比如医院或监狱；C和D级区域中属于居住或商贸性质的塔楼；大型的石化或其他高风险工厂；飞机场。

2）第二阶段

即对某一风险区域内的单体建筑物的特征情况进行检查，并赋予一定分值，进而确定风险类别：最后的分值为16分以上的，为"A"类；11～15分的，为"B"类；10分以下的，为"C"类。该阶段可以视为对由第一阶段所认定的风险等级的明确和细化。赋分方法有助于消防队计算出各类单体建筑的风险类别，从而了解某区域内的主要火灾风险的综合情况。

所需要的评估元素及其赋分方法如下：

（1）建筑面积，分值为0～9：总占地面积小于371m²的，0分；总占地面积为18580m²及以上的，9分。

（2）建筑间距，分值为2～8：如果某建筑物只有一侧与另一建筑物之间的间距为12m或12m以下，取2分；如果某建筑物四侧都与另一建筑物之间的间距为

12m或12m以下，取8分。

注意：（1）和（2）是相互排除的，即最终结果只取用二者中分值较高的一个。

（3）建筑结构，分值为1～5：如果某建筑物的设计为能够阻燃的难燃结构，比如混凝土、阻燃保护的钢架结构，取1分；如果某建筑物属于或基本上属于全木结构，取5分。

（4）建筑层数，分值为2～6：以建筑物包括地下层在内的楼层数目为基准赋予分值，建筑物为3层以下的，取2分；建筑物为7层或7层以上的，取6分。

（5）建筑物的占用情况，分值为1～5：以建筑物的使用类型为基准赋予分值，建筑物占用率低的，比如教堂、小型的单层建筑物，取1分；建筑物占用率中等的，比如办公楼、影剧院和其他公共娱乐场所，取3分；建筑物占用率高的，比如百货大楼和购物中心、制造工厂、医院和幼儿园、残疾人救助中心等，取5分。

3）第三阶段

区域面积及其主要风险的确定。

（1）风险区域的面积。对于某一级别的风险区域来说，不存在一个最佳的面积量。在该评估方法中，一个区域的面积大小取决于该区域的特征与第一阶段中的文字表述内容相一致的情况，另外还应通过第二阶段的赋分来进一步得以明确。在实践过程中，应用计分方法时，想区分相邻的不足0.5km^{2}的区域的不同风险是不太现实的，因此，第二阶段的赋分通常针对0.5km^{2}大小的小区域进行。所以大部分的风险区域都包括一定数量这样的区域（通常最少为6个）。但偶尔也有必要把更小的区域划归为属于某个风险级别的区域。为保证风险评估的合理性，还必须充分考虑当地的具体情况，由专业人员对这些实际情况作出权衡。

（2）如何对区域赋分。从应用赋分方法的角度考虑，可以有助于解决区域面积的问题。赋分方法的应用有两个途径：

一是消防主管部门沿着消防站现有责任区的地图网格，逐一进行计分。这样可以确定该责任区是否还应该依现状来划分。此时，“区域”的边界即消防站责任区的边界，“区域”的风险级别由其主要的风险类型来决定。

二是不考虑消防站的现有责任区，沿着地图网格，对消防站辖区内一定面积的各个区域逐一进行计分。这样可以重新考察已有的区域划分是否能反映出现有的火灾风险情况，并在必要时对已有的区域划分做出相应的调整。

显然，第二个途径更为彻底和开放。无论是区域的风险级别的改变，还是区域边界调整后面积的改变，无疑都应对消防站站址的选择和站内装备的数量产生很大的影响。

（3）较小的风险区域。为了严密地确定被考察的区域的风险级别，往往会发现某些单体建筑物或建筑组团比其所处于的区域中的绝大多数的建筑物的风险级别都高，比如：在一个风险级别为D的大区域中，有一个包含了数个高风险场所的工业区；在主要风险级别为C的区域中，通过应用赋分方法却发现其中的一个巨型超级市场（由百货商店和超市组合成的巨大的商业建筑）或大型购物中心属于A级风险；在一个D级风险占优势的区域内有医院或护理中心。

按照“主要风险”的概念，上述孤立的高风险的小区域应划归第一阶段文字表述中所称的“特殊风险区域”。对于这种情况，消防主管部门要针对其特殊性做出相应的出动预案。

（4）主要风险（决定区域风险级别的风险）。当应用文字表述方法时，区域的主要风险由区域的实际情况与文字描述的符合程度来决定；当应用赋分方法时，被考察的小区域中的建筑物的分值就决定了它的主要风险；同样，任何面积更大的区域的风险级别通常都是比较明显的。如果某区域的主要风险难以通过上述途径得到，则有必要通过其他因素来确定其风险级别，这些因素可能包括：不常见的结构特征、拥挤程度、辐射或爆炸危险、消防车难以靠近的程度和供水量的不足程度、建筑物内的物质性质等。

5.4.2　美国城市火灾风险评估方法

以下介绍美国的“风险、危害和经济价值评估”方法。

国际消防组织资质认定委员会（The Commission of Fire Accreditation International, CFAI）在美国消防部门的支持下，在其“消防部门自我评估”及“消防保卫标准”的工作基础上，为了更加突出强调火灾科学的科学性，开发出“风险、危害和经济价值评估（Risk, Hazard and Value Evaluation，RHVE）”方案，并于2001年11月19日发布了该方案。它是一个计算机软件系统，包含了多种表格、公式、数据库、数据分析方法，主要用途是用来采集相关的信息和数据，以确定和评估辖区内的火灾及相关风险情况，供地方公共安全政策决策者使用。该方法是一套用以确认任一给定辖区内的具体风险和危险的创新性的工具和方法，当辖区决策者需要制定减灾计划和目标，比如在对紧急救援资源进行布置时，就可利用它收集信息，进行分析。该方法有助于消防组织和辖区决策者针对其消防及紧急救援组织的需求做出客观的、可量化的决策，更加充分地体现把消防力量部署与社区火灾风险相结合的原则。

该方法的要点集中于以下两个方面。

1. 各种建筑场所火灾风险评估

其目的是收集各种数据元素，这些数据是能够广为认可的度量，以提供客观的、定量的决策指导。这方面的主要内容包括两组数据。

1）具体建筑设施的确认信息

所收集的数据包括具体建筑物的地址、评估机构赋予的邮政编码、工地使用情况、地区人口统计信息。其中，有些数据元素对计算机的进一步运算有一定的影响（如与地理信息系统相结合），但不会影响分值计算。

2）分值分配系统

分值分配系统包括七类数据元素：建筑环境、建筑物、生命安全、风险、供水需求、经济价值、总计。其中：

（1）建筑环境（确认对象，不给对象赋分，而是所确认的情况决定了后续因素的赋分路径），包括一些总体性的数据元素：具体建筑设施的地址；对建筑设施的性质描述；建筑设施的用途；建筑设施的使用类型；一组建筑设施中的建筑物数目；经济价值评估值；利润评估值；税收值；其他特殊事项；社区的大型企业；全球定位系统；面积；地图；第一出动的消防站；区域规划用途。

（2）建筑物（得到一个分值），包括一些有关建筑物外部特征的数据元素：与距离最近的建筑物之间的间距（具体的评估因素为：0～10m、11～30m、31～60m、61～100m、100m以上）；建筑结构类型（具体的评估因素为：钢混框架、砖混结构、砖木结构、木结构）；建筑高度（具体的评估因素为：1～2层、3～4层、5～6层、7～9层、10层以上）；消防通道（这个数据元素并非与消防车和建筑物之间的距离有关，而是与消防队在建筑物内部铺设水带有关，但必须顾及消防车距离建筑物足够近，以支持灭火水带的因素，这里以具备消防通道的建筑物的外墙数目来表示，具体的评估因素为：4面、3面、2面、1面、需要超出寻常的努力才能接近）；建筑物的面积（具体的评估因素为：0～600m²、601～1200m²、1201～2500m²、2501m²以上。对于多用途建筑物，以建筑物的外墙为界，对于不同用途的区域，以耐火等级为4h的墙体分隔的建筑物，则可视为单体建筑）。

（3）生命安全（得到一个分值），包括一些影响人员生命安全以及保证人员安全疏散功能的具体的数据元素：客容量（具体的评估因素为：0～10人、11～50人、51～100人、101～300人、300人以上。对于多用途建筑物，记录客容量最大的建筑场所）；人员的能动性（即人员相对于建筑高度或自由疏散程度的运动特性，对于空置、设备存储等用途的建筑物，可表示为“不计”，具体的评估因素为：清醒状态/适于步行的，1～2层的；睡眠状态/适于步行的，1～2层的；清醒状态/适于步行的，3层以上的；睡眠状态/适于步行的，3层以上的；不适于步行的/行动受限制的；不计）；火灾警报（建筑物内安装的相应火灾报警系统，对于多用途建筑物，除非所有的场所都处于一个火灾报警系统的保护范围内，否则视为“无报警系统”。具体的评估因素为：自动的集中型火灾报警；自动的区域型火灾报警；手动的集中型火灾报警；手动的区域型火灾报警；无报警系统；不计）；现有系统符合法规的程度（具体的评估因素为：符合、不符合）。

（4）风险，包括事故（件）发生的频率/可能性和事故后果两大因素，可能性分值乘以后果分值得到风险因子。

某建筑场所事故发生的频率/可能性：监督执法的力度（考察对建筑设施的管理和执法程度，具体的评估因素为：高度管理、强制执行；高度管理、具备定期检查记录；高度管理、具备不定期检查记录；进行管理、自愿执行；不管理、不检查；不计）；常住人员的行为性质（考察可能会发生在该建筑设施中的人员活动的种类，表征与人员进入该场所有关的运动能力，包括从熟练工人、活动受限制到没有人员控制要求的室内活动，具体的评估因素为：非授权人员不得出入；非授权人员限制出入；批发、零售、商业活动；人员众多、流动；没有人员控制要求的室内活动；不计）；历史数据（考察该类场所的，而非该具体场所的真实火灾记录，可以参考当地的火灾年鉴，具体的评估因素为：每天发生、每周发生、每月发生、每年发生、极少发生）。

某建筑场所事故发生的后果，数据元素包括：发生火灾后进行扑救的难度（表示该建筑发生火灾后可以预见的扑救难度，具体的评估因素为：火灾控制在起火点；对建筑物造成辐射危险；大范围蔓延；极难控制；对火灾扑救工作造成危害）；火灾危险源（建筑内的危险源种类，具体的评估因素为：有限的危险；常见危险（住宅类）；多种危险（商业类）；工业危险；多种、复杂危险；火灾荷载）。

（5）供水需求（得到一个分值），包括：消防供水流量（以建筑设施所在的最近的地理位置来取值）；喷淋系统（具体的评估因素为：有、无；这个数据决定了消防供水流量的要求值）；消防给水流量的满足程度（具体的评估因素为：是、否）。

（6）经济价值（得到一个分值），这个数据元素应选择下列最可能代表该建筑设施在该区域内的经济价值的具体评估因素：个人/家庭损失；商业损失，人员伤亡风险小；对辖区经济造成中等冲击，人员伤亡风险大；对辖区经济、税收、就业造成极大冲击；对辖区的基础设施、文化、文物等造成无法挽回的巨大损失。

区分商业损失、中等或严重经济冲击时，应考虑受影响的员工人数、销售额、税收额等；这些信息可以从辖区的发展和经济规划部门得到。

（7）总计：从上述前（2）～（5）项的各类数据元素的总分值与经济价值元素的乘积得到相应建筑的风险分值。

此分值分为4类：60分以上，风险极大；40～59分，风险显著；15～39分，风险中等；15分以下，风险较低。

这4类分值可以与“灭火力量分配标准”相结合，进而还可以与地图绘制工作相结合，提供一个有助于辖区决策工作的直观的管理工具。

可以说这一项是一个以建筑群为基础的数据库，可以随时从中查找相应的记录，得到有记录的各类建筑的数目及其百分比、辖区的风险总值。

2. 社区人口统计信息

用于收集辖区年度的相关数据元素，包括两类数据元素。

1）消防部门信息

确认产生上述数据库的消防部门的身份。

2）社区人口统计信息的数据元素

社区人口统计信息的数据元素包括：

（1）总体信息，其中的几种数据元素可以用作“原始数据”指标的对比数据和计算数据，可以从当年开始，最好前溯5～7年。包括：永久居住人口；流动人口；辖区的面积；绘图功能（全球信息系统，或全球定位系统）；紧急医护救援服务（用以比较该辖区的消防部门所提供的最高等级的救援服务）；消防部门（具体的评估因素为：消防站数量，消防车种类；消防车操作人员数量；扑灭人员数量；第一级警报出动人员数目）；进行救援的事故种类（用以比较该辖区的消防部门的响应数量）；Insurance Services Office级别。

（2）经济信息，包括评估信息（辖区总的经济价值和利润评估值），年均火灾损失总值；辖区消防财政预算信息。

（3）原始数据，指消防部门具备的原始信息，包括：每1000人口中的消防员数目（具体的评估因素为：现役消防员、志愿消防员、义务消防员），火灾损失；消防车的平均人员装备（具体的评估因素为：水罐、云梯等）；其他（具体的评估因素为：每个消防站的平均保护面积；每1000美元评估值的救援成本，人均救援成本）。

（4）其他威胁评估，包括：自然灾害（具体的评估因素为：干旱、地震、洪涝、滑坡、台风、草原火灾、风暴等）；民防（具体的评估因素为：生化武器袭击、民众骚乱、恐怖袭击）；技术/人为因素（具体的评估因素为：水坝坍陷、化学危险品泄漏、建筑火灾、交通事故）。

RHVE更加充分地体现了把消防力量布置与社区火灾风险相结合的原则，该方法作为一个社区风险分析的计算机软件，现在已在一些消防部门的响应规划中得到应用，以苏福尔斯消防部门为例，它利用该方法把其社区风险定义为高、中、低三类区域，再考察这些区域的消防风险可能性和风险后果：高风险区域包括风险可能性和后果都很大的以及可能性低、后果大的区域，主要指人员密集的场所和经济利益较大的场所；中等风险区域是风险可能性大、后果小的区域，如居住区；低风险区域是风险可能性和后果都较低的区域，如绿地、水域等，然后再把这些在消防响应规划中体现出来。进而还可以把RHVE与城市的计算机辅助调度系统相结合，建立响应情况原始数据库，对消防站的选址、灭火力量的部署等进行评估和调整。

第 2 篇　规划实务

第6章　消防规划的编制与实施管理

消防规划作为一项行政管理活动，首先应确定相应的管理责任和管理程序，即由谁来组织、谁来管理、怎么管理的问题。本章在总结我国一些城市消防规划工作实践经验的基础上，对编制消防规划的主体责任、基本要求、依据、程序、成果和消防规划实施管理的要求等进行了阐述，以便于组织开展消防规划工作。

6.1　消防规划编制与实施的主体及责任

6.1.1　各级政府的责任

《中华人民共和国消防法》第三条规定："消防工作由国务院领导，由地方各级人民政府负责。各级人民政府应当将消防工作纳入国民经济和社会发展计划，保障消防工作与经济建设和社会发展相适应。"第八条规定："城市人民政府应当将包括消防安全布局、消防站、消防供水、消防通信、消防车通道、消防装备等内容的消防规划纳入城市总体规划，并负责组织有关主管部门实施。"

《中华人民共和国城乡规划法》第十一条规定："国务院城乡规划主管部门负责全国的城乡规划管理工作。县级以上地方人民政府城乡规划主管部门负责本行政区域内的城乡规划管理工作。"第十四条规定："市人民政府组织编制城市总体规划。直辖市的城市总体规划由直辖市人民政府报国务院审批。省、自治区人民政府所在地的城市以及国务院确定的城市的总体规划，由省、自治区人民政府审查同意后，报国务院审批。其他城市的总体规划，由城市人民政府报省、自治区人民政府审批。"第十五条规定："县人民政府组织编制县人民政府所在地镇的总体规划，报上一级人民政府审批。其他镇的总体规划由镇人民政府组织编制，报上一级人民政府审批。"

根据上述法律规定，城市消防规划作为城市规划的重要组成部分，由各级人民政府负责组织编制。各级人民政府是本地区消防规划组织编制与实施的责任主体，依法履行以下职责：

（1）地方各级人民政府负责本行政区域内城乡消防规划的编制和实施工作。责成计划、建设、规划、财政、公安消防、市政、通信等部门，按照各自职能具体负责城乡消防规划的编制、实施以及公共消防设施、消防装备的建设、维护和管理工作。

（2）地方人民政府应当组织建设、规划、公安消防等部门和有关专家对城乡消防规划进行评审；评审通过后，由地方人民政府批准实施。

（3）各级人民政府应当将城乡消防规划的编制、建设、维护、管理等经费纳入本级财政预算，并予以保证。

（4）各级人民政府应当将公共消防设施用地纳入公益性用地，按照相应法定程序划拨。

（5）地方各级人民政府应组织对城乡消防规划的实施以及公共消防设施的维护和管理情况进行监督检查，并就违反城乡消防规划的行为做出决定，责成有关下一级人民政府、有关部门和单位执行。

（6）地方各级人民政府应向上一级人民政府报告本行政区域内城乡消防规划的制定和执行情况。

6.1.2 政府有关职能部门和相关单位的责任

6.1.2.1 城市规划部门职责

城市规划部门职责主要有：

（1）在城市人民政府的统一领导下，会同公安消防部门组织消防规划的编制与管理工作。

（2）综合平衡消防规划与城市总体规划及其他专项规划之间的关系，使消防工作与国民经济的发展相协调。

（3）在进行规划许可审批时，严格执行城市消防规划，落实城市消防安全布局，对城市规划中已确定的公共消防基础设施建设用地予以严格控制。对于擅自违反消防规划以及不落实公共消防设施建设、维护、管理责任的行为，责令改正。

6.1.2.2 公安消防部门职责

公安消防部门职责主要有：

（1）会同规划管理部门积极做好消防规划的编制和组织实施工作。

（2）会同规划管理部门对消防规划的执行情况实施监督。

（3）定期向同级人民政府报告消防规划的执行情况；重大情况应随时报告同级人民政府。

6.1.2.3 计划部门职责

计划部门应当依据消防规划将公共消防设施建设列入年度地方固定资产投资计划，并予以立项；在审查城乡基础设施建设项目时，应当审查有关公共消防设施的投资计划。

6.1.2.4 建设部门职责

建设部门在安排年度城乡基础设施建设、改造计划时，应当依据消防规划将公共消防设施纳入建设、改造计划，统筹实施。对有关消防规划的基础设施建设、改造项目进行审查时，应当通知公安消防部门参加。

6.1.2.5 财政部门职责

财政部门应当依据地方固定资产投资计划，保证公共消防设施、消防装备建设经费的投入。城市维护费中应当列出专项资金用于公共消防设施的建设、维护和管理。灭火救援用水和消防通信费用应当列入地方财政专项资金支出。

6.1.2.6 其他相关部门和单位的职责

其他相关部门和单位的职责主要有：

（1）土地、市政、水务、电力、通信等有关部门和单位按照各自职能，参与消防规划的编制工作。

（2）市政、水务、通信等部门负责消防车通道、消防供水、消防通信等公共消防设施的建设、维护与管理。

6.2 消防规划的编制依据

消防规划的编制依据是指编制消防规划时所需要执行、参考和对照的法律法规及相关文件，一般是与消防和规划工作有关的法律法规、行政规章、技术标准、规范性文件、城市总体规划、有关专项规划及政府的行政决定等。

6.2.1 法律法规

6.2.1.1 法律

《中华人民共和国消防法》和《中华人民共和国城乡规划法》是我国城市消防规划建设的基本法律依据，对于编制和实施消防规划具有强制性的法律约束作用。

编制和实施消防规划，还应遵守《中华人民共和国土地管理法》、《中华人民共和国环境保护法》、《中华人民共和国安全生产法》等法律规定。

6.2.1.2 行政法规

1. 国家行政法规

与消防规划编制和实施相关的行政法规主要有：《危险化学品安全管理条例》、《中华人民共和国民用爆炸物品管理条例》和《中华人民共和国城市道路管理条例》等。

2. 地方性法规

全国各地制定的地方性消防法规，如《北京市消防条例》、《上海市消防条例》、《江苏省消防条例》等，是各地消防行政执法的重要依据，也是消防规划编制和实施的重要依据。

6.2.2 行政规章

国务院有关部门制定的行政规章主要有：《城市消防规划建设管理规定》、《消防监督检查规定》、《机关、团体、企业、事业单位消防安全管理规定》、《城市规划编制办法》等。

各地人民政府有关消防工作的行政规章，如《四川省城市消防规划管理规定》、《山东省城市消防规划编制审批办法》、《河南省城市公共消防设施建设管理规定》等。

6.2.3 技术标准

国家已经颁布的与消防规划相关的技术标准，主要有：《城市消防规划规范》（GB 51080—2015）、《城市消防站建设标准》（建标152—2011）、《消防站建筑设计标准》（GNJ1-81）（试行）、《城市居住区规划设计规范》（GB 50180—1993）（2002年版）、《城市用地分类与规划建设用地标准》（GB 50137—2011）、《石油库设计规范》（GB 50074—2014）、《建筑设计防火规范》（GB 50016—2014）、《农村防火规范》（GB 50039—2010）、《城市给水工程规划规范》（GB 50282—1998）、《城市道路交通规划设计规范》（GB 50220—1995）、《输油管道工程设计规范》（GB 50253—2014）、《石油化工企业设计防火规范》（GB 50160—2008）、《输气管道工程设计规范》

（GB 50251—2015）、《城市燃气设计规范》（GB 50028—2006）、《消防通信指挥系统设计规范》（GB 50313—2013）、《汽车加油加气站设计与施工规范》（GB 50156—2012）（2014年版）、《装卸油品码头防火设计规范》（JTJ 238—1999）等。此外，相关的地方性技术标准也可以作为消防规划编制的依据。

6.2.4 城市总体规划及其他专项规划

城市总体规划经法定程序审批之后就具有法律效力。城市消防规划作为城市总体规划的重要组成部分，在具体编制过程中，一定要以城市总体规划为依据进行具体规划。同时，应与其他专项规划相衔接。

6.2.5 规范性文件

国务院及其主管部门的规范性文件是编制与实施消防规划的重要依据，主要有：国务院办公厅转发的公安部《消防改革与发展纲要》；国务院办公厅转发的建设部《关于加强城市总体规划工作意见的通知》；公安部、建设部、国家计委、财政部联合发布的《城市消防规划建设管理规定》；公安部、国家发改委、建设部联合发布的《关于加强城镇消防规划和公共消防基础设施建设的通知》；建设部发布的《关于印发〈小城镇建设技术政策〉的通知》；公安部、民政部、建设部联合发布的《关于进一步加强城市消防规划和公共消防设施建设的通知》；公安部消防局印发的《城市消防规划编制要点》等。

由当地人民政府和主管部门制定的规范性文件，也是当地编制与实施消防规划的重要依据，如上海市发改委、市建委、市财政局、市规划局、市公安局联合发布的《关于加强消防规划和公共消防设施建设的实施意见》等。

6.3 消防规划的编制程序

消防规划编制工作是一项复杂的系统工程，具有一定的工作程序，一般包含立项、确定组织体系、收集整理资料、开展专题研究、编制消防规划、征询社会意见、规划评审和报批等过程（图6-1）。

6.3.1 编制立项

规划行政部门和公安消防部门应在前期调研的基础上，编制立项报告，说明城市消防规划的指导思想、目的、意义和任务，报请同级人民政府立项审批。

6.3.2 组织领导

消防规划编制立项经人民政府批复同意后，应成立由计划、建设、规划、消防、土地、市政、水务、电力、通信等相关部门和单位组成的规划编制领导小组，全面领导和协调消防规划的编制工作。领导小组下设办公室，具体组织日常规划编制工作，并应委托具有相应城市规划设计资质的单位编制消防规划的技术性文件。

6.3.3 资料收集

编制消防规划首先应全面收集与城市消防规划有关的各种基础资料。有关主管部门和单位应根据消防规划编制需要，及时提供有关基础资料。主要包括：

（1）城市国民经济与社会发展现状及规划。

（2）市（县）域城镇体系规划、城市总体规划、分区规划、控制性详细规划、各种公共基础设施专项规划、近期建设规划、城市土地利用总体规划。

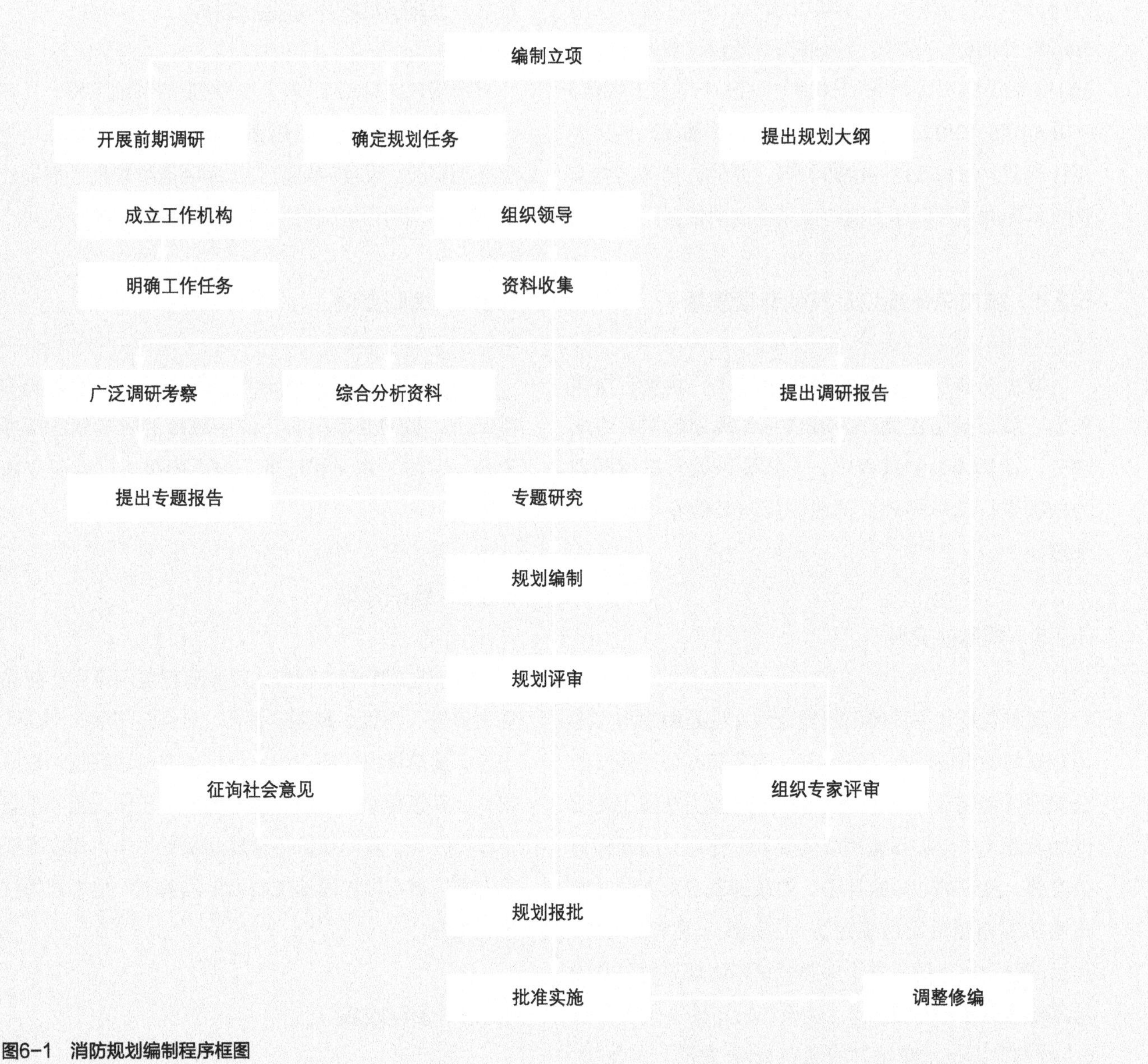

图6-1 消防规划编制程序框图

（3）各种危险化学品生产、储存、运输、供应设施（场所）布局及其行业发展规划。

（4）历史文化名城、历史文化街区、文物保护单位及其保护规划；地下空间利用（含人防）及其发展规划。

（5）消防力量现状、消防站、消防通信、消防供水、消防车通道等城市公共消防设施以及消防装备现状；原有消防规划的实施情况。

（6）历年火灾统计分析资料，一般收集最近五至十年的火灾统计资料等。

在消防规划编制之前，开展基础资料收集是十分重要的工作，应将其作为一项必不可少的工作步骤，其目的就是保证城市消防规划编制建立在全面、详细的基础资料上，使消防规划具有客观性、科学预见性，更好地指导消防工作的开展。

6.3.4　专题研究

编制消防规划就是要建立和完善城市公共消防安全体系，确定城市消防的发展目标和总体布局，为制定公共安全政策和消防基础设施建设投资计划等提供决策和管理的依据，以适应保障城市消防安全的客观需要。因此，要从城市总体布局的消防安全要求出发，结合城市规模、功能布局，对影响消防安全水平的关键问题进行综合分析评估，进一步发现存在的消防安全隐患及薄弱环节，从而提出相应的消防安全目标、对策及规划要求，为消防规划的制定提供依据和技术支持。涉及城市消防安全的重大问题通常有：

（1）城市重大危险源（设施）布局问题。

（2）高层建筑密集区、地下建筑及交通设施、建筑耐火等级低的危旧建筑密集区（棚户区）、古建筑、公共聚集场所的防火灭火救援问题。

（3）消防站布点及消防装备等问题。

（4）消防供水、消防车通道、消防通信、消防供电等问题。

（5）防灾避难场地及救援疏散通道等问题。

我国幅员辽阔，城市功能、规模、地域形态有所不同，城市消防安全所面临的主要问题也不尽相同。因此，每个城市都应根据自身特点，有针对性地开展城市消防安全关键问题的专题研究，提出协调、解决主要问题的相应建议及对策。

6.3.5　规划编制

在广泛收集城市基础资料和深入调研分析消防安全专题的基础上，可适时启动规划文本的编制工作。在具体编制过程中，应严格执行国家现行的有关法律、法规和技术标准的规定，依据城市总体规划，根据收集到的基础资料的实际情况以及城市消防安全专题研究的结论，统一规划，制定总体目标和具体目标，提出具体措施。

规划方案应满足城市总体消防安全需要，与城市其他专项规划和有关行业规划相协调，具有针对性和可操作性，应充分体现“预防为主，防消结合”的消防工作方针和科学的发展观。《规划》内容应涵盖防火灭火、抢险救援、消防装备、公共消防基础设施等方面，全面、科学、合理地对城市消防工作的近、中、远期发展目标进行定位。《规划》要将宏观的规划目标与微观的实施措施相结合，既要有远期的规划，也要有近期的建设规划。近期建设规划应当有近期内实施消防规划的重点、发展时序和投资估算，便于各级行政主管部门和相关单位进行管理控制，便于有效地指导消防工作实践，积极服务于消防工作的现实需要。

6.3.6　规划评审

在规划初稿完成后，对规划中提出的消防力量布局、公共消防设施建设、城市消防安全布局等建设的目标、任务、要求，编制单位应向社会广泛征求意见，集思广益，反复修改完善，最终形成报批稿。

地方人民政府应组织有关部门和专家对消防规划报批稿进行评审。规划编制单位应根据评审意见对城市消防规划作进一步修改，需要时还可向社会进一步公开听证，再次听取社会各方和专家、学者的意见，并形成评审意见，然后由编制单位再根据评审意见进行修改、补充和完善。

6.3.7　规划报批

城市消防规划经评审并修改完成后应报地方人民政府审批。地方人民政府应结合本地区的实际情况，及时对消防规划进行审核，并提出批复意见。经批准的城市消防规划是城市消防设施建设的重要依据，应作为城市规划的重要组成部分纳入城市总体规划之中。

6.3.8 调整修编

当城市消防规划的部分内容不适应实际情况和需要，确需进行调整时，应报规划行政部门和公安消防部门审批。当城市消防规划因各种原因进行重大调整需修订时，应按规定程序重新立项修编并报当地人民政府审批。

6.4 消防规划编制成果

消防规划编制成果是指对消防规划最终结论的表述，一般应包括规划文本、图集和附件，附件包括文本说明、基础资料汇编、专题研究报告等技术文件。消防规划成果的表达应当规范、明确，消防规划的成果文件应当以书面和电子文件两种方式表达。

6.4.1 规划文本

规划决策的结果是以规划文件的形式表达的。消防规划文本是对消防规划的目标、原则和内容提出规定性和指导性要求的文件，是消防规划文件的主体，是向地方政府申报的主要文件，一旦经地方政府批准实施，就具有一定的法律作用。它是下一级政府、相关部门和企事业单位组织编制实施本地区、本部门、本单位消防规划和开展具体消防工作的重要依据之一，也是公安消防部门实施监督的主要依据之一。

消防规划文本一般应包括城市消防规划的指导思想、基本原则、规划期限及范围、编制依据、消防发展目标、消防安全布局、消防站、消防供水、消防车通道、消防装备、消防通信、灭火救援组织体系、规划实施对策和近期建设等，使消防规划具有前瞻性、宏观性、战略性，又有可操作性。对于条件具备的一些城市，也可以将消防人文环境、公众消防素质、城市消防管理水平等一系列软管理建设纳入消防规划之中，以提高消防规划的全面性。

消防规划文本中必须纳入消防规划的强制性内容，并严格执行。以下内容应确定为强制性内容：

（1）易燃易爆危险物品场所及其防灾缓冲隔离地带布局、易燃易爆危险物品运输线路。

（2）易燃建筑密集区改造。

（3）公共消防设施用地控制界限、消防站和消防指挥调度中心建设、消防车辆配备。

（4）消防用水量、供水压力，市政消火栓、消防水鹤的数量和布置，缺水地区或供水压力不足地区的储水设施。

（5）火灾报警与调度。

（6）消防车通道的宽度、高度、承压能力，疏散避难通道。

（7）风景名胜区、历史文化遗产的消防保护措施。

消防规划文本一般可用文字和表格进行表达。在文字的描述上主要以条文式的描述为主，力求用语准确、简练。

6.4.2 规划图集

规划图集是以图纸的形式表达规划文本的内容。消防规划图纸可分为现状图、近期规划图和远期规划图，图纸所表达的内容及要求应与规划文本的内容保持一致。

消防规划现状图和近、远期规划图一般应包括：

（1）消防安全布局：主要标明工业区、仓储区、商贸区等甲、乙、丙类火灾危险性相对集中的区域，加油（气）站、燃气工程等易燃易爆重大危险源，避难疏散场地等，各个城市可根据实际情况分别绘制有关图纸。

（2）消防供水：主要标明城市天然水源，市政水厂，给水管网的走向、管径，天然水源取水点，消防水池、消防水井位置、容量等情况。

（3）消防通信：主要标明消防指挥中心、消防站、电信局等部门的位置及火警调度通信线路。

（4）消防车通道：主要标明城市消防车通道、危险品运输线路的位置、走向以及城市以外交通设施（如机场、码头、铁路）的位置等。

（5）消防站：主要标明消防站名称、位置、类别、责任区范围；消防指挥中心、消防培训中心、消防训练中心等单位的名称、位置、规模。

（6）近期建设规划：主要标明近期消防安全布局、消防站、消防供水、消防通信、消防车通道、消防装备等建设内容。

对于一些有着悠久历史的文化古城，还应录入城市保护建筑、历史文化风貌保护区、文物保护单位（地）的分布图。对于一些特大型城市还应有中心城高层建筑分布图、中心城易燃易爆危险品运输禁行区域图、中心城轨道交通布局图、中心城地下设施分布图等。对于消防规划图集应录入的内容，由于各城市之间的市政建设、城市风貌、建设规模并不完全一样，全国没有统一的标准。因此，在消防规划图集内容的选择上，可以根据城市的规模、风貌和特点，结合城市规划有选择地录入一些图片（集），使城市消防规划的发展目标更加全面和清晰。

规划图纸应符合有关图纸的技术要求，比例应与城市总体规划图比例一致。消防站用地规划选址图的比例应与相关地区的控制性详细规划图比例一致。

为了使消防规划得到广泛的宣传和深入的贯彻，应充分利用信息技术带来的便捷性和传播的快速性、广泛性。在消防规划纸质稿编制完成后，可同步制作电子版消防规划，以便于消防规划成果的流通、传播和保存。

6.4.3　附件

6.4.3.1　文本说明

消防规划文本说明是对规划文本条款进行解释的文件，主要是对城市消防现状进行分析，论证规划意图，对规划文本进行详细说明。

对文本中一些特指的术语要做出明确的定义和解释。另外，对一些不适宜在文本中出现的内容，可以在文本说明中适当予以加注充实。

6.4.3.2　基础资料汇编

基础资料一般可用文字、图、表格进行表达，应力求做到文字表述细致全面，图纸直观形象，表格一目了然，且便于分析、对比和发现问题。根据城市规模和城市具体情况的不同，基础资料的收集应有所侧重，不同阶段的城市规划对资料收集分析的工作深度也有所不同。其中，基础资料图主要包括消防安全布局现状图、公共消防基础设施建设现状图、火灾统计分析图等，如工业、仓储、居住、旧城、商业用地、高层建筑、加油加气站、燃气工程、消防站和责任区、消防供水、道路、消防通信等。基础资料表格主要包括各类危险品调查统计表，火灾统计分析表，现有消防车辆、装备配备情况表，消防机构人员岗位设置表，消防站、企业专职消防队和义务消防队基本情况表等。

6.4.3.3　专题研究报告

消防规划专题研究就是要通过对影响城市公共消防安全的主要因素、突出问题等一些消防难点、热点问题的现状、未来发展趋势等作调查研究，并结合城市综合现状、发展方向提出对策措施，为消防工作决策提供服务，为科学编制消防规划提供理论依据。

根据城市规模、城市所处地理环境、城市消防综合实力等不同特点，消防规划专题研究的对象可有所不同，如可以专题研究城市的灾害事故分析、火灾风险评估、综合消防实力、城市经济能力、城市消防薄弱环节等内容。消防规划专题研究的成果应形成专题研究报告，并纳入消防规划成果，以便于政府领导和有关部门对消防工作作出正确的判断和决策，从而促进消防工作的不断发展。

比如，上海市在编制消防规划过程中，针对城市建设规模不断扩大，大桥、地铁、越江隧道等大型城市基础设施相继建成，大批高层、超高层建筑不断涌现，大型化工企业相继建成投产等特点，对城市老式居民楼、高层建筑、地下空间、大型公共建筑等方面开展了广泛调研，作了探索性研究分析，提出了针对性措施意见，为顺利编制消防规划奠定了基础。

6.5 消防规划的实施管理

消防规划的实施管理是伴随着消防规划的编制、审批、实施而出现、存在和延续的，是消防规划的具体化，也是消防规划不断完善、深化的过程。对消防规划的实施进行有效管理，是实现城市消防规划目标的重要保障手段。而消防规划的实施管理是一个长期的、渐进的、艰巨的过程，要与城市规划中的其他各项建设统一协调，以保证消防规划提出的建设目标能够顺利完成。因此，有必要通过监督、评估或修正等各种管理手段，保持对消防规划实施全过程的持续控制，使消防规划的实施结果最终能朝着城市消防发展的基本战略和基本目标前进，促进城市消防工作的不断发展。

6.5.1 消防规划实施管理的重要性

消防规划的实施管理是消防规划的一个重要阶段性工作，是消防规划成果真正产生效用的重要保证。它与编制工作一起，成为消防规划工作中两个不可分割的重要阶段，它们是一个共生的统一体，两者缺一不可。消防规划是对城市消防未来发展蓝图的勾画和描绘，但如果没有消防规划实施管理作为保证手段，那么规划编制得再好，也是难以实现的，只会成为一纸空文。俗话说“三分规划，七分管理”，这说明了实施管理在消防规划建设中的地位。

对消防规划实施管理就是要确保消防规划的顺利实施，把规划中提出的未来发展目标等一系列内容变为现实。就宏观层面而言，消防规划实施管理必须执行党和国家的路线、方针、政策，贯彻适用与经济、社会和环境效益相统一的原则等。这些原则和方针都是编制和实施消防规划必须遵守的，只有这样才能保证消防工作与城市经济社会的协调发展。从微观层面来讲，对消防规划实施管理是完成消防规划目标，正确指导城市消防基础设施建设，提高城市防灾抗灾综合能力的一个重要手段。

消防规划的编制与实施管理是相辅相成的，两者同等重要。由于受到诸如建设用地、经费投入、环境影响等各种因素的制约，在消防规划实施管理过程中，要协调各部门、各方面的关系和处理好各种各样的问题，必要时还要对规划进行允许范围内的调整、补充、修改和优化。从这个意义上来说，实施管理过程也是对消防规划不断完善、不断丰富和不断修正的过程。

6.5.2 消防规划实施管理的手段

编制消防规划是一项艰苦细致的工作，是针对城市建设中各类消防安全问题提出的综合治理措施。实施消防规划工作难度更大，只靠行政管理手段往往难以完全奏效，必须综合运用法制、行政、经济、社会等多种管理手段，才能确保消防规划的有效实施。

6.5.3 法制管理手段

实施消防规划必须有强制性的法律手段予以保障。各地立法部门要依据国家法律法规要求，结合实际情况，建立地方性法规，推进消防规划的实施。各级政府行政执法部门要加强对城市消防规划编制和实施管理过程的执法监督，督促有关部门和单位依法落实消防规划的要求和措施。对违反消防规划的行为，要制定处罚办法，加大处罚力度，做到有法必依、违法必究，切实把实施消防规划纳入法制轨道。

6.5.4 行政管理手段

行政管理是制定和实施消防规划的主渠道。各级政府应把消防安全布局、公共消防设施建设、消防装备建设、重大灾害事故处置预案、重大隐患整改等事关公共安全的重大事项纳入重要议事日程，专题研究，提出相关工作对策，并纳入消防规划。在推进落实消防规划时，要严格实行责任制，明确责任，提出建设任务、建设标准和完成时限，将落实消防规划任务的完成情况纳入单位和领导干部绩效考核管理范畴。为保证消防规划的实施，政府应依据城市经济发展和财政收入的增长比例，增加对公共消防设施和消防装备的经费投入；开源节流，多渠道筹措建设经费，建立消防基金和市、区、县、镇和其他受益各方按比例投入的经费保障制度。例如，上海市政府为推进落实《上海市消防规划（2003—2020年）》近期建设目标，批准转发市发改委、市建委、市公安局、市财政局、市规划局、市房地资源局和市劳动保障局制定的《关于进一步加强本市消防基础设施建设的实施意见》，明确了由区、县政府供应土地，市政府（市发改委和市建委）出资建站、购置消防装备的消防站建设机制，并把消防站建设列入2006年市政府十大实事工程，予以强力推进，同年就新建消防站22个。又如，2005年年底，辽宁省大连市政府根据消防规划提出的消防安全目标，为加强消防装备建设，一次性投资3亿元，购置各类大型消防车100多辆和大量消防装备器材，一举改变了全市消防装备的落后状况。

6.5.5 社会监督手段

消防规划关系到全体市民的安全利益，市民对消防规划实施管理的各项事务有知情权、查询权、建议权、参与权、投诉权等权利，消防规划一经批准，政府应当予以公布。应通过广播、电视、报刊等广泛开展宣传，把消防规划的要求、建设目标和建设成果公之于众，并向社会公示消防规划实施管理的依据、程序、时限、结果、投诉渠道、管理部门和责任人，让公众了解消防规划、关心消防规划，对消防规划实施舆论监督和社会监督，动员全社会的力量来推动消防规划的实施。

6.5.6 经济管理手段

经济管理手段就是通过制定相关政策，利用经济杠杆和经济手段，协调相关各方的利益，动员社会力量，支持和参与公共消防设施建设。比如，一些地方政府把消防站建设纳入土地开发项目，对开发商适当让利，要求开发商在开发中一并建设消防站等公共消防设施；在工业区、商业区，组织多个经济体共同出资联建消防站，一并承担社区和企业消防保卫任务；有些企业转产下马，其企业消防队由政府收购，并将其改造为公共消防站等，这些都是应用经济手段加强消防建设的措施。

6.5.7 技术评估手段

消防规划的实施管理是一项长期的、动态的工作，也是消防规划不断完善、深化的过程。在消防规划的实施管理中，要注重采纳专家意见，建立重大问题技术评估制度，为实施消防规划管理提供技术保障，减少或避免规划实施中的随意性和盲目性，以使消防规划实施更加切合实际，保证规划目标水准不因调整变化而降低。

技术评估内容应包括：对规划执行情况进行跟踪评价，对规划目标的建设情况进行评估问效，对规划内容的重大调整修改进行技术论证，分析规划实施中的问题并提出解决意见等。

第7章　城市消防安全布局

城市消防安全布局是根据城市性质、规模和功能结构，按照城市公共消防安全要求，对城市工业区、仓储区、居住区、旧城区改造、人员密集公共场所、城市危险物品运输、古建筑、地下空间的开发利用、城市防灾避难场所等进行综合规划布局，是指符合城市公共消防安全需要的城市各类易燃易爆危险化学物品场所和设施、消防隔离与避难疏散场地及通道、地下空间综合利用等的布局和消防保障措施，是城市总体规划和消防规划的重要内容，是决定城市整体公共消防安全环境质量的重要因素，也是贯彻消防工作“预防为主、防消结合”方针的重要举措，是城市消防安全的基础之一（图7-1～图7-3）。

7.1　城市消防安全布局规划的基本要求

城市消防安全布局规划的基本要求是指在规划消防安全布局过程中所应遵循的目的、基本原则和措施要求。

7.1.1　城市消防安全布局的目的

城市消防安全布局的目的是根据城市总体规划，按照城市功能分区，综合考虑消防安全要求，对一些特定的可能危害城市消防安全的因素，诸如危险化学品生产、储存企业及大型物资仓库等进行综合

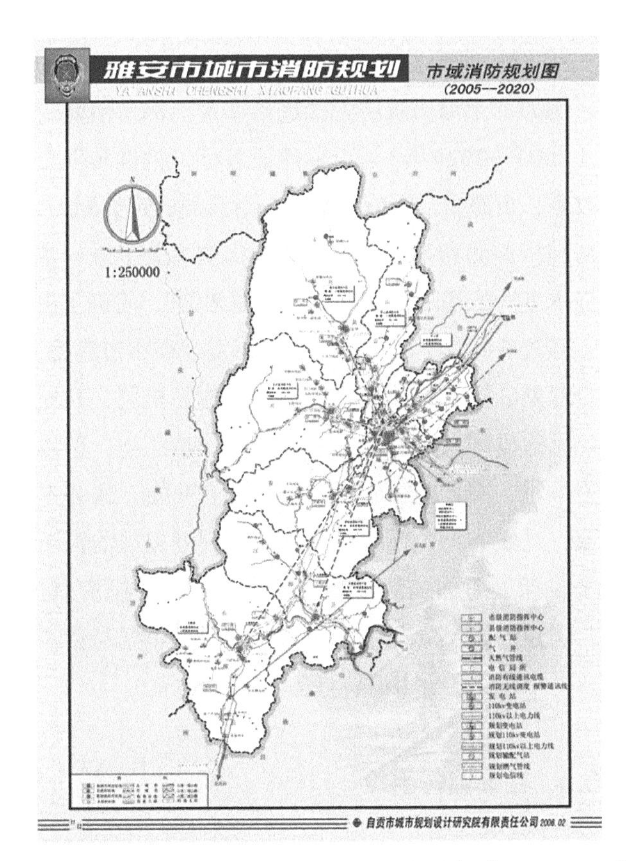

图7-1　雅安市城市消防规划——市域消防规划图（2005—2020）（资料来源：http://www.yaanjs.gov.cn/Article/ShowArticle.asp?ArticleID=271）

布局规划，控制可燃物、危险化学品设施的布点、密度及周围环境，防范火灾扩散和蔓延，控制消防隔离与避难疏散的场地及通道，控制灭火救援的空间利用条件，尽量降低灾害发生时的危害程度，降低城市火灾造成的生命和财产损失，创造安全的生产、居住环境。

烟台市城市消防规划（2007-2020）
YANTAISHI CHENGSHI XIAOFANG GUIHUA

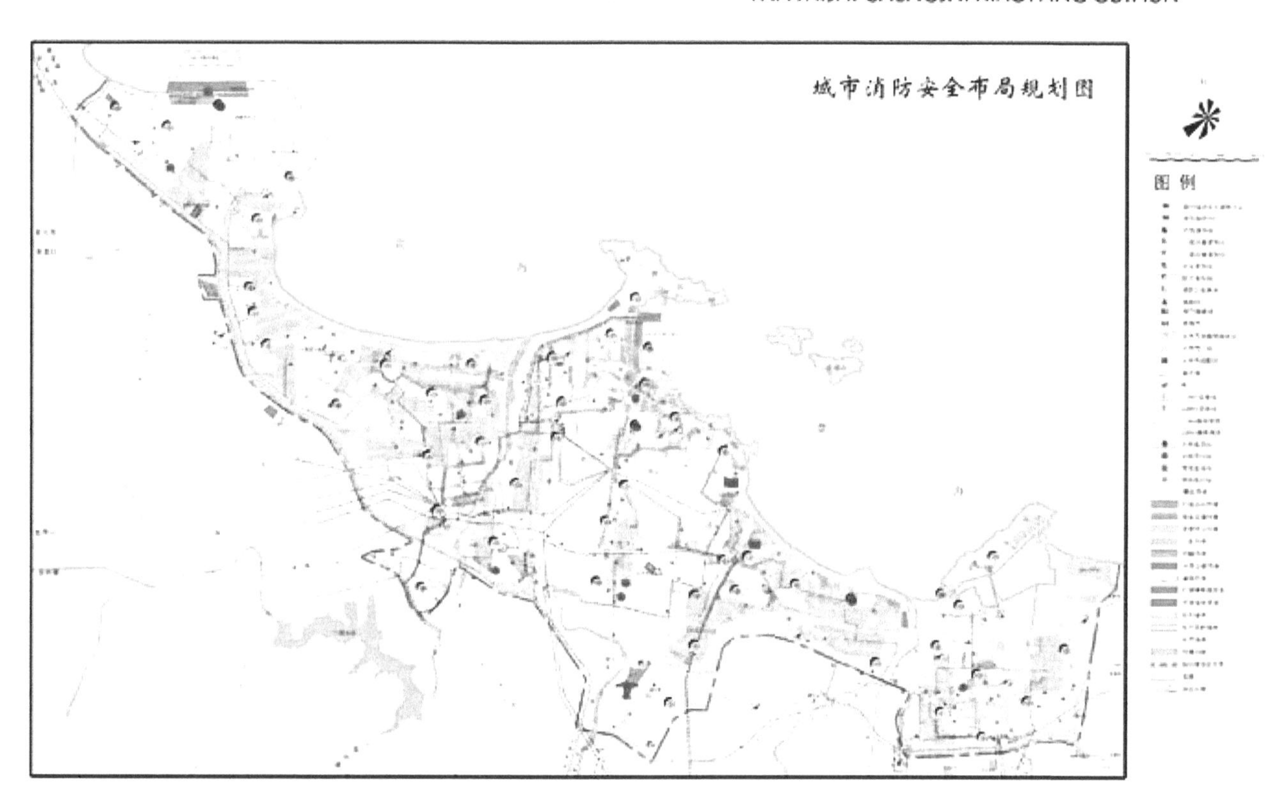

图7-2　烟台市城市消防规划——城市消防安全布局规划图（2007—2020）
（资料来源：http://www.jiaodong.net/special/system/2009/02/27/010468028.shtml）

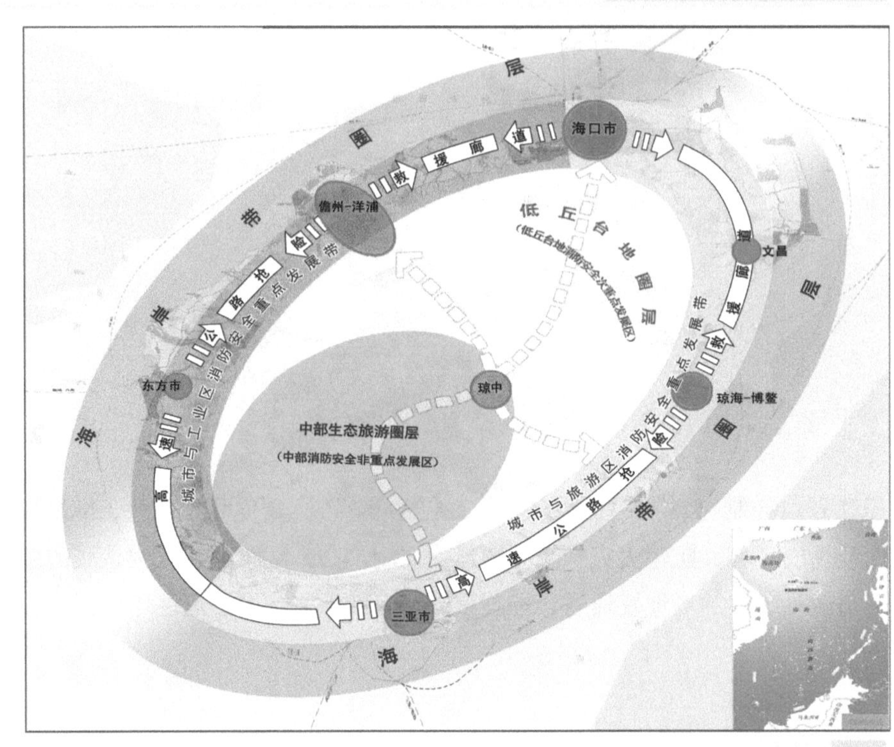

图7-3 海南省消防格局结构规划图

7.1.2 城市消防安全布局的任务

根据城市性质、规模、用地布局和发展方向，考虑地域地形、气象条件、周围环境、道路交通和城市区域火灾风险等多方面因素，按照城市功能分区和公共消防安全要求，合理规划和调整各类危险化学品的生产、储存、运输、供应场所和设施（特别是城市重大危险源）的布局、密度及周围环境；合理利用城市道路和公共开敞空间（广场、绿地等），控制规划和设置防火隔离带和防灾避难场所；综合研究公共聚集场所、高层建筑密集区、建筑耐火等级低的危旧建筑密集区（棚户区）、城市交通运输体系及设施、居住社区、古建筑、地下空间综合利用（含地下建筑、人防及交通设施）的消防安全问题，并制定相应的消防安全措施，使城市各组成部分在平面和空间布局上布置得更安全、更合理，达到规定的消防安全目标。

7.1.3 城市消防安全布局的基本原则

各类易燃易爆危险化学品的生产、储存、运输、装卸、供应场所和设施，应符合城市规划、消防、环保的要求，其总量、密度及分布状况应予以合理控制。

应根据城市生产、生活和发展的需要，采取社会化服务模式，相对集中地设置各类易燃易爆危险化学品的生产区、仓储区、装卸区、供应场所和设施，并应设在确保公共安全的地区，与周围建筑保持必要的安全距离。

大中型石油化工企业生产设施、石油库、液化石油气供应基地等大规模易燃易爆危险化学品集中的场所，必须设置在城市边缘的独立安全地区，并不得设置在城市常年主导风向的上风向、城市水系的上游或其他危及城市安全的地区。

应合理组织和确定城市规划建成区内易燃易爆危险化学品的运输路线，易燃易爆危险化学品的运输不应穿越城市中心区、公共建筑密集区和其他人口密集区。

对现有影响城市消防安全的易燃易爆危险化学品的生产、储存、装卸、供应场所（含专用车站、码头），应提出迁移或改造计划，消除因消防安全布局不合理而存在的各种火险隐患。

对严重威胁城市安全、构成重大隐患的易燃易爆危险化学品设施或单位，应采取转产、限期停用、改造或搬迁等措施；对于用量小且分散储备和供应易燃易爆危险化学品的单位，应采取近、远期治理相结合的办法进行调整，近期以控制规模、技术改造、转产转向、加强管理为主，远期创造条件搬迁或拆除。

对现有耐火等级低、相互毗连、建筑密度大、消防通道不畅、消防水源不足的旧城区、棚户区和商业区等，应纳入城市近期消防规划，积极采取防火分隔、开辟防火间距和消防通道、提高建筑耐火等级等措施，逐步改善其消防安全环境和条件。

应合理规划和建设城市中心区和商业区道路、停车场、广场和绿地，保障火灾时大规模人流、车流、物资的疏散避难和消防车的顺利通行。

要严格控制城区内新建的各类建筑的耐火等级，应建造一、二级耐火等级的建筑，限制建造三级耐火等级的建筑，严禁建造四级耐火等级的建筑。

应合理开发和利用地下空间。城市地下交通隧道、地下街道、地下停车场等地下建筑的规划建设，应与城市其他建设有机地结合起来，合理设置疏散通道和安全出口，采取有效的防火分隔措施。

应统筹规划城市的防火隔离带、防灾避难场所，并和城市主次干道网络形成体系，以确保城市人口在地震、战争等特殊情况下的疏散避难。

城市各类广场、运动场、公园、绿地、道路系统等的建设规模和分布，除应满足自身的功能、使用要求外，还应按照城市综合防灾的要求，合理规划，综合利用，兼作疏散避难场所。

7.1.4 城市消防安全布局的主要措施

现行有关国家、行业标准和工程项目建设标准，对于控制危险化学品的容积和设置方位，控制不同建筑物的耐火等级、体积和层数，限制建（构）筑物密度，确保建（构）筑物的安全间距等一些技术指标基本上都有明确规定，在进行城市消防安全布局时，应当执行这些标准的规定。

1. 规模措施

一般情况下，火灾危险性与危险物品的数量、建筑物的容积和高（深）度成正比，因此，在安全布局时，应严格控制危险化学品的容积和设置方位、建筑物的体积和高度。

2. 结构措施

建筑的耐火等级直接影响建筑的消防安全，从而影响城市的整体安全水平，因此，应该根据城市区域功能，按照建筑类别和使用性质，合理确定其耐火等级，并按要求选用相应的不燃或难燃的建筑材料。

3. 密度措施

建筑密度越高，发生火灾后相互蔓延的概率越大，火灾危害也就越大，因此，在总体布局某一区域建筑时，应综合考虑火灾发生时可能蔓延的情况，严格控制区域内建筑密度，确保建筑之间的安全间距。

4. 空间分区措施

根据城市结构和区域功能，逐步搬迁和改造城市中心城区的危险品生产、储存企业和码头，集中设置危险物品生产、储存区域，并在其周围设置防火隔离带。

5. 避难措施

在城市消防安全布局规划时，应综合考虑发生地震、台风等各种重大灾害事故时人员的紧急避险和疏散要求，充分利用绿化地、广场、公园、道路等设置避难场地和避难道路，并保证避难场所建筑的抗燃、抗震和避难道路的畅通。

6. 土地控制和储备措施

在城市总体规划布局时，应按照城市消防安全布局要求，严格控制易燃易爆危险化学品生产、储存场所周边的用地，预留一定数量的消防及防灾储备用地，以备城市建设发展需要。

7.2 城市消防安全布局的主要内容

城市地上空间消防安全布局规划包括工业区、仓储区、城市居住区和旧城区改造、城市中心区及人员密集的公共建筑、城市对外交通运输设施、易燃易爆危险品运输路线、风景名胜区、古建筑等主要内容（图7-4、图7-5）。

7.2.1 工业区

1. 工业区布局的基本原则

在满足运输、能源、劳动力、环境、用地规模、工程地质、卫生条件的同时，要综合考虑主导风向、地形、周边环境、生产和使用中的火灾危险程度等多方面的因素，合理布置，保持必要的安全距离，保障消防安全。

对整个工业区的规划，基于消防安全的需要，可将同类型的工业企业相对集中布置在远离城市的区域或以一个新建的大型企业为基础，在远离城区的区域建立新的工业区。

2. 核工业工程项目的厂址选择

核电站应选在远离城市的低山、丘陵、滨海、滨河地区。厂区总平面布置应统一规划、合理安排，主要生产与辅助生产建筑物，在满足工艺流程、防火、防爆及卫生防护等要求的条件下，应尽量合并。必要时，在局部地段可设置防火、防爆墙，以减少空隙地带。

核电站周围应设置非居住区，非居住区半径（以反应堆为中心）不得小于500m。

3. 易燃易爆工业企业的生产区

易燃易爆工业企业的生产区应尽量布置在城市和居住区全年主导风向的下风或侧风方向，并应充分考虑本企业与相邻企业、居住区的周边环境条件，合理布置在安全地区，避免发生火灾、爆炸事故时，对周围造成影响。

当炼油厂、石油化工厂、农药厂、医药原料厂等工业企业的生产区沿江、河布置时，应位于临江城镇、重要桥梁、大型锚地、固定停泊场、造船厂或修船厂、码头等重要建（构）筑物的下游，且不宜少于300m。

4. 其他工业区

其他工业区主要包括：

（1）占地面积大、关联密切、货运量大、火灾危险性大、有一定污染的工业企业，宜按不同性质组成工业区，并应布置在城市的边缘地区。

（2）占地面积小、火灾危险性小、基本上无污染的工业企业，如食品厂等，可布置在城市内单独地段、居住区的边缘和交通干道的附近。

（3）工业区与居住区之间要有一定的安全距离，并形成防火隔离带，起到阻止火灾蔓延的分隔作用。

（4）工业区布置应注意靠近水源和交通便捷区域。消防车沿途必须经过的公路、桥梁应能满足其通过要求，尽量避免公路与铁路交叉（图7-6、图7-7）。

7.2.2 仓储区

1. 易燃、可燃气体和液体的储罐、仓库、堆场

易燃、可燃气体和液体的储罐、仓库、堆场应根据其类型、用途和火灾危险性，结合城市的性质、规

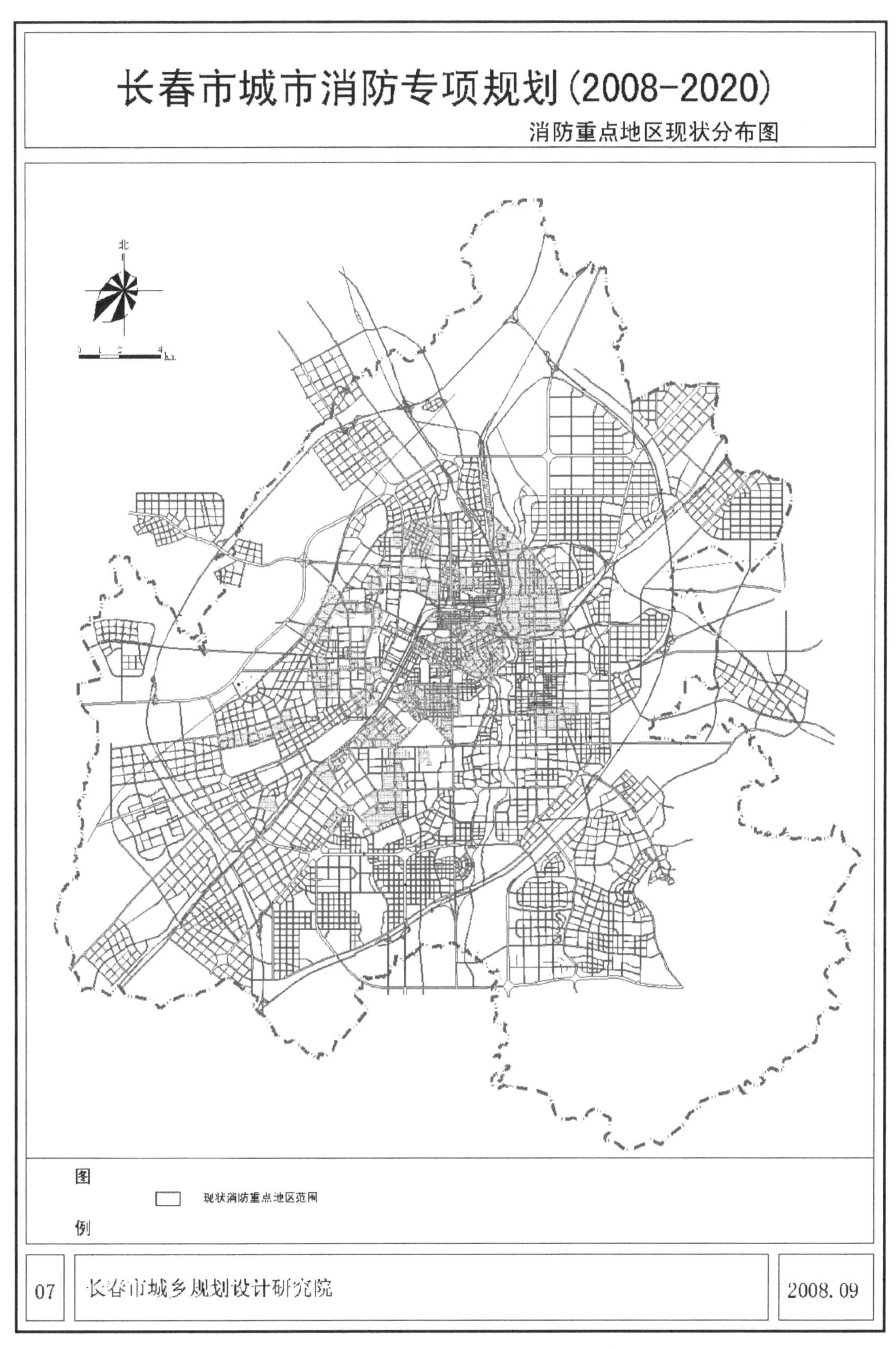

图7-4　长春市城市消防专项规划——消防重点地区现状分布图（2008—2020）
（资料来源：http://www.cityup.org/case/project/20100224/60302-4.shtml）

图7-5 上海市消防规划——上海市中心城消防重点地区（2003—2020）

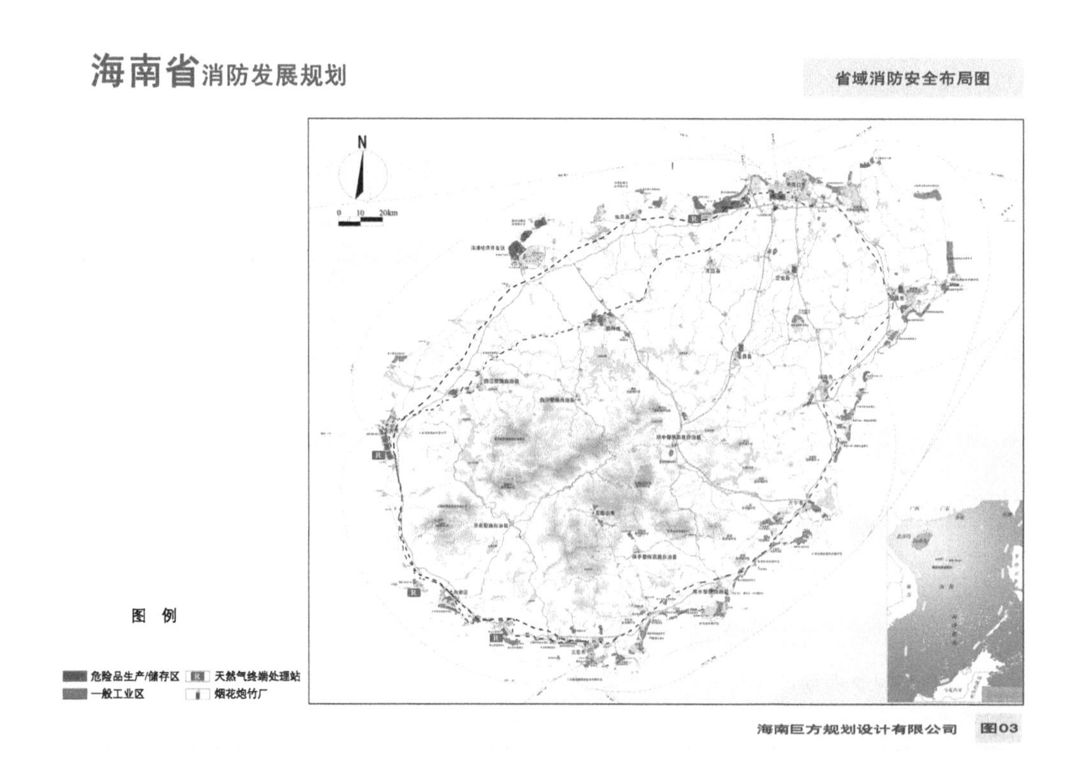

图7-6 海南省消防安全布局图

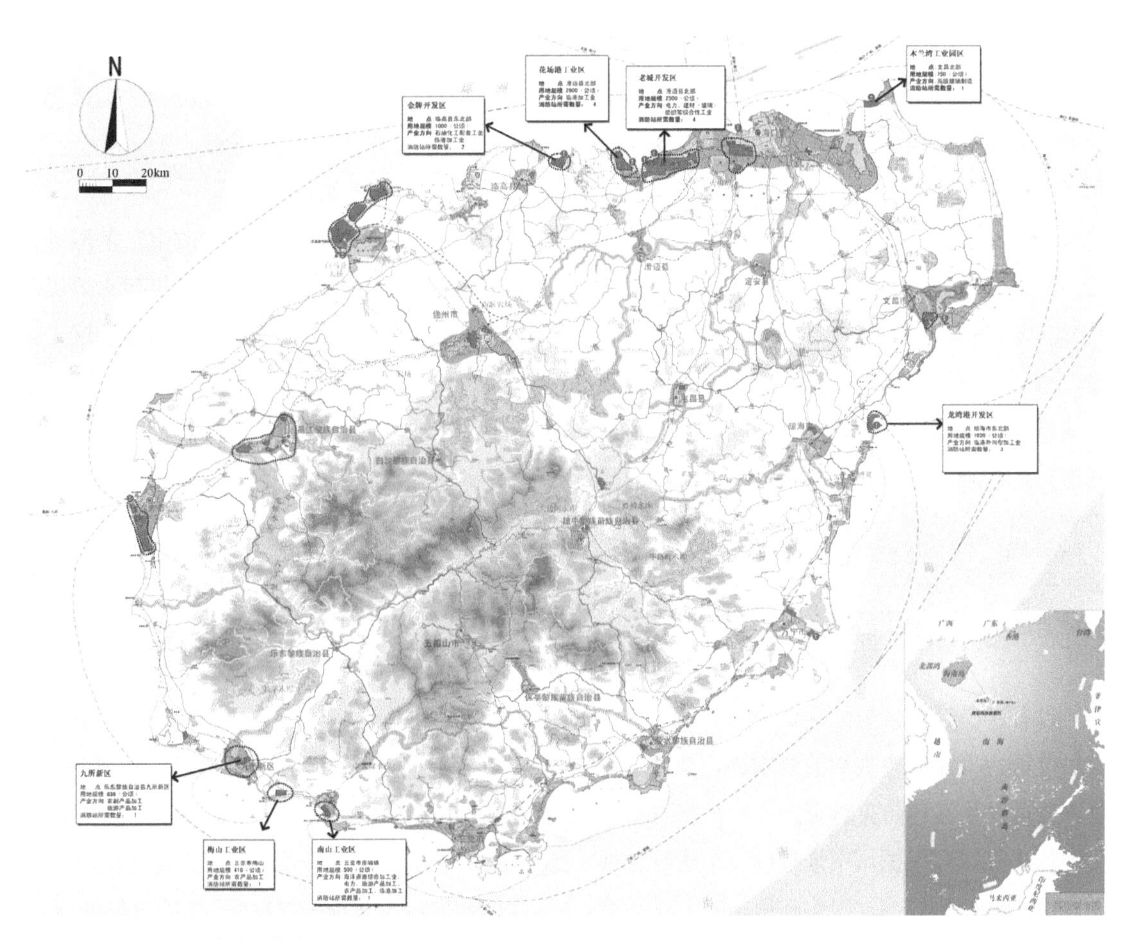

图7-7　海南省工业消防设施布局图

模和工业、交通、生活居住等布局，综合确定其方位、规模及与周围建（构）筑物的安全距离等，并应靠近消防水源充足的地方。

针对城市仓储区大量物资集散的特点，在布局上宜采取相对集中、分类储存的方式，在运输上应规定交通道路和通行时间。要注意与使用单位所在位置方向一致，避免运输时穿越城市。

2. 液化石油气供应基地、供应站、气化站、混气站

供应基地、供应站必须远离居民区、重要的公共设施、军事设施、古建筑、风景区，且应选择在地区全年最小频率风向的上风侧。

气化站、混气站应选择在所在地区全年最小频率风向的上风侧，且应通风良好、不易积存液化石油气的地段。

3. 城市燃气储配站、调压站和管道

城市燃气储配站的燃气储罐，宜分散布置在用户集中的安全地带。

燃气调压站应根据用户分布情况，设置在居民区的街坊、绿化地等用气负荷中心的安全地带。

高压、中压燃气管道宜布置在城市的边缘。

4. 石油库及其他易燃可燃液体仓库

石油库及其他易燃可燃液体仓库应布置在城市郊区的独立地段，远离电站、变电所、重要交通枢纽、大型水库、水利工程等重要设施，宜建立在地势低洼处，设置一定的隔离地带，并应布置在城市常年主导风向的下风或侧风向。

靠近河岸的石油库应布置在港口码头、水电站、

水利工程、船厂以及桥梁的下游。

5. 加油加气站

加油加气站应纳入城市的统一规划和建设中，进行合理布点。在城市建成区内不应建设一级加油站、一级天然气加气站、液化石油气加气站和一级加油加气合建站，不得设置流动的加油、加气站。

6. 煤炭、木材等易燃、可燃材料的仓库、堆场

煤炭、木材等易燃、可燃材料的仓库、堆场宜布置在城郊或城市边缘的独立地段。在气候干燥、风速较大的城市，还必须布置在大风季节城市主导风向的下风向或侧风向。

7.2.3 居住区和旧城改造更新

1. 城市居住区布局

城市居住区应根据城市规划的要求，合理布局和布置，以方便居民生活和防火防灾。

（1）城市居住区应根据城市规划的要求进行合理布局。如应选择在地势较高、卫生条件较好、不易遭受自然灾害的地段，尽量接近景观较好、交通方便的地方，尽可能少受噪声的干扰和有害气体、烟尘的污染，并要留有适当的发展余地。居住区内各种不同功能的建筑群之间要有明确的功能分区。

（2）城市各居住区应合理布置道路、广场、公共绿地、生产及公用设施等。居住区边缘或临街建筑物应采用耐火等级为一、二级的建筑物。居住区之间设置城市的主要干道，居住小区之间设置城市干道或居住区级道路，居住组团之间设置居住小区级道路，以此形成防火隔离带，一旦发生火灾，便于阻止大面积火势扩大蔓延，并有利于人员物资疏散、救灾和避难，最大限度地减少火灾的危害程度。

（3）为了居民生活方便，居住区内一般还设置一些生活服务设施，如煤气调压站、液化石油气瓶库等，有的居住区还设置一些小规模的生产性质的建筑。应根据居住区建筑物的性质和特点，在各类建筑物之间设置必要的防火间距。

居住区内设置的工业企业应为非易燃易爆和无毒性、无噪声、无污染且运输量小的企业。

2. 旧城区改造

应本着“充分利用，逐步改造”的原则，将旧城区改造纳入城市消防规划中。建筑耐火等级低的危旧建筑密集区及消防安全条件差的其他地区（如旧城棚户区、城中村等），应采取开辟防火间距、打通消防通道、改造供水管网、增设消火栓和消防水池、提高建筑耐火等级等措施，改善消防安全条件；应纳入旧城改造规划和实施计划，消除火灾隐患。

（1）对于长条形棚户区或沿街耐火等级低的建筑，宜每隔80～100m采用防火分隔措施。如拆除一些破旧房屋，成片开发，建造一、二级耐火等级的居住或公共建筑。

（2）有条件的地方，可每隔100～120m开辟或拓宽防火通道，其宽度不宜小于6m，既可阻止火势蔓延，又可作为消防车通道，且方便居民平时通行。

（3）对于大面积的方形或长方形的棚户区，一时不易成片改造的，可划分防火分区。每个防火分区的面积不宜超过2000m^2。各分区之间应留出不小于6m宽的防火通道；或者每个防火分区的四周，建造一、二级耐火等级的建筑，使之成为立体防火隔离带。

（4）严禁在人口稠密的旧城区规划建设火灾危险性大或易燃易爆的工业建筑。

（5）对旧城区原有布局不合理的工业企业，如工厂布局混乱，工厂与居住区混杂，造成彼此干扰、影响消防安全的，应根据不同情况采取相应措施。

对周围环境没有影响、厂房设备好、交通方便、市政设施齐全的工厂，可予以保留；对其他条件好，但产品生产对环境有影响的工厂，应当采取改变生产性质、限制生产发展、改革生产工艺等措施；对规模小、车间分散的工厂可适当合并；对生产性质相同，但分散设置的小厂可按专业要求组成大厂；对火灾危

险性大、易燃易爆、不易治理的工业企业，必须纳入搬迁计划，限期解决。

7.2.4　城市中心区及人员密集的公共建筑

城市中心区是城市主要公共建筑分布集中的地区，主要由各类建筑、活动场地、绿地、环境设施和道路等构成。目前，国内城市中心区的布局形式主要有沿街线状布置和在街区内呈组团状布置两种。

1. 沿街线状布置

沿城市主要道路布置公共建筑时，应注意将功能上有联系的建筑成组布置在道路一侧，或将人流量大的公共建筑集中布置在道路一侧，以减少人流频繁穿越街道。在人流量大、人群集中的地段应适当加宽人行道，或建筑适当后退形成集散场地，减少对道路交通的影响，在过街人流较大的区域，应根据具体环境设高架或地下人行通道。商业中心可开辟步行街，避免人车混行。

2. 在街区内呈组团状布置

在城市干道划分的街区内，根据使用功能呈组团状布置各类公共建筑组群，使步行道路、场地、环境设施、绿地与建筑群有机结合在一起。这种组团式的集中布局，有利于城市交通的组织，避免城市交通对中心区域公共活动的干扰。

城市的展览馆、会展中心、体育馆、影剧院、大型商贸建筑等人员密集的建筑，应设置集散广场或场地。广场或场地宜与城市干道有良好的联系，便于平时人流和车流的集散和发生火灾时人员及物资的安全疏散。

7.2.5　城市对外交通运输设施

铁路应尽量避免分割城市、穿越居住区或易燃易爆危险化学品工厂、仓库集中的地区，防止对这些地区带来不安全因素和一旦发生火灾后，影响火灾扑救。沿水路布置的石油作业区，应建立在城市、港区、锚地、重要桥梁的下游。沿水道布置的木材作业区，应与储存和使用易燃材料的场所保持一定距离，以防止发生火灾，顺水延烧而产生严重后果。

1. 铁路客、货运站和货场

铁路客运站是人员密集的场所，应合理确定其位置。应远离易燃易爆的工厂、仓库、储罐区及易燃可燃材料堆场，布置在散发易燃易爆气体、粉尘工业企业的全年最小频率风向的下风侧，以确保安全。

货运站和货场应设置在避开易燃易爆的工厂、仓库、储罐区的安全地带。编组站应设置在城市郊外的安全地带。以大宗货物为主的专业性货运站，一般应设在城市外围，接近其供应的工业区、仓库等货物集散点；易燃、易爆物品的货运站应设在城市郊区，并有一定的安全隔离带。

2. 公路汽车客、货运站

公路汽车客、货运站的布置应方便与城市主要道路系统的联系，车流合理，出入方便，地点适中，便于旅客和货物的集散，同时又不影响城市的生产和生活。

3. 港口

港口选址应符合港口总体布局规划和当地建设条件的要求，且不能影响城市的安全，尤其是装卸危险货物的港区应远离市区。

油品码头宜布置在港口的边缘地区。河港工程的油品码头发生事故时，对下游的建筑等威胁较大，因此油品码头宜布置在港口的下游，应选择距上游建筑物、桥梁等较远的安全地带设置。当岸线布置确有困难时，可布置在港口上游。油品码头与其他码头或建（构）筑物的安全距离、码头前沿线至油罐之间的安全距离及危险品码头的布置，应当执行现行国家标准《石油库设计规范》（GB 50074—2014）的规定。

粮食装卸码头因可能会发生粉尘爆炸事故，应单独设置，与相邻建（构）筑物保持一定距离。

7.2.6 易燃易爆危险品场所及运输路线

易燃易爆危险品是城市灾害致灾源之一，需合理规划城市易燃易爆危险品的运输通道，确保运输安全。依据国家现行的有关法律法规、标准规范的规定，根据城市消防安全的客观需要，易燃易爆危险化学物品场所和设施布局的一般规定主要包括：

（1）规定易燃易爆危险化学物品场所和设施的总体布局要求。各类易燃易爆危险化学物品的生产、储存、运输、装卸、供应场所和设施的布局，应符合城市规划、消防安全和安全生产监督等方面的要求。

（2）在城市规划建成区范围内，应合理控制各类易燃易爆危险化学物品的总量、密度及分布状况，通过积极采取社会化服务模式，控制、限制、取消各社会单位分散的危险化学物品场所和设施，合理组织危险化学物品的运输线路，最大限度地从总体上减少城市的火灾风险和其他安全隐患。

各类易燃易爆危险化学物品的生产、储存、运输、装卸、供应场所和设施的布局，应与相邻的各类用地、设施和人员密集的公共建筑及其他场所保持规定的防火安全距离，并且相对集中进行设置；在规划易燃易爆危险品的运输路线时，应根据城市的产业布局及需求，划定允许通行范围和禁止通行的道路及可通行时间。易燃易爆危险品的运输区域应避开闹市集镇和繁华的街道，尽可能选择宽阔平坦的道路。同时，对城市重要景观道路及重要区域也应严格限制易燃易爆危险品运输车辆通行。

在确定危险品运输路线时，应充分考虑大风、大雾、大雨、大雪和酷暑等恶劣天气对易燃易爆危险品运输造成的影响（图7-8）。

（3）考虑到城市建成区范围的不断拓展、易燃易爆危险化学物品场所和设施的历史形成原因、土地使用的合理性和公平公正以及现行的有关政策，区别对待现状和新建的易燃易爆危险化学物品场所和设施布局。

城市规划建成区内的现状易燃易爆危险化学物品场所和设施，应按照有关规定严格控制其周边的防火安全距离。

城市规划建成区内新建的易燃易爆危险化学物品场所和设施，其防火安全距离应控制在自身用地范围以内；相邻布置的易燃易爆危险化学物品场所和设施之间的防火安全距离，按照规定距离的最大者予以控制。

（4）具体规定大中型危险化学物品场所和设施的设置要求。大、中型石油化工生产设施、二级及以上石油库等规模较大的易燃易爆化学物品场所和设施，应设置在城市规划建成区边缘且确保城市公共消防安全的地区，并不得设置在城市常年主导风向的上风向、城市水系的上游或其他危及城市公共安全的地区。

（5）规定汽车加油加气站的规划建设要求。汽车加油加气站的规划建设应符合《汽车加油加气站设计与施工规范》（GB 50156—2012）（2014年版）、《城市道路交通规划设计规范》（GB 50220—

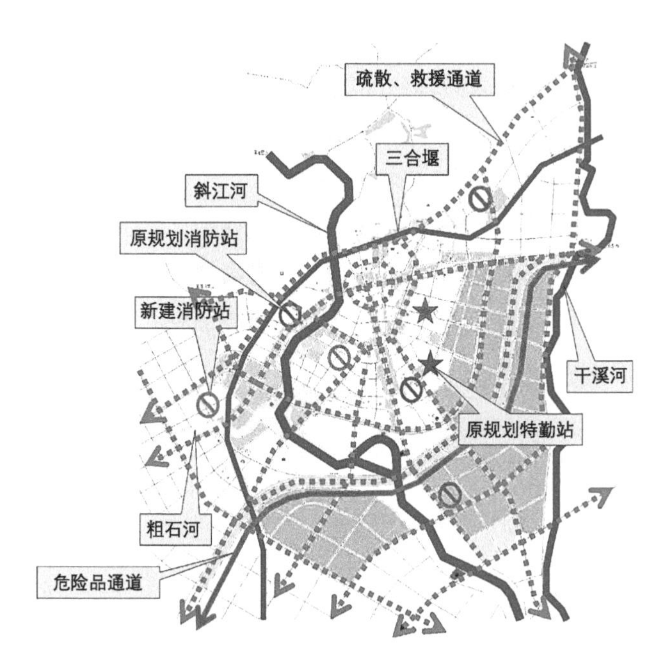

图7-8 危险品运输路线规划示意图
（资料来源：http://www.day.gov.cn/index.php/Detail?cid=1508&tid=14643）

1995）的有关规定。城市规划建成区内不得建设一级加油站、一级天然气加气站、一级液化石油气加气站和一级加油加气合建站，不得设置流动的加油站、加气站。

（6）规定城市可燃气体（液体）储配设施及管网系统的规划建设要求：城市可燃气体（液体）储配设施及管网系统应科学规划、合理布局，符合相关技术标准要求。

（7）规定危险化学物品的运输线路及高压输气管道走廊的规划建设要求：城市规划建成区内应合理组织和确定易燃易爆危险化学物品的运输线路及高压输气管道走廊，不得穿越城市中心区、公共建筑密集区或其他的人口密集区。

7.2.7　风景名胜区与古建筑

风景名胜区的规划应当执行《风景名胜区规划规范》（GB 50298—1999）。风景名胜区中建筑物的布局形式是在历史发展过程中形成的，受到众多因素的影响，风景名胜区的消防规划应考虑这些影响因素。

古建筑的布局和防火分区应按《古建筑防火管理规则》办理。对于防火间距不足或防火分区面积过大的古建筑，应采取有效措施，增强建筑物的耐火性能或进行其他有效的防火分隔。

此外，历史城区、历史地段、历史文化街区、文物保护单位等应配置相应的消防力量和装备，改造并完善消防通道、水源和通信等消防设施（图7-9）。

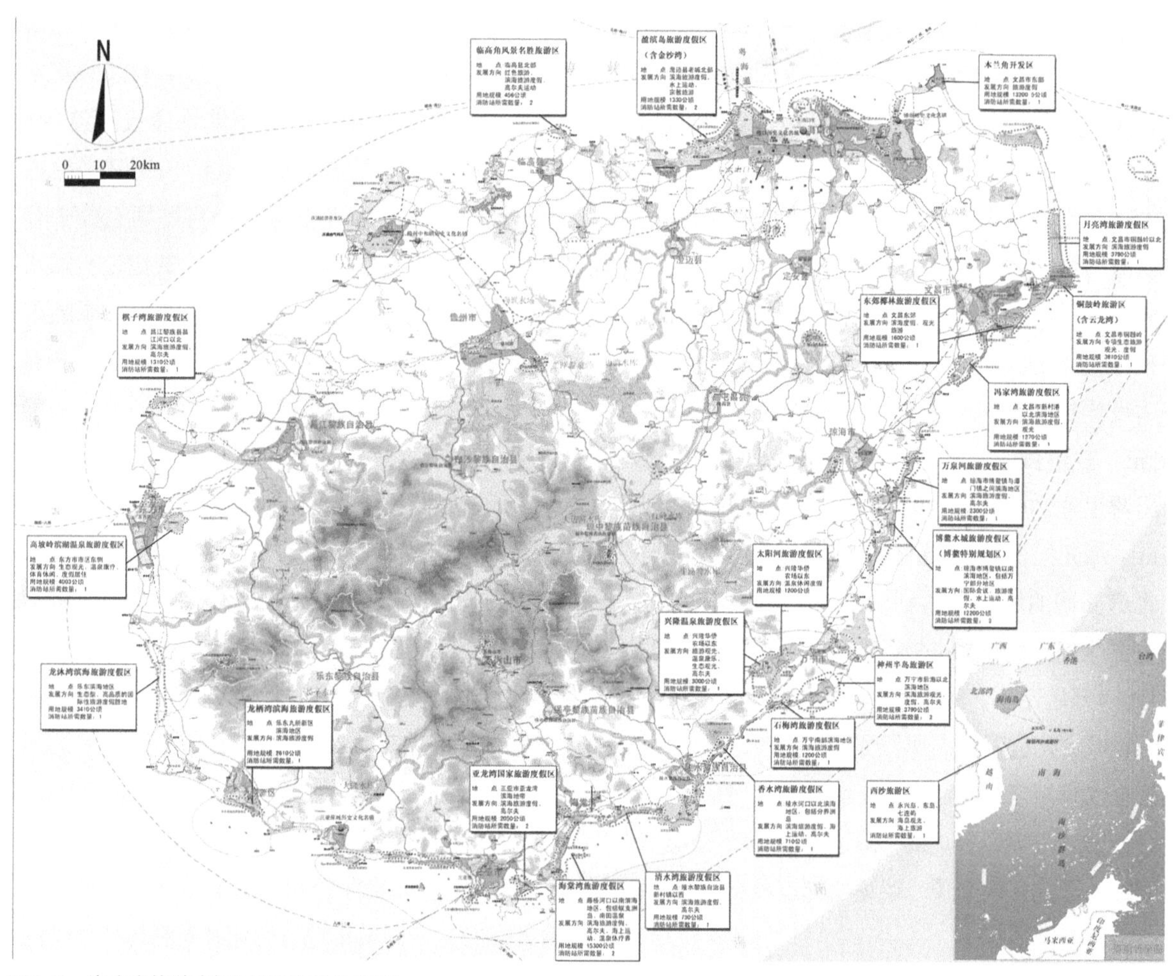

图7-9　海南省旅游度假区消防设施规划图

7.3 城市地下空间消防规划

城市地下空间的开发与利用是城市立体化发展的需要。城市地下交通隧道、地下街道、地下停车场和共同沟等地下建（构）筑物的建设与城市其他建设紧密结合，而人防工程是防备空袭、有效掩蔽人员和物资、保存战争潜力的重要设施。但地下空间火灾的严重性和危害性高于地面建筑，且扑救和疏散非常困难。因此，地下空间的开发利用必须严格遵循有关消防安全规定，以确保人员生命和财产安全。

7.3.1 国内地下空间利用现状与发展趋势

1. 国内地下空间开发利用现状

我国城市地下空间开发利用始于防备空袭而建造的人民防空工程。从1950年开始，我国人防工程建设从无到有、从小到大，有了很大的发展，取得了显著成绩，为城市发展做出了巨大贡献。

在城市交通改善方面，地下空间的开发利用发挥了积极作用。我国第一条地铁于1969年10月在北京建成通车，其后天津、上海、广州、重庆等城市地铁相继建成通车。至2015年，全国已经有39个城市建设或规划建设轨道交通，总的规划里程超过7300km。截至目前，已经有22个城市开通了轨道交通，运营里程2764km，其中北京、上海都已经超过500km，每天投资超过7.8亿元。预计到2020年全国拥有轨道交通的城市将达到50个，到2020年我国轨道交通要达到近6000km的规模，在轨道交通方面的投资将达4万亿元。

随着城市化进程的高速发展，城市道路系统中的隧道工程也有相当的发展。如上海市越江隧道、南京市中心鼓楼地下隧道等。地下隧道在中心城区可通过道路下穿，形成立体交通，避免增加过境交通量，缓解中心城区的交通压力。

地下综合体和地下街也是城市地下空间建设的重要内容。我国不少城市如哈尔滨、上海、沈阳、成都、武汉、石家庄、乌鲁木齐、西安、厦门、青岛、吉林、大连、杭州等市都建有数万至十多万平方米的地下综合体和地下街，哈尔滨市的数条地下街已连成一片，形成了规模达到25万m^2的地下城。北京中关村西区建设时，将地上地下综合开发成高科技商务中心区——中关村广场，地下建筑面积为50万m^2。中关村广场结合我国国情及自身的设计特点，营造了全国最大的立体交通网，创立了“综合管廊+地下空间开发+地下环形车道”的三位一体的地下综合构筑物模式。

2. 国内地下空间开发利用发展趋势分析

1）城市轨道交通建设必将推进地下空间资源的开发利用

根据预测分析，今后30～50年是我国城市轨道交通建设的鼎盛时期，在大城市中心区的基本建设模式是“地铁+轻轨”。由于地铁建设速度的加快，带动了沿线地域的城市更新改造，尤其是地铁站区域的地产、房产和地下空间必将得到充分的开发利用。“十三五”期间是我国城市地铁建设与城市建设整合、高效、综合开发利用地下空间资源的重要历史时期。

2）城市综合防灾建设必将推进地下空间的开发利用

开发利用地下空间，建设人民防空工程是我国的基本国策。根据分析预测，“十三五”期间及今后相当长的一段时间内，我国将有计划地持续建设人民防空工程。与此同时，须充分挖掘各类地下建（构）筑物及地下空间的防护潜能，将战争防御与提高和平时期城市抵御自然灾害的综合防灾抗毁能力相结合，综合、科学、经济、合理、高效地开发利用地下空间资源。

3）城市环境保护和城市绿地建设与地下空间复合开发将是我国城市地下空间开发利用的新动向

由于我国大城市人均绿地面积普遍很低，城市更新改造过程中，“拆房建绿”是一种基本途径。为了提高绿地土地资源的利用效率，完善该地域的城市功能，充分发挥城市中心的社会、环境和经济效益，“绿地建设与地下空间”的复合开发是一种很好的综合开发模式，已经在北京、上海、大连、深圳等大城市得到很好的验证。“复合开发”是我国城市地下空间开发利用的新动向。

4）城市基础设施更新必将会推动共同沟的建设与地下空间的开发利用

由于共同沟为各类市政公用管线设施创造了一种“集约化、综合化、廊道化”的铺设环境条件，使道路下部的地层空间资源得到高效利用，使内部管线有一种坚固的结构物保护，使管线的运营与管理能在可靠的监控条件下安全高效地进行。随着城市的不断发展，共同沟内还可提供预留发展空间，确保沿线地域城市可持续发展的需要。

5）城市土地资源紧缺要求对土地集约化利用

为解决城市发展与资源保护的矛盾，对土地的立体化利用将成为缓解土地资源紧缺的有效途径。

7.3.2　地下空间开发利用对城市消防的挑战

地下空间对于外部发生的各种灾害都具有较强的防护能力。但是，对于发生在地下空间内部的灾害，特别像火灾、爆炸等，要比地面建筑危险得多，防护的难度也大得多，这是由地下空间比较封闭的特点所决定的。目前，地下空间利用还处于开始阶段，对地下空间火灾的防治处置还缺乏足够的经验，在消防规划和设计中面临一些新的问题。

1. 防火分区

随着城市的发展，增大了对大空间的需要，也推动了地下空间大连通、大深度的发展模式。而对城市防灾来讲，设置合理的防火分区，在地下空间防灾中具有重要的作用。地下空间的整体利用及使用功能的多样化，用火场所的相应增加，使其与防火分区设置的矛盾愈发突出。另外，各种交通的互换及地下空间单元的互通、大量中庭空间的使用也对地下空间的横向与竖向防火带来了新的课题。

2. 安全疏散

地下空间中发生火灾造成的危害比其他建筑空间更为严重。因为在地下空间中，火势蔓延的方向和烟的流动方向与人员撤离时的走向一致，都是自下而上，并且火的燃烧速度和烟的扩散速度远大于人员的疏散速度。同时，在出入口处由于烟和热气流的自然排出及疏散出口与扑救进口的同一性，给消防人员进入地下空间灭火造成了很大的困难。其次，地下空间主要采用人工照明，在发生火灾时能见度大大降低，更加剧了人员的紧张、恐怖心理，混乱程度比在地面上要严重。地下空间大规模、大深度、综合化的开发发展趋势，必将给地下空间的安全疏散带来更大的挑战。

3. 防烟排烟

由于地下空间的封闭性，火灾时新鲜空气得不到及时补充而形成不完全燃烧，从而产生更多烟气；燃烧生成的热量和烟气滞留在地下空间内部而得不到有效的排除；再加上地下空间体积相对狭小，缩短了烟气充满整个空间的时间。因此，地下空间火灾的烟气危害比地面建筑发生火灾时更为严重。

4. 火灾扑救

地下空间发生火灾后，烟雾充满整个地下空间，使消防人员难以侦察火情和判明着火点，不能实施有效的指挥和救援。同时，由于缺乏相应的灭火救援装备，使火灾扑救工作变得十分困难，消防人员在扑救过程中所付出的代价也要比扑救地面建筑火灾时大得多。

5. 消防设施

目前，地面上使用的一些消防设施无法完全满足地下空间的消防需要，无法灵活、机动地适应地下空间内高差、口部相对较小，火灾发生后烟气较重的环境。

7.3.3 地下空间消防规划措施

针对地下空间开发利用面临的主要问题，在消防规划中应采取相应的措施。

1. 强化对地面出入口的预留控制

地面出入口是地下空间与地面空间的主要联系通道，在地下空间人流集散与安全保障上有着重要的作用，只有合理地预留地下空间的地面出入口，才有利于地下空间的开发建设，保证城市空间拓展的可持续性，使地下空间资源能得到有效的利用，不至于影响地下空间的疏散与其他防灾设施的建设。

同时，规模较大的地下商业街，必然会形成若干个独立的防火防烟分区，每个防烟分区一般均有独立的排烟竖井和进风竖井，加上各个防火分区独立的疏散楼梯口（1~2个）以及正压送风井等，随着地下空间规模的增大其数量不可小视。另外，排烟竖井和进风竖井的设置还应考虑避免地下空间产生“回流式”爆炸等因素。因此，若不提前在城市总体规划中预留相关位置，建设的难度将大大增加。

2. 强化对地下空间下沉式广场的设置与规划

深层地下空间由于疏散距离长、烟的走向和人的疏散方向一致，人们很难迅速脱离危险，甚至有时会出现气体爆炸而破坏地下设施堵塞退路。因此，需要有安全的人员避难场地，而在地下空间内如何设置避难场地、如何解决避难场地与整个城市地下空间开发的矛盾一直较难解决。在避难场地的设置上，应结合火焰与烟气具有向上蔓延的方向性，设置下沉式空间（图7-10），也可设置采光的中庭广场（图7-11）或开敞式的下沉广场（图7-12）。一方面在灾难发生时，采光顶是天然的大坐标，增强了人们的方向感，便于人员的疏散。另一方面，下沉式广场的采光顶便于内部热烟气的排出及室外新鲜空气的进入，同时也极大地方便了消防人员和消防装备的进入。

在城市规划中，可以在各地下空间单元之间设置开敞式的下沉广场。既可形成天然的防火、防烟分区，解决大空间需要设置防火墙带来的不便，又可方便联系周边地下空间，实现地下空间的互联互通。

3. 强化对地下空间开发利用功能的规划

在地下空间的开发利用上应结合功能的适宜性和安全性，与地上功能相协调，坚持“人在上，物在下”，“短时间活动在深层，长时间活动在浅层”，“人员较少在深层，人员集中在浅层”的原则安排地下空间相应的功能。在功能规划上，避免将一些易燃易爆的材料用于有人地下空间的建设与使用，以保证地下空间的安全使用。

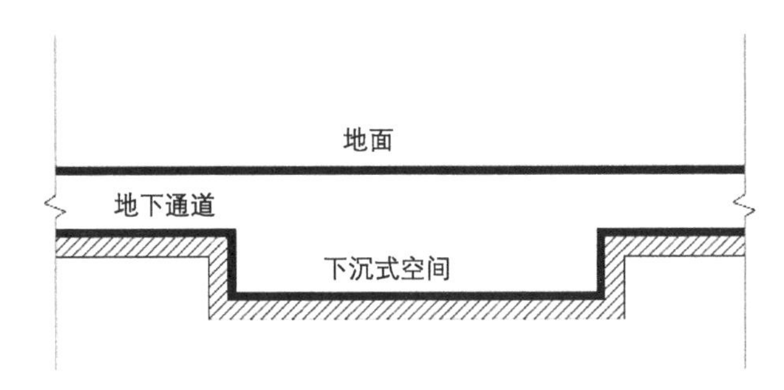

图7-10 下沉式空间

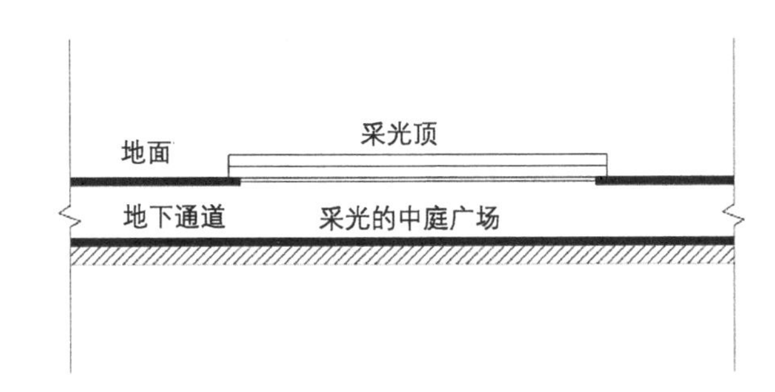

图7-11 中庭广场

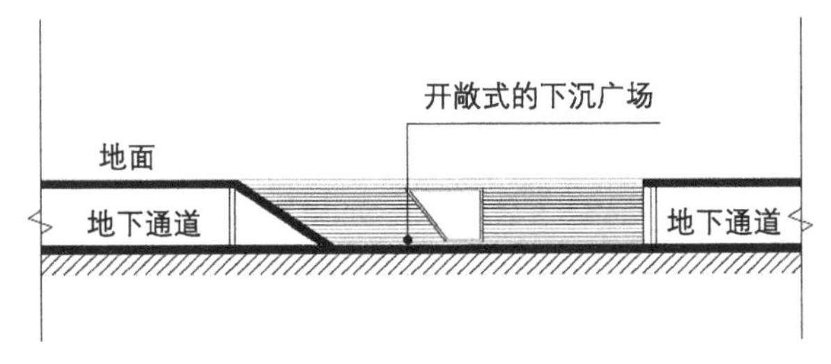

图7-12 下沉广场

地下空间作为一种公共资源应体现公共性，可主要布置满足城市运行的基础设施系统，例如：地下交通系统、地下市政基础设施系统、地下公共服务设施系统、城市防灾以及生产仓储设施。

4. 强化适应大规模地下空间的疏散通道与灭火救援通道的设置

在地下建筑设计中，尽可能在室内外环境间提供视觉上的联系，以加强方向感，并强调应急出口。疏散通道要有足够的宽幅，要保证疏散通道空间上的通视，不应在水平通道上设台阶，防止人员疏散时跌倒，堵塞道路。要注意设置适合大规模地下空间的疏散指示系统，该系统应是集具有能显示人所在位置及疏散方向的电子疏散图示系统和双向互通语音系统等功能为一体的综合声光疏散指示系统。同时，还应注意发挥消防电梯在地下建筑尤其是相对深层的地下建筑的疏散作用。

应结合残疾人无障碍出入口的设置，规划预留消防机器人和轻型消防装备及灭火救援的通道。

5. 加强对地下空间消防救援设备研发力度及相关问题的深入研究

随着地下空间大规模的利用，在地下空间中人类活动的范围更加广泛、频繁，对消防要求也越来越高，救援难度变大，以前使用的消防装备和技术手段无法满足发展需要。为了更好地保障城市公共安全，满足城市空间的拓展，应加强下列地下空间消防救援设备的研发力度：

（1）研究更适合地下建筑的自动报警设备。

（2）研发适合地下空间的多功能消防机器人。

（3）研发能帮助人们疏散及灭火救援的烟雾浓度（包括烟的走向）监测系统。

（4）研发适合地下空间的低耗水量灭火系统。

（5）研究大型地下中庭共享空间防火和大深度地下空间变形缝防火等难题。

（6）加强对大型地下空间消防管理的研究。

7.4 城市防灾避难场所

城市的防火隔离带、防灾避难场所及特殊危险场所的防灾缓冲绿地是城市消防安全布局中比较重要的内容和措施。国内的有关规定文件，如现行的国家标准《城市道路交通规划设计规范》（GB 50220—1995）、行业标准《公园设计规范》（CJJ 48—1992）等对道路、广场和公园的具体指标要求中，很少从防灾的角度系统地考虑这些措施。应结合城市道路、广场、运动场、绿地等各类公共开敞空间的规划建设，考虑城市综合防灾减灾及消防安全的需要，规定城市防灾避难疏散场地的设置要求。本节是在参照国外有关技术资料的基础上，结合我国实际情况，对城市避难场所规划提出意见。

7.4.1 防火隔离带

城市的防火隔离带是指在城市内纵横配置，把城市分隔成区域防火分区，防止火灾从一个分区往另一个分区蔓延，阻止城市大面积火灾延烧，起着保护生命、保护财产和城市功能作用的空间隔离带。

形成防火隔离带的方法：确保距离和提供隔离物相结合，并促使其周边的难燃化。确保距离是指保留一定的空地，将区域的火灾改变成难于成片燃烧的状况。隔离物是指能遮挡火灾的垄土、水、广场、构筑物、耐火等级高的大型建筑物等。周边的难燃化是指提高周边耐火等级高的建筑比率。

采用耐火等级高的建筑物作为隔离物构成连续的防火隔离带时，建筑物要在一定的高度以上，并且这些起到防火隔离带作用的建筑物高度尽量保持一致。

7.4.2 防灾避难场所

考虑到地震和战争可能引发的大规模火灾等各种可能出现的情况，为优先保护人员生命安全而设置避难场所，在城市的防灾计划中就显得更为重要。

避难场所是指避难圈域中的避难场地和避难道路。

1. 避难圈域

所谓避难圈域是指前往避难场地避难的人们居住或滞留的范围。这种避难圈域以区域内最终的总避难场所为中心，范围宜在2～4km以内。城市应规划和建设以区域内最终的总避难场所、公园和绿地为核心，河川、道路、广场和不燃及难燃化建筑等组成的避难圈域。

2. 避难场地

是指供火灾时避难用的公共场所。避难圈域内避难场地的类型有总的避难场所和临时避难场地。

总的避难场所是受灾居民最终避难至恢复正常时的居留地，其主要的构成设施是公园、绿地、广场、河川地、一二级耐火等级的住宅小区、学校及运动场、储存仓库、防灾器材仓库等，大的规模一般在10～25hm^{2}以上，小的规模一般在2～3hm^2，城市防灾避难疏散场地的服务半径宜为0.5～1.0km。

总的避难场所应具备的条件。其规模和结构可以保护避难者的生命，具有能收容所有滞留在避难圈域内人员的面积；避难场地的位置要设在被区域大火包围前能够到达的位置；储备一定数量的饮水、食品、药品、被服等，具备维持数日的避难生活功能。

在确定避难场地容量时，要考虑避难圈域内的人口密度。人口数量过密，在避难时会产生各种问题，如使避难场地的容量变得不够用，人群滞留在避难道路上会发生群体恐慌问题。总的避难场所的避难有效面积是以收容的人数除以每个避难者的需要面积得出的，每个避难者需要的面积要考虑避难场地的形状、避难滞留时间、避难时的行动等情况，一般为1～2m^2。避难圈域内的人口，包括常住和临时滞留的人口，以夜间或白天多的数量为计算基准。

一旦避难场地建设完成，容量已经确定，管理时要控制该区域维持一定的人口数量，使避难圈域内的人口数量不超过总的避难场所能够收容的人数，也不超过避难道路的容量。

3. 避难道路

避难道路是指通往避难圈域内最终的总的避难场所的道路、绿地或绿化道路，能让避难圈域内的市民迅速、安全地往该避难圈域内的总的避难场所进行避难。

避难道路的配置要把避难圈域内最终的总的避难场所、临时避难场地及周边的安全空地相连接，构成网络。配置还要考虑日常生活的问题。

避难道路应具备的条件。具有疏散人员不滞留、能顺利避难的宽度，避难的障碍物要少，能双向避难。

避难道路宽度应确保与避难圈域人口相应的有效宽度，原则上是20m以上。需要时可以采取新设或拓宽避难道路等措施。

城市在进行规划、确定具体指标时，需要综合考虑防灾、消防、规划、园林、绿化、道路等各专业的需求和可行性，经过各有关部门共同商讨确定。

城市道路和面积大于10000m^{2}的广场、运动场、公园、绿地等各类公共开敞空间，除满足其自身功能需要外，还应按照城市综合防灾减灾及消防安全的要求，兼作防火隔离带、避难疏散场地及通道。

7.4.3 特殊危险场所的防灾缓冲绿地

有爆炸危险物品集中的场所，特别是石油化工企业区域，是大规模危险物品集中的地域，一旦发生火灾容易引发爆炸，且火灾扩展速度快，不仅波及企业内部，也会对周边的城市地区造成重大灾害。因此，为防止灾害区域的灾害波及周边城市地区，必须加强预防措施，预防措施一般包括配备耐火、抗震的设施和设备，限制设施的规模和容量，限制用地方位和布局，配备防灾器材、装备和加强消防力量，设置缓冲绿地，制定防灾管理体制，加强行政指导和社会监督，迁移周边的建筑，设置避难设施等。

为了减小石油化工等企业火灾及爆炸损失，要努力采取措施，使其不发生大规模的火灾及爆炸事故。但是为了防止意外，这类场所与城市周边地区要确保充分的距离和应有的空地，或者配置遮断物。

配置遮断物的具体方法就是设置防灾缓冲绿地。这种防灾缓冲绿地是具有一定宽幅的树林带。缓冲绿地或类似设施的设置，首先需要分析和确定石油化工企业等火灾对周边地区的影响。要预设在这些场所发生油罐火灾和液化气储罐爆炸等事故时，其辐射热和爆炸风压将会给人、房屋造成多大的灾害，分析可燃液体储罐全面火灾辐射热的影响范围、可燃液体流出火灾辐射热的影响范围、可燃气体（包括液化气、压缩气体）泄漏发生爆炸时爆炸风压的影响范围等。

第8章　城市公共消防基础设施规划

消防站布局、城市公共消防设施（包括消防通信、消防供水、消防车通道等）和消防装备是城市消防规划的重要内容。编制合理的城市公共消防设施和消防装备规划，对促进城市消防建设具有重要的指导意义。

8.1　消防站布局规划

城市消防站是灭火救援力量的基本组织单位，担负着城市灭火的主要职责，而且，为了充分发挥消防队伍出动迅速和人员技能、器材装备方面的优势，更好地为经济建设和社会服务，消防队伍除承担防火监督和灭火任务外，还要积极参加其他灾害事故的抢险救援，随时接受各单位和人民群众的报警求助，成为城市紧急处置各种灾害事故、抢险救援的一支突击队。因此，必须高度重视城市消防站的合理布局和配套建设（特别是基础装备的配置），提高城市灭火、抢险救援的综合实力和整体能力，以确保城市消防安全。

消防站是城市公共消防设施的重要组成部分，是公安消防中队的驻地，是城市扑救火灾和处置灾害事故的基本战斗单位，在消防保卫实践中发挥着重要的作用。消防站建设应纳入城市总体规划和详细规划之中，统一规划，同步实施（图8-1～图8-9）。

8.1.1　消防站布局规划的目的与作用

消防站布局规划是指在城市规划区范围内，依照城市紧急救援的时间和空间要求，对消防站布点进行合理安排，满足城市对消防紧急救援快速响应的需求。消防站布局规划应提出消防站数量、位置、辖区范围、辖区面积等布局规划指标，确保满足消防车从出动至到达现场不超过5min的时间要求。

8.1.2　消防站布局规划的原则

1. 快速响应、迅速出动的原则

合理确定消防站的服务半径，是消防队快速响应、迅速出动，及时有效地控制和扑灭火灾的基本条件之一。在规划消防站布局时，一般应以接到出动指令后5min内执勤消防车可以到达辖区边缘作为原则。5min时间是由我国的15min消防时间确定的。如果消防队能在火灾发生后的15min内开展灭火战斗，将有利于控制和扑救火灾。否则火势将迅速蔓延，造

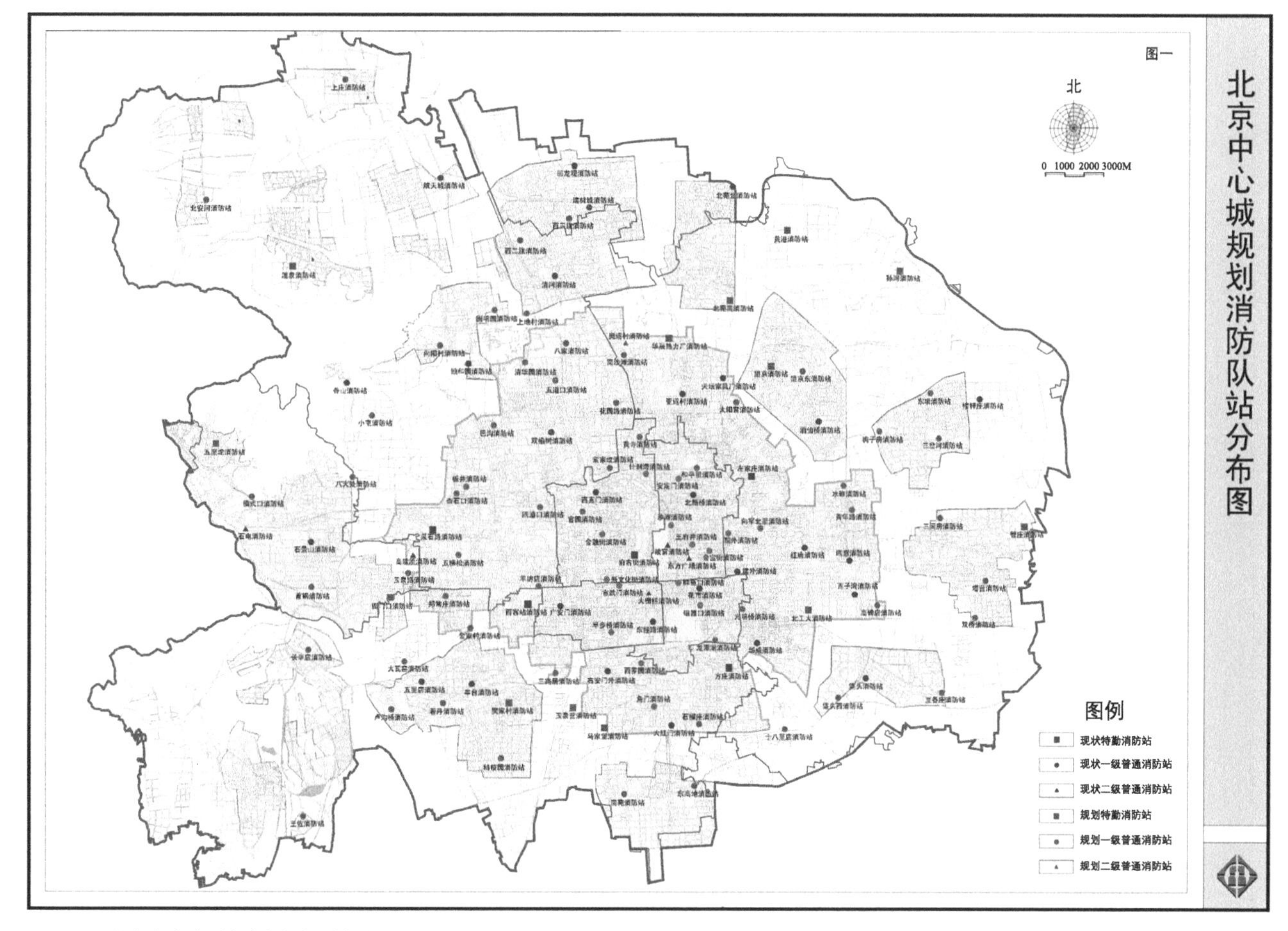

图8-1　北京市中心城规划消防队站分布图

（资料来源：http://www.bjghw.gov.cn/web/static/articles/catalog_30100/article_ff80808122dedb360122ee6286360037/ff80808122dedb360122ee6286360037.html）

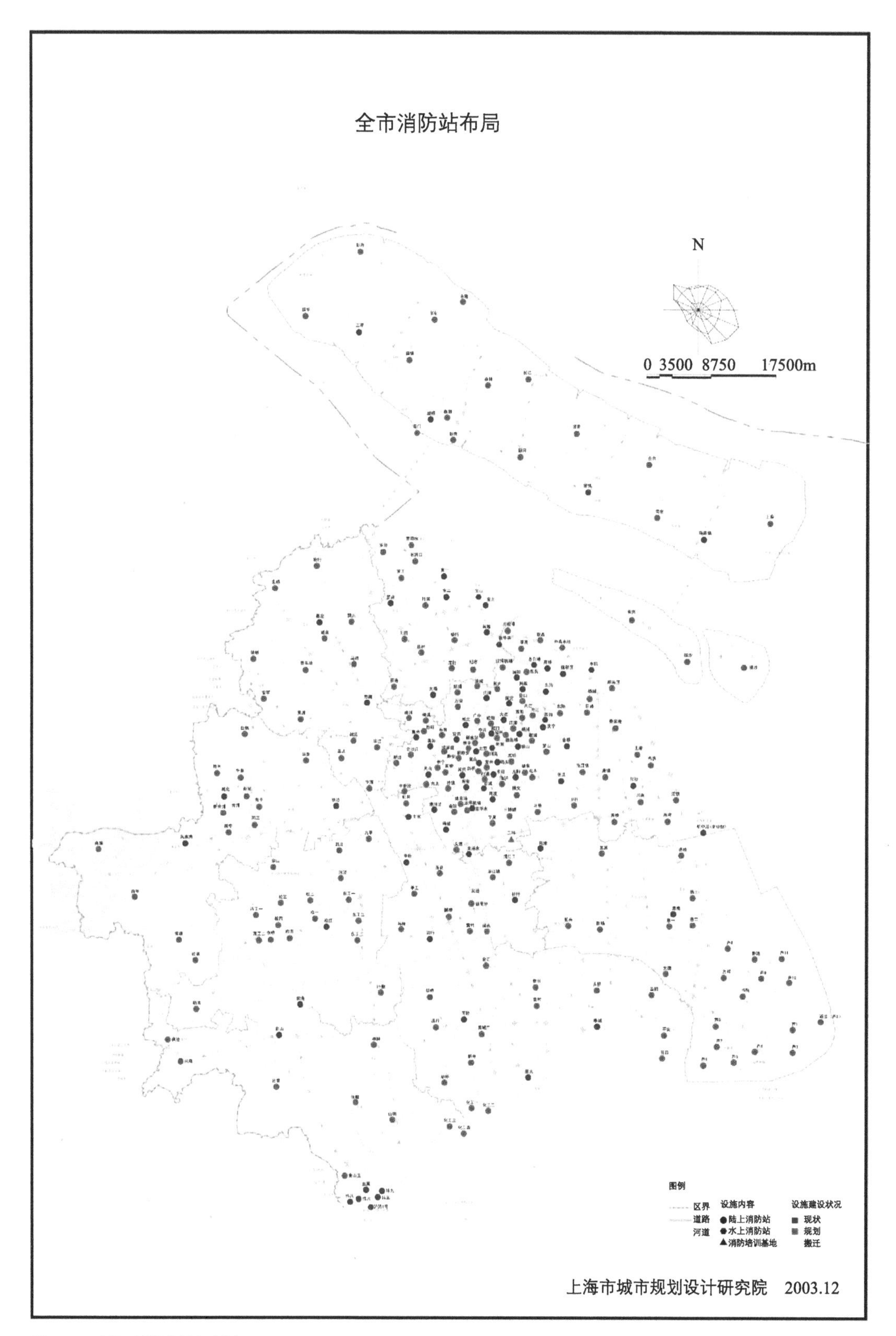

图8-2 上海市消防站规划布局
（资料来源：《上海市消防规划（2003—2020年）》）

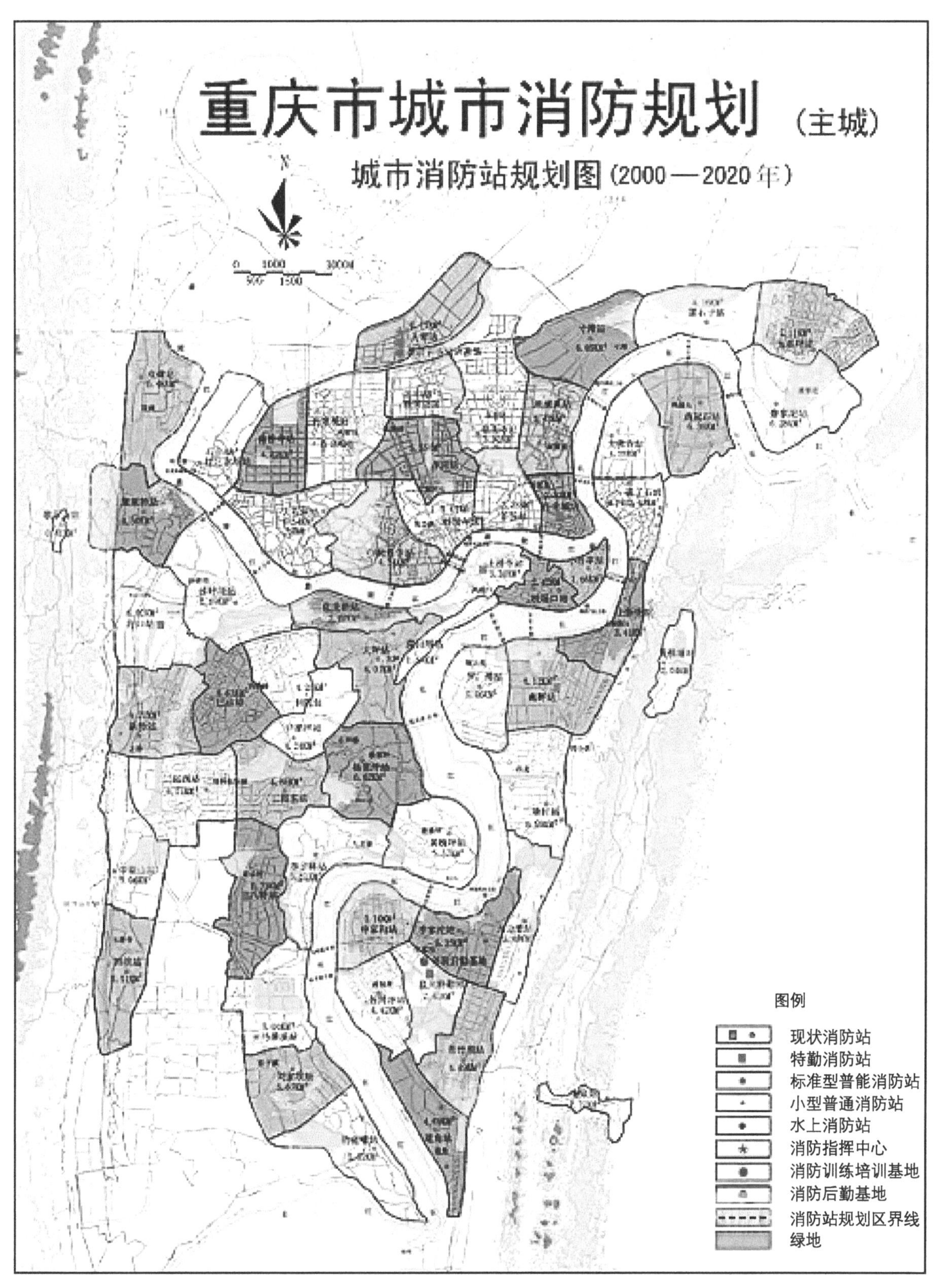

图8-3　重庆市城市消防规划（主城）——城市消防站规划图（2000—2020年）
（资料来源：http://www.cqghy.com/index.php/Index/show_info?id=225）

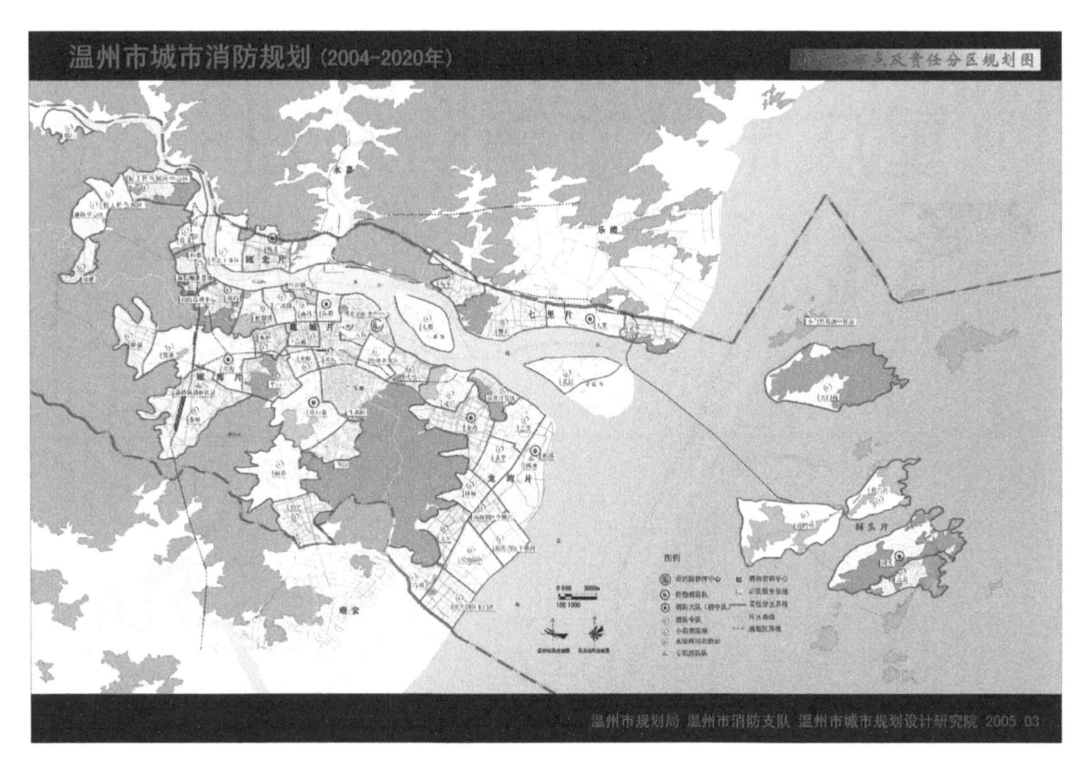

图8-4 温州市城市消防规划——消防站布点及责任分区规划图（2004—2020年）
（资料来源：http://www.tranbbs.com/Advisory/Urban/Advisory_12749.shtml）

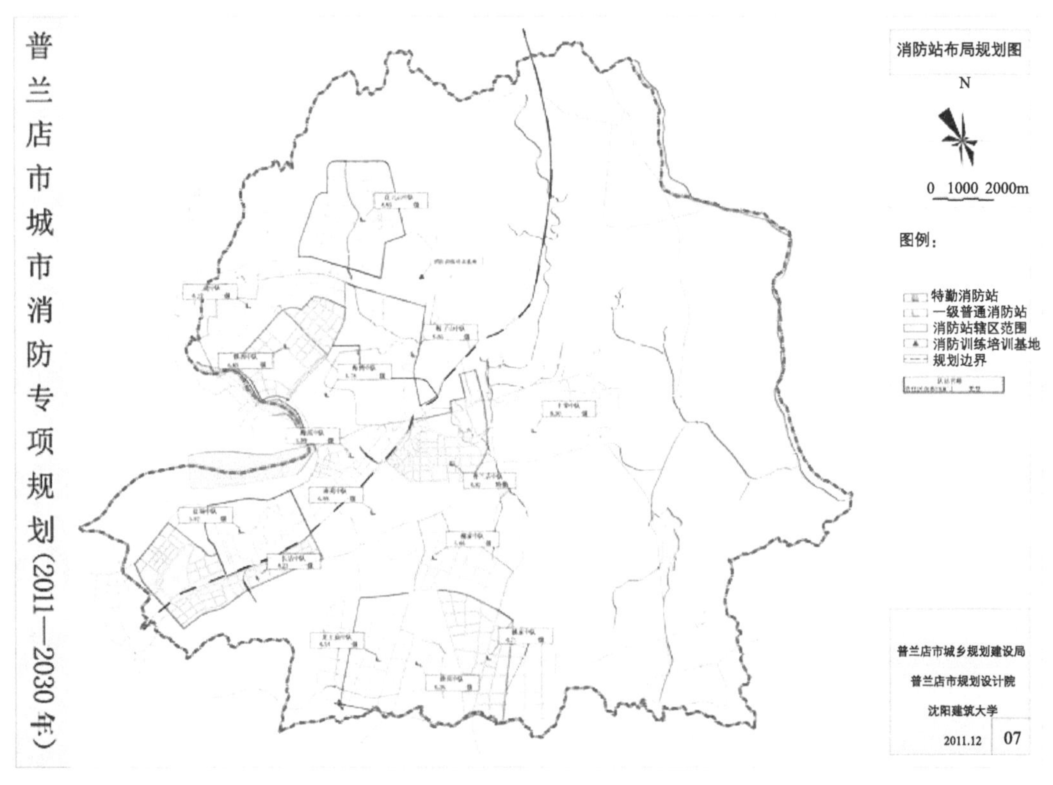

图8-5 普兰店市城市消防专项规划——消防站布局规划图（2011—2030年）
（资料来源：http://www.pwxqw.com/news/pic_view.aspx?id=104）

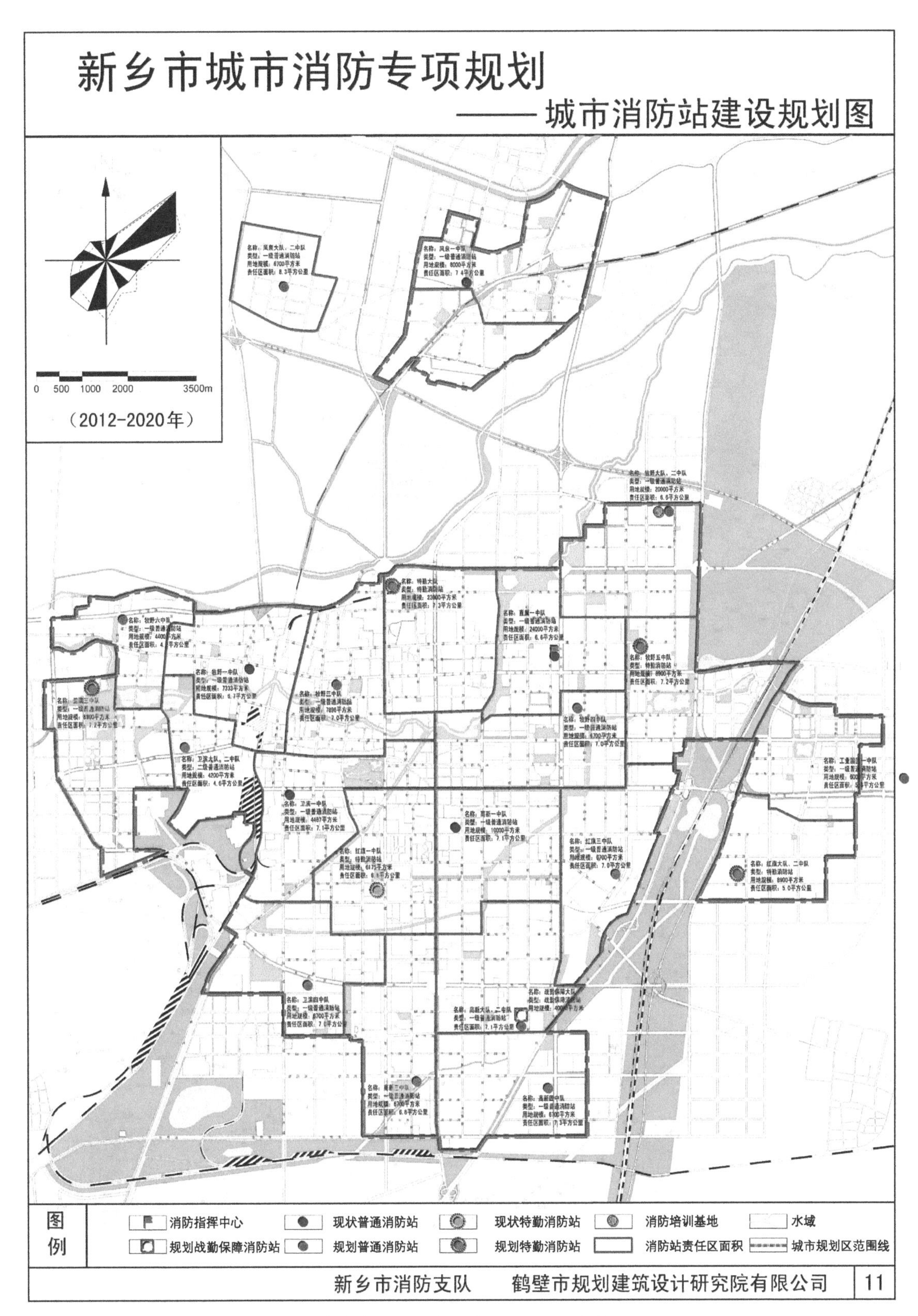

图8-6　新乡市城市消防专项规划——城市消防站建设规划图（2012—2020年）
（资料来源：http://www.xxghj.gov.cn/spectacle/article.aspx?sid=42c036d4d2c811cb）

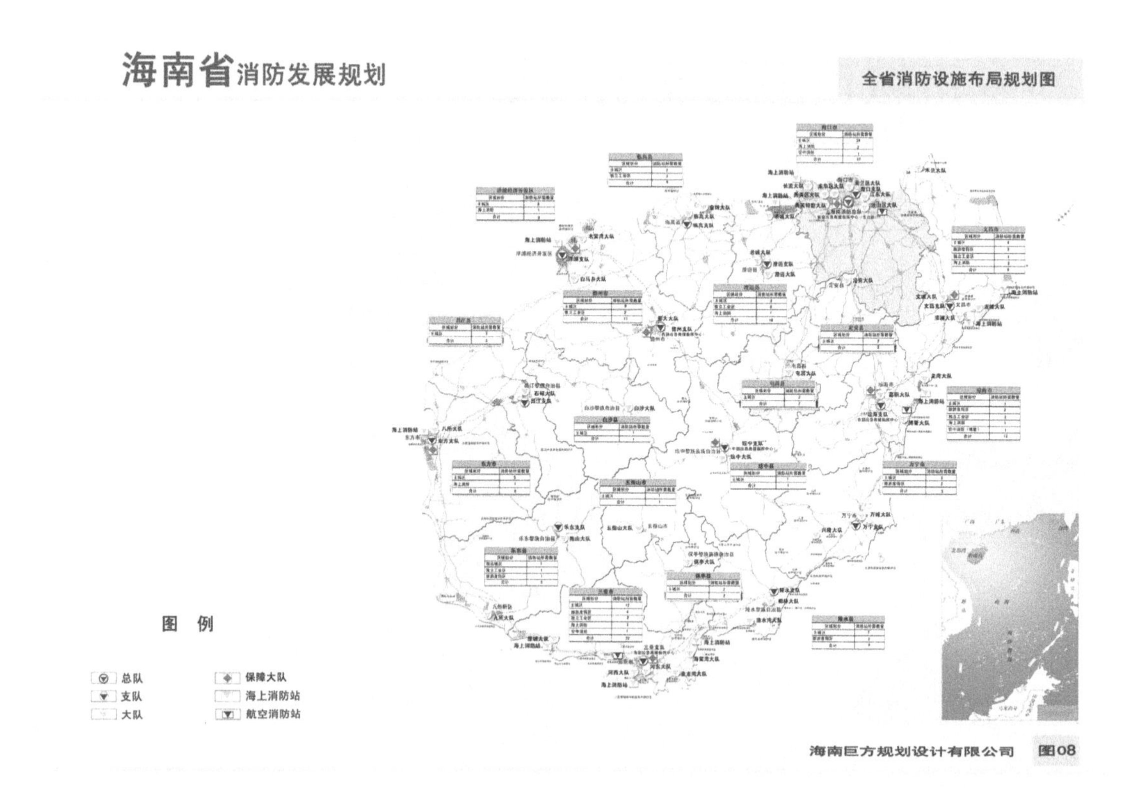

图8-7 海南省消防设施布局规划图（《海南省消防发展规划（2011—2020）》）

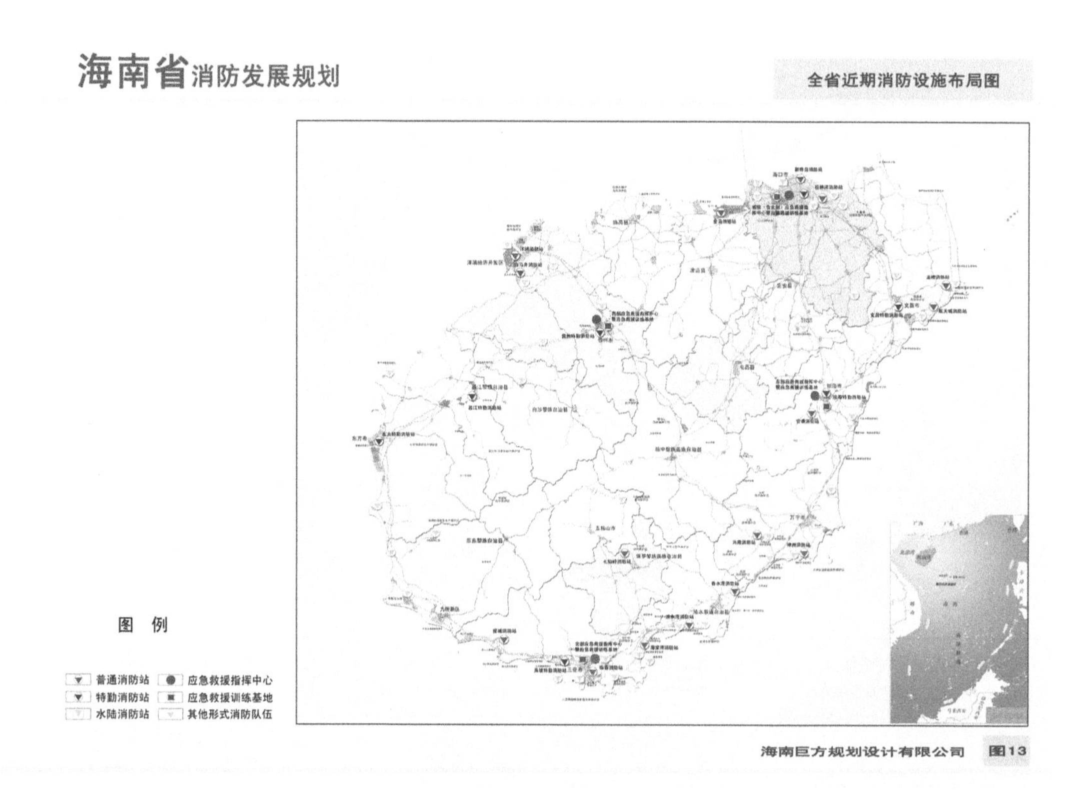

图8-8 海南省近期消防设施布局图（《海南省消防发展规划（2011—2020）》

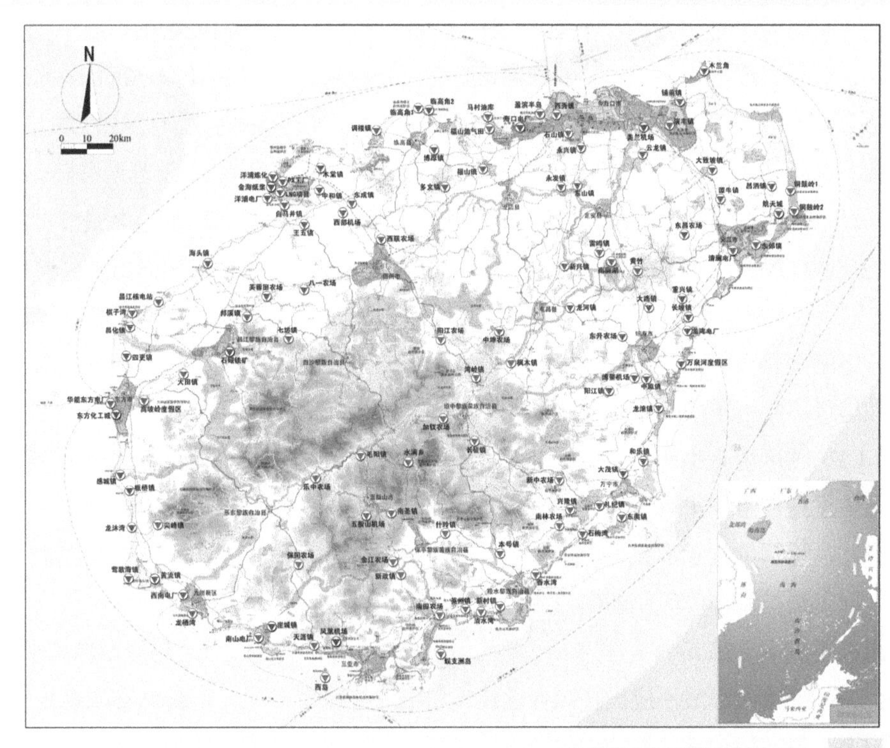

图8-9　海南省多种形式消防队伍规划图（《海南省消防发展规划（2011—2020）》）

成严重的损失。15min的消防时间分配为：发现起火4min、报警和指挥中心处警2.5min、接警出动1min、行车到场4min、开始出水扑救3.5min。

2. 因地制宜、适当超前的原则

因地制宜，就是要求充分考虑城市消防重点单位分布、人口密度、建筑状况以及交通道路、水源、地形等各种因素，并结合当地经济和社会发展的条件，确定消防站布局规划。可根据城市不同区域火灾风险的差异对消防站响应时间作适当调整。

适当超前，就是要求在进行消防站布局规划时，应考虑城市建设和社会经济发展及灾害变化的趋势，预留消防站发展建设空间，使规划具有前瞻性。

3. 均衡布局、突出重点的原则

均衡布局，就是根据消防站布局规划的一般原则，总体上应均匀设置消防站。同时，还要考虑不同区域火灾风险的差异，重点规划好专勤消防站和中心消防站。

8.1.3　消防站布局规划的内容

消防站布局规划主要包括以下内容。

1. 消防站的数量

消防站的数量基本上决定了城市消防站总体建设的投资规模。消防站数量是否充足，直接关系到城市消防安全。若消防站数量过少，城市消防安全将难以保证；若消防站数量过多，地方经济可能难以承受。因此，科学合理地确定消防站的数量，是消防站布局规划的重要内容之一。

2. 消防站的位置

消防站的位置关系到消防部队是否能够及时实施辖区保护，是否能够及时实现消防部队之间的增援。因此，科学合理地确定消防站的位置，是确保和提高消防部队出警效率的必要条件。消防站的选址一般应符合下列条件：

（1）应设在辖区内的适中位置和便于车辆迅速出动的临街地段，其用地应满足业务训练的需要。

（2）其主体建筑距医院、学校、幼儿园、托儿所、影剧院、商场等容纳人员较多的公共建筑的主要疏散出口不应小于50m。

（3）辖区内有生产、贮存危险化学品单位的，消防站应设置在常年主导风向的上风或侧风处，其边界距上述危险部位一般不宜小于200m。

（4）消防站车库门应朝向城市道路，至道路红线的距离不应小于15m。

（5）消防站一般不应设在综合性建筑物中。特殊情况下，设在综合性建筑物中的消防站应有独立的功能分区。

3. 消防站的辖区确定

合理划分消防站辖区范围，也是确保和提高消防部队出警效率的必要条件。由于城市不同区域的消防安全状况不同，人口、地形等情况差别很大，因此，消防站的辖区面积很难统一规定。消防站辖区面积的大小与城市消防站总体布局密切相关。科学合理地确定消防站的辖区面积，能够确保消防站布局规划与地区火灾危险性和消防保卫需要相匹配。消防站的辖区面积应按下列原则确定：

一级普通消防站的辖区面积不应大于7km^2；二级普通消防站辖区面积不应大于4km^2；设在近郊区的普通消防站应以接到出动指令后5min内可到达辖区边缘为原则确定其辖区面积，其辖区面积不应大于15km^2。也可针对城市的火灾风险，通过评估方法确定消防站的辖区面积。特勤消防站兼有辖区消防任务，其辖区面积同普通消防站。

4. 消防站的类别

消防站的类别，是确定消防站建设规模以及消防车辆配备的重要依据。按照《城市消防站建设标准》（建标152—2011）的规定，消防站可分为普通消防站和特勤消防站两类。普通消防站可分为一级普通消防站和二级普通消防站。城市必须设立一级普通消防站；地级以上城市（含）以及经济较发达的县级城市应设特勤消防站；城市建成区内设置一级普通消防站确有困难的区域，经论证可设二级普通消防站；有任务需要的城市可设水上（海上）消防站、航空消防站等专业消防站。有条件的城市，应形成陆上、水上、空中相结合的消防立体布局和综合扑救体系。

8.1.4 消防站布局规划的具体要求

1. 与城市总体规划相匹配

消防站布局规划应与城市总体规划相匹配，与城市总体规划建设相统一，同步协调发展。应做到：

（1）根据城市性质、发展规模、特点及规划期限，合理布局规划消防站。

（2）近期与远期规划相结合，分批建设或有选择地对某些站点提前建设，优先满足近期消防站布局规划建设需求，逐步达到远期消防站布局规划建设目标。

（3）规划新建与旧站改造相结合，在旧城改造与新区规划过程中，应根据现有消防站布局状况，对不适应城市消防安全需求的消防站提出改造、迁移计划，积极改善老城区消防站的条件；对辖区过大的老城区，应适当增补消防站，以不断满足城市发展对消防安全的需求；对新规划的区域则应同步规划消防站。

2. 加强专勤消防站规划建设

在公共消防站的规划中，应针对城市不同区域的不同灾害特点，合理规划和建设专勤消防站。对经济技术开发区、高新科技园区、高层建筑集中地区、大型地下公共活动设施、重要港口、车站、机场等消防重点保护目标比较多的区域，可规划建立各种类型的特种专业消防站。如结合城市地下空间的开发利用，可合理规划建设处置地下灾害的专勤消防站；为了适应海、陆、空立体抢险救灾的需求，可合理规划水上消防站、航空消防站等。在这些消防站中可配置一批特种抢险救援器材，以满足各类灭火救援任务的需要。

3. 合理配置、优化组合消防站群

当处理重特大灾害事故时，一个辖区的消防力量往往难以胜任。在公共消防站布局规划时，应考虑后续响应、增援作战、协同作战的要求，统筹考虑毗邻和周边消防站的配置，充分发挥中心消防站的辐射作用，集中优势力量，实现资源共享，避免重复规划建设，实现消防资源的效益最大化。

8.1.5 消防站设置要求

8.1.5.1 陆上消防站

1. 陆上消防站的设置应符合下列要求

（1）与《城市消防站建设标准》（建标152—2011）的有关规定协调并基本一致。城市规划建成区内应设置一级普通消防站。城市规划建成区内设置一级普通消防站确有困难的区域可设二级普通消防站。消防站不应设在综合性建筑物中；特殊情况下，设在综合性建筑物中的消防站应有独立的功能分区。

（2）考虑到我国不同地域的城镇规模和社会经济发展水平的差异、发达地区和城镇的消防安全客观需求、城市行政级别与城市发展规模的不一致等因素，进一步规定了特勤消防站的设置要求；中等及以上规模的城市、地级及以上城市、经济较发达的县级城市和经济发达且有特勤任务需要的城镇应设置特勤消防站。而且，国内许多城市的消防规划实践中，规定特勤消防站的特勤任务服务人口一般不宜超过50万人/站。

（3）考虑到未来一定时期内消防科学技术发展和城市消防设施建设发展的需要，规定了消防设施备用地的设置要求。中等及以上规模的城市、地级以上城市的规划建成区内应设置消防设施备用地，用地面积不宜小于一级普通消防站；大城市、特大城市的消防设施备用地不应少于2处，其他城市的消防设施备用地不应少于1处。

2. 陆上消防站的布局应符合下列要求

（1）城市规划区内普通消防站的规划布局，一般情况下应以消防队接到出动指令后正常行车速度下5min内可以到达其辖区边缘为原则确定。

火灾发展过程一般可以分为初起、发展、猛烈、下降和熄灭五个阶段，一般固体可燃物着火后，在15min内，火灾具有燃烧面积不大、火焰不高、辐射热不强、烟和气体流动缓慢、燃烧速度不快等特点，如房屋建筑火灾15min内尚属于初起阶段。如果消防队能在火灾发生后的15min内开展灭火战斗，将有利于控制和扑救火灾，否则火势将猛烈燃烧，迅速蔓延，造成严重的损失。15min的消防时间分配为：发现起火4min、报警和指挥中心处警2.5min、接到指令出动 1 min、行车到场 4 min、开始出水扑救3.5min。“5min时间”是由“15min消防时间”分配而来的，这个原则也是多年来实际工作中一直遵循的。

从国外一些资料来看，美国、英国的消防部门接到指令出动和行车到场时间也在5min左右，日本规定为4min，也基本与我国规定的5min的原则吻合。

考虑到城市不同区域火灾风险差异，特殊情况下消防站“5min”响应时间可作适当的调整。

（2）规定了各类陆上消防站的辖区面积。即：一级普通消防站的服务区面积不应大于7km²；特勤消防站通常兼有常规消防任务，其常规任务服务区面积同一级普通消防站；二级普通消防站的服务区面积不应大于4km²。设在近郊区的普通消防站仍以消防队接到出动指令后5min内可以到达其服务区边缘为原则确定服务区面积，其服务区面积不应大于15km²；有条件的城市，也可针对城市的火灾风险，通过评估方法合理确定消防站服务区面积。

消防站的服务区面积是根据消防车到达其服务区最远点的距离、消防车时速和道路情况等综合确定的。根据对北京、上海、沈阳、广州、武汉、重庆等23个城市的实际测试结果，并考虑我国城市道路的实际状况，按消防站服务区面积计算公式来确定服务区面积。消防站服务区面积计算公式是：

$$A=2R^2=2\times(S/\lambda)^2$$

式中 A——消防站服务区面积（km^2）；

R——消防站至服务区最远点的直线距离，即消防站保护半径（km）；

S——消防站至服务区边缘最远点的实际距离，即消防车4min的最远行驶路程（km）；

λ——道路曲度系数，即两点间实际交通距离与直线距离之比，通常取1.3～1.5。

按照这个公式，根据2005年国内部分城市在不同时段消防车的实际行车测试，并考虑到国内城市道路系统大多是方格式或自由式的形式，计算得出消防车平均时速为30～35km，道路曲度系数取1.3～1.5，得出消防站服务区面积在3.56～6.28km^2之间（即约为4～7km^2）。近年来，随着城市建设和社会经济发展，虽然国内城市的道路交通情况有所改善，但同时路上行驶的车辆数量也在迅速增加，致使消防车速度难以提高。所以，综合目前的实际情况，并考虑消防站的分类，确定作为保卫城市消防安全主要力量的一级普通消防站的服务区面积一般不应大于7km^2。特勤消防站通常兼有常规消防任务，其常规任务服务区面积同一级普通消防站，同一服务区内一般不再另设普通消防站。根据二级普通消防站的作战能力，其服务区面积一般不应大于4km^2。

考虑到我国社会经济发展的实际情况，城市规划区内消防站布局应疏密结合，应区别对待城市中心区和近郊区（城市规划区边缘地区）的消防站布点密度。对于设在近郊区的普通消防站，综合考虑实际状况，按照60km/h的消防车车速，道路曲度系数取1.5，计算得出服务区面积约为15km^2。

有条件的城市，也可针对城市的火灾风险，通过评估方法合理确定消防站服务区面积。

（3）在编制规划方案中，城市消防站服务区的划分，应结合地域特点、地形条件、河流、城市道路网结构，不宜跨越河流、城市快速路、城市规划区内的铁路干线和高速公路，并兼顾消防队伍建制、防火管理分区。对于受地形条件限制，被河流、城市快速路、高速公路、铁路干线分隔，年平均风力在3级以上或相对湿度在50%以下的地区，应适当缩小服务区面积。

（4）大中型企事业单位应按相关法律法规建立专职消防队，纳入城市消防统一调度指挥系统。此类专职消防队数量可不计入城市消防站的设置数量。

（5）结合城市总体规划确定的用地布局结构、城市或区域的火灾风险评估、城市重点消防地区的分布状况，普通消防站和特勤消防站应采取均衡布局与重点保护相结合的布局结构，对于火灾风险高的区域应加强消防装备的配置。

（6）特勤消防站应根据特勤任务服务的主要灭火对象设置在交通方便的位置，宜靠近辖区中心。

3. 陆上消防站建设用地面积应符合下列规定

消防站建设用地应包括房屋建筑用地、室外训练场、道路、绿地等。战勤保障消防站还包括自装卸模块堆放场。

按照《城市消防站建设标准》（建标152—2011）的有关规定，陆上消防站建设用地面积应符合下列规定：

一级普通消防站：3900～5600m^2；

二级普通消防站：2300～3800m^2；

特勤消防站：5600～6300m^2；

战勤保障消防站：6200～7900m^2。

注：①上述指标应根据消防站建筑面积大小合理确定，面积大者取高限，面积小者取低限。

②上述指标未包含道路、绿化用地面积，各地在确定消防站建设用地总面积时，可按0.5～0.6的容积率进行测算。

③消防站建设用地紧张且难以达到标准的特大城市，可结合本地实际，集中建设训练场地或训练基地，以保障消防员开展正常的业务训练。中等及以上规模城市、地级以上城市应设置消防训练培训基地，并应满足消防技能训练、培训的要求。

④中等及以上规模城市、地级以上城市应设置消防后勤保障基地，应满足消防汽训、汽修、医疗等后勤保障功能。

4. 陆上消防站的选址应符合下列要求

按照多年来实际工作中一直遵循的消防站选址要求，结合现在城市各级道路的规划建设情况，选址要求为：

（1）应设在辖区内的适中位置和便于车辆迅速出动的主、次干道的临街地段；

（2）其主体建筑距医院、学校、影剧院、商场等容纳人员较多的公共建筑的主要疏散出口或人员集散地不宜小于50m；

（3）辖区内有生产、贮存易燃易爆危险化学物品单位的，消防站应设置在常年主导风向的上风或侧风处，其边界距上述部位一般不应小于200m；

（4）消防站车库门应朝向城市道路，至城市规划道路红线的距离不应小于15m。

8.1.5.2 水上（海上）消防站

1. 水上（海上）消防站的设置和布局应符合下列要求

（1）城市应结合河流、湖泊、海洋沿线有任务需要的水域设置水上（海上）消防站。

（2）水上（海上）消防站应设置供消防艇靠泊的岸线，满足消防艇灭火、救援、维修、补给等功能的需要；为节省城市资源，其靠泊岸线应结合城市港口、码头进行布局和建设，也便于同步建设实施；岸线长度不小于100m是按照停靠常规的2艘消防艇和1艘指挥艇来确定的，因此规定岸线长度不应小于消防艇靠泊所需长度且不应小于100m。

（3）根据相关城市水上消防站的实际值勤情况和有关测试结果，水上消防站一般以接到出动指令后正常行船速度下30min可以到达其服务水域边缘为原则来确定服务水域边缘，消防艇正常行船速度为40～60km/h，则水上消防站至其服务水域边缘的距离为20～30km；在城市近郊区岸线周边地块功能不复杂、港口码头较少、航线上行驶船只较少的水域，水上消防站的服务水域边缘距离可适当增加。

（4）考虑到水上消防站消防人员执勤备战、迅速出动以及生活、学习、技能、体能训练等方面的需要，水上消防站应设置相应的陆上基地，应按陆上一级普通消防站的标准来进行选址和建设，其用地面积及选址条件同陆上一级普通消防站。

2. 水上（海上）消防站的选址应符合下列要求

（1）考虑到水上消防站的安全和灭火救援的迅速出动，建议水上消防站宜设置在城市港口、码头等设施的上游处。

（2）服务区水域内有危险化学品港口、码头，或水域沿岸有生产、储存危险化学品单位的，水上（海上）消防站应设置在其上游处，并且其陆上基地边界距上述危险部位一般不应小于200m。

（3）参照港口、码头等选址原则，水上（海上）消防站不应设置在河道转弯、旋涡处及电站、大坝附近。

（4）为方便快速出动和不影响官兵生活、训练，水上（海上）消防站趸船和陆上基地之间的距离应尽量靠近，考虑到水域沿线水位变化等相关因素，趸船和陆上基地之间的最远距离不应大于500m，并且不应跨越铁路、城市主干道和高速公路。

8.1.5.3 航空消防站

1. 航空消防站的设置应符合下列要求

（1）考虑到我国大多数大城市、特大城市的社会经济发展水平以及由此产生的消防安全需求已经对航空消防站的规划建设产生了相应的需求，而且从大多数城市的消防规划内容和建设时序来看，航空消防站一般都安排在中远期实施建设，建议大城市、特大城市宜设置航空消防站；航空消防站由于建设投资巨大和其空间领域的限制，为节省资源，方便管理，航空消防站宜结合民用机场进行布局和建设，并应有独立的功能分区。

（2）航空消防站同样应考虑消防人员执勤备战、生活、学习、技能、体能训练和迅速出动的需要，应设置陆上基地；考虑到航空消防站功能的多样化发展，应按一级普通消防站的标准来进行选址和建设；用地面积同陆上一级普通消防站；如人员配备较少，各地根据实际情况可按二级普通消防站的标准建设；陆上基地宜独立建设，如确有困难的情况下，可设在机场建筑内，但消防站用房应有独立的功能分区。

（3）空勤人员的训练由于受地理和空间限制较多，空勤训练情况特殊，应有效利用城市现有资源，本规范建议设有航空消防站的城市宜结合城市资源设置飞行员、消防空勤人员训练基地。

2. 消防直升机临时起降点的设置应符合下列要求

灾害事故状态下，为了便于消防直升机实施救援作业，提高抢险的效能，要求城市的高层建筑密集区和广场、运动场、公园、绿地等防灾避难疏散场地均应设置消防直升机临时起降点，临时起降点用地及环境应满足以下要求：

（1）最小空地面积不应小于400m^2，其短边长度不应小于20m。

（2）用地及周边10m范围内不应栽种大型树木，上空不应设置架空线路（图8-10、图8-11）。

8.1.6 消防站建筑标准

1）消防站的建筑面积指标应符合下列规定：

一级普通消防站：2700～4000m^2；

二级普通消防站：1800～2700m^2；

特勤消防站：4000～5600m^2；

战勤保障消防站：4600～6800m^2。

2）消防站使用面积系数按0.65计算。普通消防站和特勤消防站各种用房的使用面积指标可参照表8-1确定，战勤保障消防站各种用房的使用面积指标可参照表8-2确定。

3）消防站建筑物的耐火等级不应低于二级。

4）消防站建筑物位于抗震设防烈度为Ⅵ～Ⅸ度地区的，应按乙类建筑进行抗震设计。

5）消防车库应保障车辆停放、出动、维护保养和非常时期执勤战备的需要。

（1）车库宜设修理间及检修地沟。修理间应用防火墙、防火门与其他部位隔开，并不宜靠近通信室。

（2）消防车库的设计应有车辆充气、充电和废气排除的设施。

（3）消防车库内外沟管盖板的承载能力，应按最大吨位消防车的满载轮压进行设计。车库地面和墙面应便于清洗，且地面应有排水设施。库内（外）应有供消防车上水用的市政消火栓。消防车库宜设倒车定位等装置。

6）消防站内供迅速出动用的通道净宽，单面布房时不应小于1.4m，双面布房时不应小于2.0m，楼梯不应小于1.4m。通道两侧的墙面应平整、无突出物，地面应采用防滑材料，楼梯踏步高度宜为150～160mm，宽度宜为280～300mm，两侧应设扶手，楼梯倾角不应大于30°。

7）消防站应设必要的业务训练与体能训练设施。

8）消防站建筑装修、采暖、通风空调和给水排水设施的设置应符合下列规定：

（1）消防站外装修应庄重、简洁，宜采用体现消防站特点的装修风格。消防站的内装修应适应消防员生活和训练的需要，并宜采用色彩明快和容易清洗的装修材料。

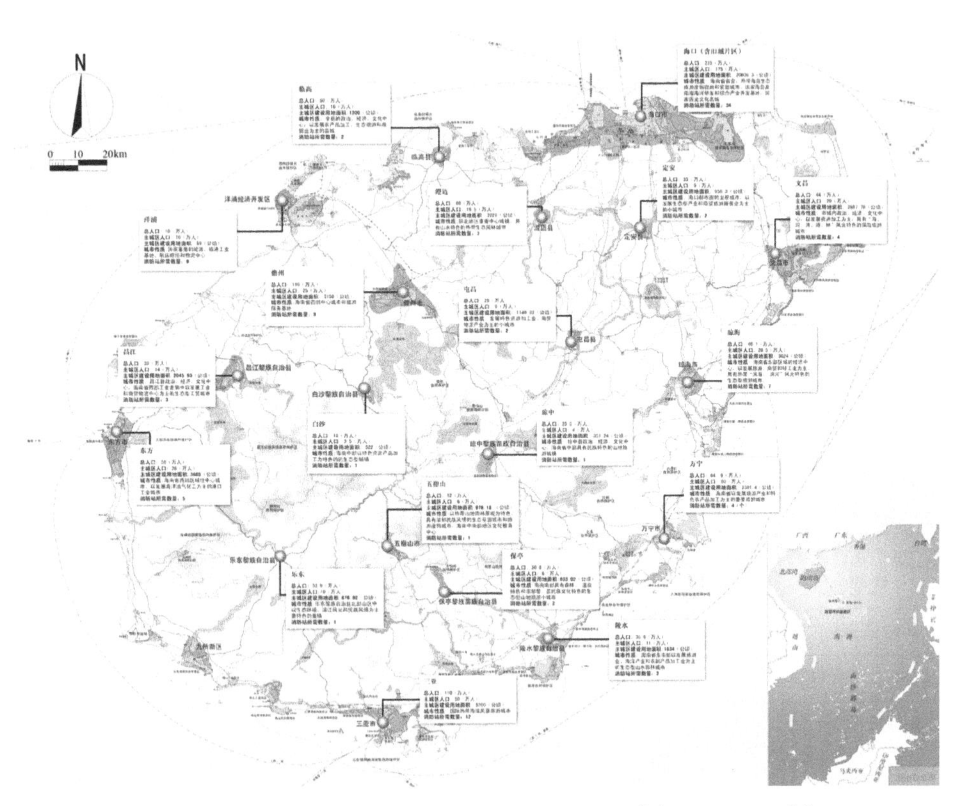

图8-10　海南省城市与城镇消防设施规划图（《海南省消防发展规划》（2011—2020））

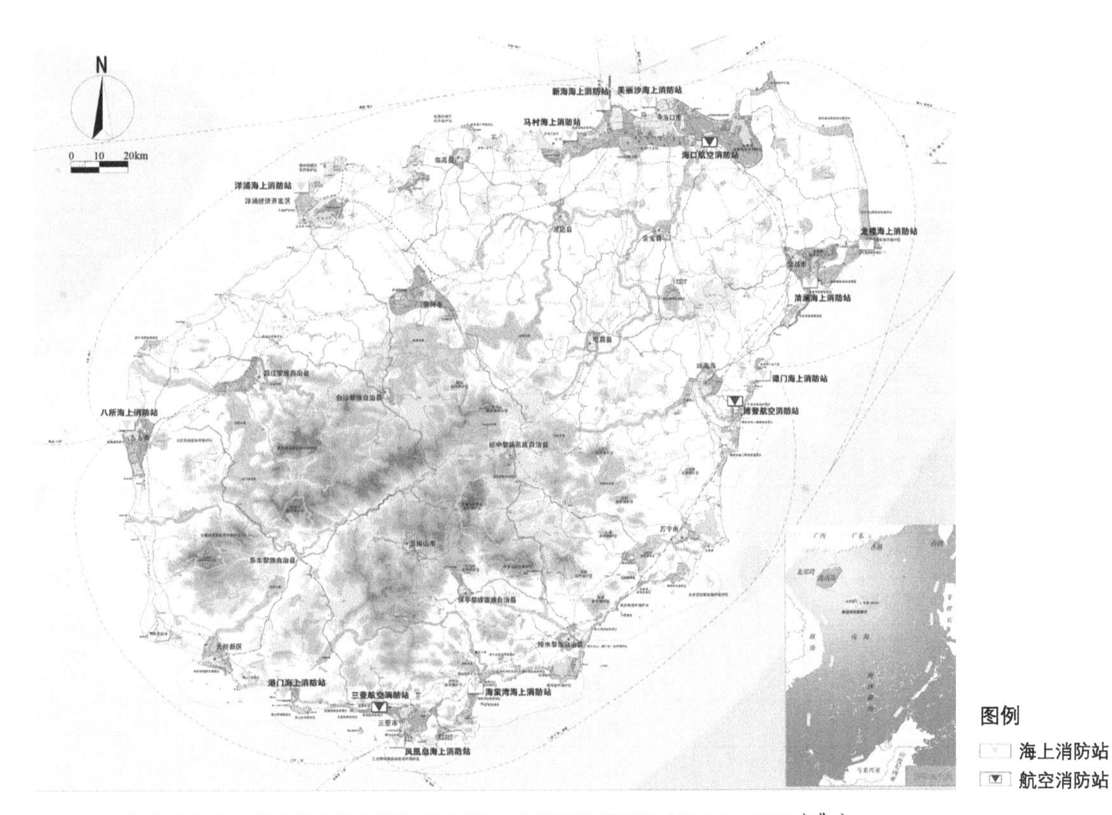

图8-11　海南省海上、航空消防设施规划图（《海南省消防发展规划（2011—2020）》）

普通消防站和特勤消防站各种用房的使用面积指标（m^2） 表8-1

房屋类别	名称	消防站类别		
		普通消防站		特勤消防站
		一级普通消防站	二级普通消防站	
业务用房	消防车库	540～720	270～450	810～1080
	通信室	30	30	40
	体能训练室	50～100	40～80	80～120
	训练塔	120	120	210
	执勤器材库	50～120	40～80	100～180
	训练器材库	20～40	20	30～60
	被装营具库	40～60	30～40	40～60
	清洗室、烘干室、呼吸器充气室	40～80	30～50	60～100
	器材修理间	20	10	20
	灭火救援研讨、电脑室	40～60	30～50	40～80
业务附属用房	图书阅览室	20～60	20	40～60
	会议室	40～90	30～60	70～140
	俱乐部	50～110	40～70	90～140
	公众消防宣传教育用房	60～120	40～80	70～140
	干部备勤室	50～100	40～80	80～160
	消防员备勤室	150～240	70～120	240～340
	财务室	18	18	18
辅助用房	餐厅、厨房	90～100	60～80	140～160
	家属探亲用房	60	40	80
	浴室	80～110	70～110	130～150
	医务室	18	18	23
	心理辅导室	18	18	23
	晾衣室（场）	30	20	30
	贮藏室	40	30	40～60
	盥洗室	40～55	20～30	40～70
	理发室	10	10	20
	设备用房（配电室、锅炉房、空调机房）	20	20	20
	油料库	20	10	20
	其他	20	10	30～50
合计		1784～2589	1204～1774	2634～3654

战勤保障消防站各种用房的使用面积指标（m^2）　表8-2

房屋类别	名称	使用面积指标
业务用房	消防车库	810～1080
	通信室	40
	体能训练室	60～110
	器材储备库	300～550
	灭火药剂储备库	50～100
	机修物资储备库	50～100
	军需物资储备库	120～180
	医疗药械储备库	50～100
	车辆检修车间	300～400
	器材检修车间	200～300
	呼吸器检修、充气室	90～150
	灭火救援研讨、电脑室	40～60
	卫勤保障室	30～50
业务附属用房	图书阅览室	30～60
	会议室	50～100
	俱乐部	60～120
	干部备勤室	60～110
	消防员备勤室	180～280
	财务室	18
辅助用房	餐厅、厨房	110～130
	家属探亲用房	70
	浴室	100～120
	晾衣室（场）	30
	贮藏室	40～50
	盥洗室	40～60
	理发室	20
	设备用房（配电室、锅炉房、空调机房）	20
	其他	30～40
合计		2998～4448

（2）位于采暖地区的消防站应按国家有关规定设置采暖设施，并应优先使用城市热网或集中供暖。最热月平均温度超过25℃地区消防站的备勤室、餐厅和通信室、体能训练室等宜设空调等降温设施。

（3）消防站应设置给水、排水系统。

9）消防站的供电负荷等级不宜低于二级。消防站内应设电视、网络和广播系统；备勤室、车库、通信室、体能训练室、会议室、图书阅览室、餐厅及公共通道等，应设应急照明装置。

消防站主要用房及场地的照度标准应符合国家现行有关标准的规定。

8.1.7　消防站布局规划的方法

城市消防规划的编制，应突出规划编制和实施的针对性、可操作性。为确保消防设施与城市建设同步发展，应结合控制性详细规划，协调城市规划、土地管理、消防监督以及有关部门和单位，具体落实消防站规划建设用地，用1/500地形图编制《城市消防站规划选址图册》。各有关行政管理部门应严格按照经政府批准的《城市消防站规划选址图册》进行消防站用地管理。任何单位和个人不得占用城市消防站用地进行其他建设活动，不得将消防站用地与其他用地进行商业、开发性质的土地置换；对于城市的重大市政工程、公益事业建设项目确需调整、置换消防站规划用地的，应另行选择新的、合理的消防站用地后，才能调整、置换消防站用地。

在进行消防站布局规划时，有以下两种方法可供选择。

1. 传统方法

目前，我国在进行消防站布局规划时，大多采用传统方法，一般是以4～7km^2辖区面积和城市规划区面积大致估算出所需消防站数量，然后采用画圆法、网格法或其他人工方式确定消防站布局。

该方法的具体步骤（以画圆法为例）如下：

（1）将城市规划区面积S除以消防站辖区面积A，取整后可初步估算出该城市需要设立的消防站数量N。

（2）在地图上勾画出城市规划区的轮廓。

（3）用一组面积为A或近似为A的圆覆盖城市规划区轮廓，尽量减少覆盖圆的重叠。

（4）覆盖圆的圆心就是设计消防站的相对定位点，并根据各覆盖圆可近似确定出各消防站辖区范围及实际面积。由于城市不同区域道路平均行车速度可能不尽相同，可兼顾城市区域的功能及地位，确定消防站辖区面积。这样可获得初步消防站布局规划方案。

（5）通过咨询熟悉本地消防站布局状况的专家，以经验的方式，对初步消防站规划方案予以不断调整、确认、再调整、再确认，最终可得到相对合理、可行的消防站布局规划方案。

2. 基于离散定位模型的消防站布局规划方法

该方法的基本流程如图8-12所示。

具体步骤介绍如下。

1）划分确定子区域

方法如下：

（1）根据城市的市域城镇规划，分别获得中心城区、新城区（近郊区）、中心镇、集镇等具有相对独立地域特征的地图，分区进行消防站布局规划。

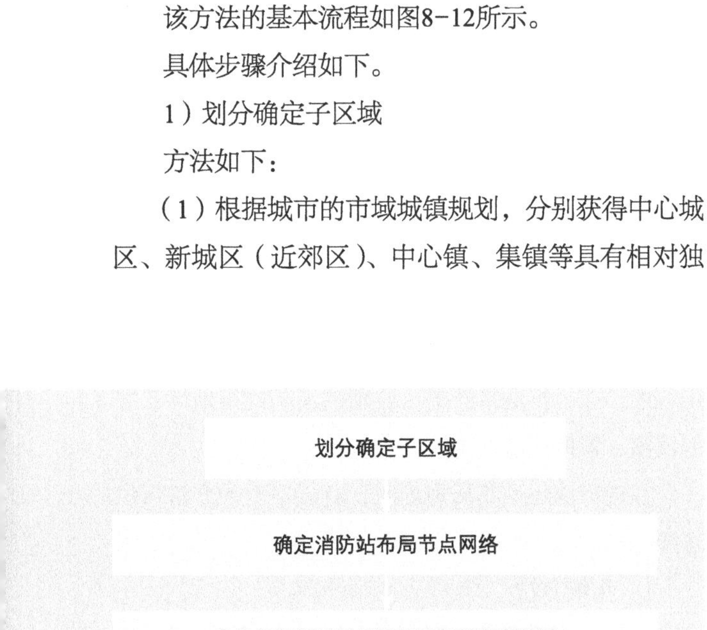

划分确定子区域

确定消防站布局节点网络

确定最短行驶时间矩阵及相关判断矩阵

优化消防站布局

图8-12 基于离散定位模型的消防站布局规划流程

（2）根据城市总体规划的道路网络，可将各规划街区作为需要保护的子区域，也可根据实际情况，将两个或多个规划街区合并作为一个子区域，合并得到的子区域一般由次干路、主干路或快速路围成。子区域面积最小为一个街区面积，最大原则上不应大于2km^2。

（3）确定各子区域所需消防保护时间（一般是指消防车行车到场时间）。一般情况下，依据消防站建设标准，可确定各子区域所需消防保护时间为4min；也可根据区域火灾风险评估或专家论证的方式确定各子区域所需消防保护时间，即各子区域所需消防保护时间根据具体情况分别设定。

（4）对各子区域内所包含的大面积绿地、公园或水域等，可根据具体情况决定是否对其进行保护。

2）确定消防站布局节点网络

方法如下：

（1）各子区域所包含的所有节点构成了消防站布局节点网络的节点子集合N_1。

（2）将子区域重心位置作为事故簇特征点，构成消防站布局节点网络的节点子集合N_2——即各子区域事故簇特征点集合N_2。集合N_2属性包含各子区域所需消防保护时间。

（3）确保现有消防站点或即将建设的消防站点包含于检查集合N_1和N_2中，否则对集合N_1和N_2进行补充修正。集合N_1、N_2共同构成消防站布局节点网络的节点集合N。对集合N中现有消防站点或即将建设的消防站点进行属性标记。

（4）确定消防站布局节点网络连通路径。即确定连通路径是单向还是双向，连通路径对应道路的车辆平均行驶速度等。车辆平均行驶速度的设定有两种方法，一是进行实地测试，该方法实施成本较大；二是根据各子区域在城市中的地理位置及交通状况，估计相关道路的车辆平均行驶速度。

3）确定最短行驶时间矩阵及相关判断矩阵

对于以上消防站布局节点网络模型，可根据最短路径计算模型求解出任何一个节点到集合N_2中各节点的最短时间；将各最短时间与集合N_2中各节点所代表各区域的所需消防保护时间进行对比分析，形成相应的判断矩阵。

4）优化消防站布局

消防站服务需求点集合即为N_2，而消防站布局的候选点可能是所有节点集合N。因此，消防站布局优化方法如下：

（1）根据集合覆盖（Set Covering）法，确定出满足要求所需要的最多消防站数量N_{FS}及相应位置，得到第1个消防站优化布局方案S_{FSL1}。

（2）根据最大覆盖（Maximal Covering）法，确定出第2个消防站优化布局方案S_{FSL2}；继续减少消防站数量，以获得更多的消防站优化布局方案。

（3）通过比较以上多种方案，并根据本地经济要素加以权衡，最终确定出合理的消防站优化布局方案。

根据各消防车到达时间最短的原则可初步确定出各消防站辖区范围。由于消防站辖区划分还涉及行政区划、历史沿革、管理等因素，故在实际进行消防站辖区划分时，可结合推荐的各消防站辖区范围，综合考虑其他各因素，最终确定出各消防站辖区范围和辖区面积。同时，考虑各消防站辖区火灾危险性和消防重点保护对象，结合《城市消防站建设标准》（建标152—2011），确定各消防站类别。

3. 方法应用

传统的消防站布局规划方法一般主要依据相关规范和经验。该方法的主要特点是思路简单、清晰，符合我国长期以来消防站布局规划的思维惯例。同时，通过熟悉本地消防站布局状况的专家的不断介入，在消防站布局规划方案中不断融入、综合各专家的经验，最终可获得相对合理、可行的消防站布局规划方案。因此，这是目前我国消防站布局规划中最常采用的方法。

基于离散定位模型的消防站布局规划方法是以经典的运筹学模型为基础，依据城市电子地图和影响消防站布局的相关因素，例如城市交通、现有消防站布局等，站在整个城市的高度，自上而下地确定消防站布局，该方法主要采用计算机作业。其主要特点是将运筹学理论运用于消防站规划中，具有较强的科学性；并且该方法既可以“5min消防”为消防站规划依据，也能以不同区域消防响应时间的分级响应为消防站布局规划依据，具有较强的灵活性。同时，该方法可根据影响消防站布局的各种因素的不同组合“定制”各种不同的消防站布局规划方案，便于不同消防站布局规划方案的比较和优化。因此，随着地理信息系统的不断普及与发展，该方法在将来的消防站布局规划中必将越来越多地被采用（图8-13、表8-3～表8-6）。

8.2　消防装备规划

消防装备是城市整体抗御灾害系统的重要组成部分，是形成和全面提高消防战斗力的物质基础。“工欲善其事，必先利其器”，消防部队只有具备合适、有效的现代化消防装备，才能够应对各种复杂、多样和不确定的火灾及其他灾害的灭火救援。

8.2.1　消防装备规划的目的与作用

消防装备规划的目的是提升城市消防装备水平，确保消防部队在响应火灾或其他灾害时具有足够的消防装备和较强的处置能力。通过科学编制消防装备规划，提出消防装备配备种类、数量以及经费预算等，指导消防装备的更新配置和消防装备的经费投入。

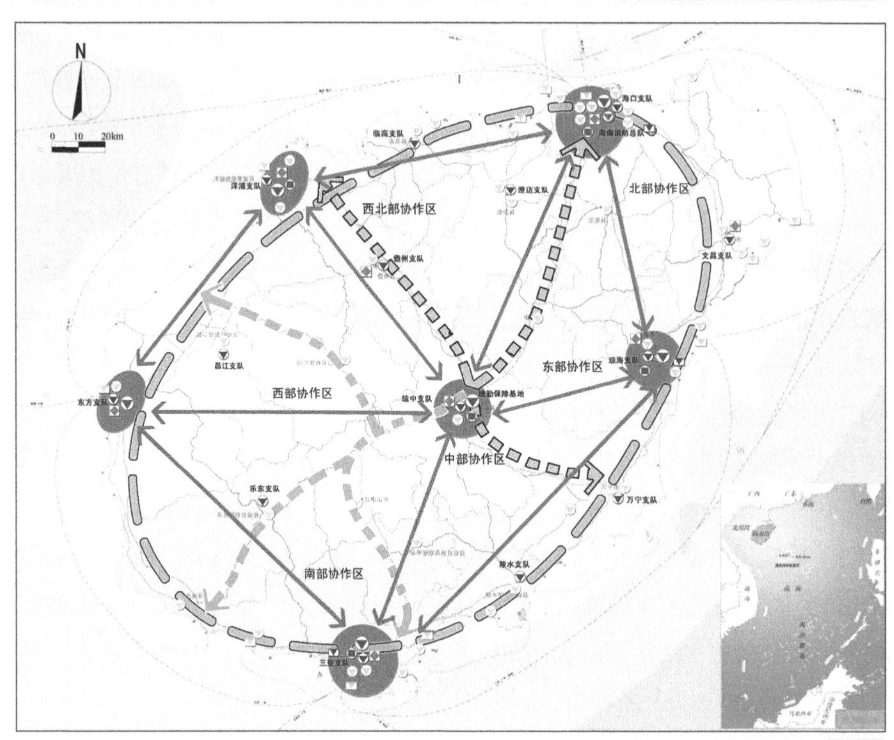

图8-13 海南省区域联动协调规划图（《海南省消防发展规划（2011—2020）》）

全国城乡消防站统计表（截至2013年年底） 表8-3

地区	城市消防站																				
	直辖市							地级市							县级市						
	应有	实有					当年新增消防站	应有	实有					当年新增消防站	应有	实有					当年新增消防站
		特勤消防站	一级普通消防站	二级普通消防站	战勤保障消防站	合计总数			特勤消防站	一级普通消防站	二级普通消防站	战勤保障消防站	合计总数			特勤消防站	一级普通消防站	二级普通消防站	战勤保障消防站	合计总数	
全国	504	37	273	103	2	415	14	3329	383	1134	885	153	2555	144	904	47	350	342	38	777	40

地区	城市消防站									乡镇专职消防队								
	县			消防培训基地						建制镇								
										国家重点镇								
	应有	实有	当年新增消防站	直辖市级		省、自治区级		地级市级		应有			实有			当年新增消防站		
				实有	当年新增	实有	当年新增	实有	当年新增	一级乡镇专职消防队	二级乡镇专职消防队	总数	一级乡镇专职消防队	二级乡镇专职消防队	总数	一级乡镇专职消防队	二级乡镇专职消防队	总数
全国	2462	1963	125	4	—	22	2	86	37	783	384	1167	543	270	813	174	98	272

续表

地区	乡镇专职消防队																			
	建制镇										乡									
	一般建制镇									由公安消防部门管理的消防站总数										
	应有			实有			当年新增				应有			实有			当年新增			由公安消防部门管理的消防站总数
	一级乡镇专职消防队	二级乡镇专职消防队	总数	一级乡镇专职消防队	二级乡镇专职消防队	总数	一级乡镇专职消防队	二级乡镇专职消防队	总数		一级乡镇专职消防队	二级乡镇专职消防队	总数	一级乡镇专职消防队	二级乡镇专职消防队	总数	一级乡镇专职消防队	二级乡镇专职消防队	总数	
全国	990	4315	5305	607	3210	3817	738	1561	2299	1768	302	1926	2228	1009	1702	2711	58	1768	1826	396

全国企事业单位专职消防队伍统计（截至2013年年底） 表8-4

支队		大队		中队		当年度单位经费投入（万元）	消防队员人数							
							正式职工		合同制用工		公安行政编制		总计	当年新增总人数
总数	当年新增	总数	当年新增	总数	当年新增		实有数量	当年新增	实有数量	当年新增	实有数量	当年新增	人数	
70	2	290	6	2644	49	191888.0	26612	1028	37496	1912	1099	12	65207	2952

消防装备数量										灭火剂储量			灭火救援情况						
消防车辆（辆）						其他装备													
灭火消防车	举高消防车	专勤消防车	后援消防车	车辆总数	当年新购置车辆数量	三轮简易消防车	消防摩托车	消防船艇	机动消防泵	泡沫（t）	干粉（t）	其他	出动次数	出动车次	出动人次	抢救人员	抢救财产（万元）	因工受伤人数	牺牲人数
6771	473	505	345	8094	263	44	128	37	1170	12419	3207	7205	27562	47398	222930	2801	114620.0	30	4

全国城区、县城单独编队政府专职消防队伍统计表（截至2013年年底） 表8-5

中队		公安消防队员人数				政府专职消防队员人数										消防装备数量		
总数	2012年新增	公安现役编制		公安行政编制		事业编制				合同制用工				合计人数	本年新增总人数	消防车辆（辆）		
		实有人数	本年新增	实有人数	本年新增	实有人数	本年新增	因公受伤	牺牲人数	实有人数	本年新增	因公受伤	牺牲人数			灭火消防车	举高消防车	专勤消防车
1047	119	7782		305	84	1983	179	1	—	20816	4896	—	—	22799	5678	2713	329	425

消防装备数量						灭火剂储量			出动情况							本年度各级政府经费投入（万元）
消防车辆（辆）			其他装备													
后援消防车	车辆总数	当年新购置车辆数量	消防摩托车	消防船艇	机动消防泵	泡沫（t）	干粉（t）	其他	出动次数	出动车次	出动人次	抢救人员	抢救财产（万元）	因公受伤人数	牺牲人数	
215	3682	377	250	89	955	1792.5	126.8	2745.4	109276	189716	1143484	22143	64644.2	8	1	146293

全国乡镇政府专职消防队伍统计表（截至2013年年底） 表8-6

中队									消防队员人数								消防装备数量		
国家重点镇		一般建制镇		乡		合计总数	本年新增	纳入公安消防部门管理的队伍数量	事业编制		合同制用工		公安行政编制		合计人数	本年新增总人数	消防车辆（辆）		
总数	本年新增	总数	本年新增	总数	本年新增				实有人数	本年新增	实有人数	本年新增	实有人数	本年新增			灭火消防车	举高消防车	专勤消防车
862	146	3886	878	579	301	5327	1325	1755	2038	349	54798	15631	1153	520	57989	16500	5777	104	804

消防装备数量							灭火剂储量			出动情况							本年度各级政府经费投入（万元）
消防车辆（辆）			其他装备														
后援消防车	车辆总数	本年新购置车辆数量	三轮简易消防车	消防摩托车	消防船艇	机动消防泵	泡沫（t）	干粉（t）	其他	出动次数	出动车次	出动人次	抢救人员	抢救财产（万元）	因工受伤人数	牺牲人数	
155	6840	1567	1083	1124	27	3583	1078	126	4175	111293	169538	786300	11815	136406	21	—	134440

8.2.2 消防装备规划的原则

1. 灾害处置的针对性原则

应根据本地各消防站辖区内火灾及其他灾害事故的发生频率，针对不同灾害事故的处置任务，提出相应的消防装备需求。一般而言，普通消防站的消防装备配备应适应扑救本辖区内一般火灾和抢险救援的需要，特勤消防站的消防装备配备应适应扑救与处置特种火灾和灾害事故的需要，公安消防监督部门的消防装备配备应适合消防监督工作的需要。

2. 满足大规模灾害处置能力的原则

应在灾害处置针对性原则的基础上，通过分析城市重大事故的发生概率，测算必须具有的规模灾害处置能力，提出相应的消防装备需求。

3. 合理匹配、优化组合的原则

合理匹配是指为形成预期的处置能力，提出相关消防装备的品种、类型、数量及功能要求，使之性能匹配、功能配套，能够发挥组合装备的应有功效。

优化组合是指从实际灭火救援需要出发，综合考虑作战需求和技术推动两方面因素，科学确定各类消防装备的组合方式及其规模结构，形成相对完备、结构合理的城市消防装备体系。

4. 近远期结合、分步实施的原则

在综合制定消防装备规划的基础上，从本地区经济发展水平出发，切合实际地制定近期、中期、远期消防装备购置计划，提出消防装备经费预算，推动消防装备规划分步实施、逐步落实。

8.2.3 消防装备规划的内容

消防装备包括消防车辆装备、灭火器材装备、个人防护装备、抢险救援装备、消防通信器材装备以及消防监督器材装备等。在制定规划时，应按照以下要求提出配置品种和数量：

（1）依据《城市消防站建设标准》、《消防特勤队（站）装备配备标准（试行）》、《消防员个人防护装备配备标准》以及其他相关规定，确定各消防站必配或选配的各类消防装备。

（2）根据辖区灭火救援的实际特点，确定各消防站需要另行配置的消防装备。

（3）根据灾害事故历史记录和未来可能发生灾害事故的预测，计算应具有的最大规模灾害处置能力，确定需要特别配置的消防装备。

（4）依据消防部队业务训练要求、老式装备更新换代的要求和消防装备的备份要求，可进一步调整、确定各类消防装备的数量。

（5）按照市场价格，做出消防装备的投资估算。

8.2.4　消防装备的配备要求

1）陆上消防站应根据其服务区内城市规划建设用地的灭火和抢险救援的具体要求，配置各类消防装备和器材，具体配置应符合《城市消防站建设标准》（建标152—2011）的有关规定。

（1）普通消防站装备的配备应适应扑救本辖区内常见火灾和处置一般灾害事故的需要。特勤消防站装备的配备应适应扑救特殊火灾和处置特种灾害事故的需要。战勤保障消防站装备的配备应适应本地区灭火救援战勤保障任务的需要。

（2）消防站消防车辆的配备，应符合表8-7、表8-8所示规定。

消防站配备车辆数量（辆）　表8-7

<table>
<tr><th rowspan="2">消防站类别</th><th colspan="2">普通消防站</th><th rowspan="2">特勤消防站、战勤保障消防站</th></tr>
<tr><th>一级普通消防站</th><th>二级普通消防站</th></tr>
<tr><td>消防车辆数</td><td>5～7</td><td>2～4</td><td>8～11</td></tr>
</table>

各类消防站常用消防车辆品种配备标准（辆）　表8-8

<table>
<tr><th colspan="2" rowspan="2">消防站类别
品种</th><th colspan="2">普通消防站</th><th rowspan="2">特勤消防站</th><th rowspan="2">战勤保障消防站</th></tr>
<tr><th>一级普通消防站</th><th>二级普通消防站</th></tr>
<tr><td rowspan="4">灭火消防车</td><td>水罐或泡沫消防车</td><td>2</td><td>1</td><td rowspan="2">3</td><td rowspan="2">—</td></tr>
<tr><td>压缩空气泡沫消防车</td><td>△</td><td>△</td></tr>
<tr><td>泡沫干粉联用消防车</td><td>—</td><td>—</td><td>△</td><td rowspan="2">—</td></tr>
<tr><td>干粉消防车</td><td>△</td><td>△</td><td>△</td></tr>
<tr><td rowspan="3">举高消防车</td><td>登高平台消防车</td><td rowspan="2">1</td><td rowspan="3">△</td><td rowspan="2">1</td><td rowspan="3">—</td></tr>
<tr><td>云梯消防车</td></tr>
<tr><td>举高喷射消防车</td><td>△</td><td>△</td></tr>
<tr><td rowspan="5">专勤消防车</td><td>抢险救援消防车</td><td>1</td><td>△</td><td>1</td><td>—</td></tr>
<tr><td>排烟消防车或照明消防车</td><td>△</td><td>△</td><td>△</td><td>—</td></tr>
<tr><td>化学事故抢险救援或防化洗消消防车</td><td>△</td><td>—</td><td>1</td><td>—</td></tr>
<tr><td>核生化侦检消防车</td><td>—</td><td>—</td><td>△</td><td>—</td></tr>
<tr><td>通信指挥消防车</td><td>—</td><td>—</td><td>△</td><td>—</td></tr>
</table>

续表

品种 \ 消防站类别		普通消防站		特勤消防站	战勤保障消防站
		一级普通消防站	二级普通消防站		
战勤保障消防车	供气消防车	—	—	△	1
	器材消防车	△	△	△	1
	供液消防车	△	—	△	1
	供水消防车	△	△	△	△
	自装卸式消防车（含器材保障、生活保障、供液集装箱）	△	△	△	△
	装备抢修车	—	—	—	1
	饮食保障车	—	—	—	1
	加油车	—	—	—	1
	运兵车	—	—	—	1
	宿营车	—	—	—	△
	卫勤保障车	—	—	—	△
	发电车	—	—	—	△
	淋浴车	—	—	—	△
消防摩托车		△	△	△	—

注：①表中带“△”车种由各地区根据实际需要选配；
②各地区在配备规定消防车数量的基础上，可根据需要选配消防摩托车。

（3）消防站主要消防车辆的技术性能应符合表8-9、表8-10的规定。

普通消防站和特勤消防站主要消防车辆的技术性能 表8-9

技术性能 \ 消防站类别		普通消防站				特勤消防站	
		一级普通消防站		二级普通消防站			
发动机功率（kW）		≥180		≥180		≥210	
比功率（kW/t）		≥10		≥10		≥12	
水罐消防车出水性能	出口压力（MPa）	1	1.8	1	1.8	1	1.8
	流量（L/s）	40	20	40	20	60	30
泡沫消防车出泡沫性能（类）		A、B		B		A、B	
登高平台、云梯消防车额定工作高度（m）		≥18		≥18		≥50	

续表

技术性能 \ 消防站类别		普通消防站		特勤消防站
		一级普通消防站	二级普通消防站	
举高喷射消防车额定工作高度（m）		≥16	≥16	≥20
抢险救援消防车	起吊质量（kg）	≥3000	≥3000	≥5000
	牵引质量（kg）	≥5000	≥5000	≥7000

战勤保障消防站主要消防车辆的技术性能　　表8-10

车辆名称	主要技术性能
供气消防车	可同时充气气瓶数量不少于4只，灌充充气时间小于2min
供液消防车	灭火药剂总载量不小于4000kg
装备抢修车	额定载员不少于5人，车厢距地面小于50cm，厢内净高度不小于180cm；车载供气、充电等设备及各类维修工具
饮食保障车	可同时保障150人以上热食、热水供应
加油车	汽、柴油双仓双枪，总载量不小于3000kg
运兵车	额定载员不少于30人
宿营车	额定载员不少于15人

（4）普通消防站、特勤消防站的灭火器材配备，不应低于表8-11的规定。

普通消防站、特勤消防站灭火器材配备标准　　表8-11

名称 \ 消防站类别	普通消防站		特勤消防站
	一级普通消防站	二级普通消防站	
机动消防泵（含手抬泵、浮艇泵）	2台	2台	3台
移动式水带卷盘或水带槽	2个	2个	3个
移动式消防炮（手动炮、遥控炮、自摆炮等）	3个	2个	3个
泡沫比例混合器、泡沫液桶、泡沫枪	2套	2套	2套
二节拉梯	3架	2架	3架
三节拉梯	2架	1架	2架
挂钩梯	3架	2架	3架
常压水带	2000m	1200m	2800m
中压水带	500m	500m	1000m
消火栓扳手、水枪、分水器以及接口、包布、护桥、挂钩、墙角保护器等常规器材工具	按所配车辆技术标准要求配备，并按不小于2∶1的备份比备份		

注：分水器和接口等相关附件的公称压力应与水带相匹配。

（5）特勤消防站抢险救援器材品种及数量配备不应低于表8-12～表8-20的规定，普通消防站的抢险救援器材品种及数量配备不应低于表8-21的规定。抢险救援器材的技术性能应符合国家有关标准。

特勤消防站侦检器材配备标准 表8-12

序号	器材名称	主要用途及要求	配备	备份	备注
1	有毒气体探测仪	探测有毒气体、有机挥发性气体等。具备自动识别、防水、防爆性能	2套	—	—
2	军事毒剂侦检仪	侦检沙林、芥子气、路易氏气、氢氰酸等化学战剂。具备防水和快速感应等性能	*	—	—
3	可燃气体检测仪	可检测事故现场多种易燃易爆气体的浓度	2套	—	—
4	水质分析仪	定性分析水中的化学物质	*	—	—
5	电子气象仪	可检测事故现场风向、风速、温度、湿度、气压等气象参数	1套	—	—
6	无线复合气体探测仪	实时检测现场的有毒有害气体浓度，并将数据通过无线网络传输至主机。终端设置多个可更换的气体传感器探头。具有声光报警和防水、防爆功能	*	—	—
7	生命探测仪	搜索和定位地震及建筑倒塌等现场的被困人员。有音频、视频、雷达等几种	2套	—	优先配备雷达生命探测仪
8	消防用红外热像仪	黑暗、浓烟环境中人员搜救或火源寻找。性能符合《消防用红外热像仪》（GA/T 635—2006）的要求，有手持式和头盔式两种	2台	—	—
9	漏电探测仪	确定泄漏电源位置，具有声光报警功能	1个	1个	—
10	核放射探测仪	快速寻找并确定α、β、γ射线污染源的位置。具有声光报警、射线强度显示等功能	*	—	—
11	电子酸碱测试仪	测试液体的酸碱度	1套	—	—
12	测温仪	非接触测量物体温度，寻找隐藏火源。测温范围：−20～450℃	2个	1个	—
13	移动式生物快速侦检仪	快速检测、识别常见的病毒和细菌，可在30min之内提供检测结果	*	—	—
14	激光测距仪	快速准确测量各种距离参数	1个	—	—
15	便携危险化学品检测片	通过检测片的颜色变化探测有毒化学气体或蒸汽。检测片种类包括：强酸、强碱、氯、硫化氢、碘、光气、磷化氢、二氧化硫等	4套	—	—

注：表中所有"*"表示由各地根据实际需要进行配备，本标准不作强行规定。下同。

特勤消防站警戒器材配备标准　表8-13

序号	器材名称	主要用途及要求	配备	备份
1	警戒标志杆	灾害事故现场警戒。有发光或反光功能	10根	10根
2	锥形事故标志柱	灾害事故现场道路警戒	10根	10根
3	隔离警示带	灾害事故现场警戒。具有发光或反光功能，每盘长度约250m	20盘	10盘
4	出入口标志牌	灾害事故现场出入口标识。图案、文字、边框均为反光材料，与标志杆配套使用	2组	—
5	危险警示牌	灾害事故现场警戒警示。分为有毒、易燃、泄漏、爆炸、危险等五种标志，图案为发光或反光材料，与标志杆配套使用	1套	1套
6	闪光警示灯	灾害事故现场警戒警示。频闪型，光线暗时自动闪亮	5个	—
7	手持扩音器	灾害事故现场指挥。功率大于10W，具备警报功能	2个	1个

特勤消防站救生器材配备标准　表8-14

序号	器材名称	主要用途及要求	配备	备份	备注
1	躯体固定气囊	固定受伤人员躯体，保护骨折部位免受伤害。全身式，负压原理快速定型，牢固、轻便	2套	—	—
2	肢体固定气囊	固定受伤人员肢体，保护骨折部位免受伤害。分体式，负压原理快速定型，牢固、轻便	2套	—	—
3	婴儿呼吸袋	提供呼吸保护，救助婴儿脱离灾害事故现场。全密闭式，与全防型过滤罐配合使用，电驱动送风	*	—	—
4	消防过滤式自救呼吸器	事故现场被救人员呼吸防护。性能符合相关标准的要求	20具	10具	含滤毒罐
5	救生照明线	能见度较低情况下的照明及疏散导向。具备防水、质轻、抗折、耐拉、耐压、耐高温等性能。每盘长度不小于100m	2盘	—	—
6	折叠式担架	运送事故现场受伤人员。可折叠，承重不小于120kg	2副	1副	—
7	伤员固定抬板	运送事故现场受伤人员。与头部固定器、颈托等配合使用，避免伤员颈椎、胸椎及腰椎再次受伤。担架周边有提手口，可供三人以上同时提、扛、抬，水中不下沉，承重不小于250kg	3块	—	—
8	多功能担架	深井、狭小空间、高空等环境下的人员救助。可水平或垂直吊运，承重不小于120kg	2副	—	—
9	消防救生气垫	救助高处被困人员。性能符合《消防救生气垫》（GA 631—2006）的要求	1套	—	—
10	救生缓降器	高处救人和自救。性能符合《建筑救生缓降器设置技术规范》（DB 37/T 675—2007）的要求	3个	1个	—

续表

序号	器材名称	主要用途及要求	配备	备份	备注
11	灭火毯	火场救生和重要物品保护。耐燃氧化纤维材料，防火布夹层织制，在900℃火焰中不熔滴，不燃烧	*	—	—
12	医药急救箱	现场医疗急救。包含常规外伤和化学伤害急救所需的敷料、药品和器械等	1个	1个	—
13	医用简易呼吸器	辅助人员呼吸。包括氧气瓶、供气面罩、人工肺等	*	—	—
14	气动起重气垫	交通事故、建筑倒塌等现场救援。有方形、柱形、球形等类型，依据起重重量，可划分为多种规格	2套	—	方形、柱形气垫每套不少于4种规格，球形气垫每套不少于2种规格
15	救援支架	高台、悬崖及井下等事故现场救援。金属框架，配有手摇式绞盘，牵引滑轮最大承载不小于2.5kN，绳索长度不小于30m	1组	—	—
16	救生抛投器	远距离抛投救生绳或救生圈。气动喷射，投射距离不小于60m	1套	—	—
17	水面漂浮救生绳	水面救援。可漂浮于水面，标识明显，固定间隔处有绳节，不吸水，破断强度不小于18kN	*	—	—
18	机动橡皮舟	水域救援。双尾锥充气船体，材料防老化、防紫外线。船底部有充气舷梁，铝合金拼装甲板，具有排水阀门，发动机功率大于18kW，最大承载能力不小于500kg	*	—	—
19	敛尸袋	包裹遇难人员尸体	20个	—	—
20	救生软梯	被困人员营救。长度不小于15m，荷载不小于1000kg	2具	—	—
21	自喷荧光漆	标记救人位置、搜索范围、集结区域等	20罐	—	—
22	电源逆变器	电源转换。可将直流电转化为220V交流电	1台	—	功率应与实战需求相匹配

特勤消防站破拆器材配备标准　　表8-15

序号	器材名称	主要用途及要求	配备	备份	备注
1	电动剪扩钳	剪切扩张作业。由刀片、液压泵、微型电机、电池构成，最大剪切圆钢直径不小于22mm，最大扩张力不小于135kN。一次充电可连续切断直径16mm钢筋不少于90次	1具	—	—
2	液压破拆工具组	建筑倒塌、交通事故等现场破拆作业。包括机动液压泵、手动液压泵、液压剪切器、液压扩张器、液压剪扩器、液压撑顶器等，性能符合《液压破拆工具通用技术条件》(GB/T 17906—1999)的要求	2套	—	—
3	液压万向剪切钳	狭小空间破拆作业。钳头可以旋转，体积小、易操作	1具	—	—

续表

序号	器材名称	主要用途及要求	配备	备份	备注
4	双轮异向切割锯	双锯片异向转动，能快速切割硬度较高的金属薄片、塑料、电缆等	1具	—	—
5	机动链锯	切割各类木质障碍物	1具	1具	增加锯条备份
6	无齿锯	切割金属和混凝土材料	1具	1具	增加锯片备份
7	气动切割刀	切割车辆外壳、防盗门等薄壁金属及玻璃等，配有不同规格切割刀片	*	—	—
8	重型支撑套具	建筑倒塌现场支撑作业。支撑套具分为液压式、气压式或机械手动式。具有支撑力强、行程高、支撑面大、操作简便等特点	1套	—	—
9	冲击钻	灾害现场破拆作业，冲击速率可调	*	—	—
10	凿岩机	混凝土结构破拆	*	—	—
11	玻璃破碎器	门窗玻璃、玻璃幕墙的手动破拆。也可对砖瓦、薄型金属进行破碎	1台	—	—
12	手持式钢筋速断器	直径20mm以下钢筋快速切断。一次充电可连续切断直径16mm钢筋不少于70次	1台	—	—
13	多功能刀具	救援作业。由刀、钳、剪、锯等组成的组合式刀具	5套	—	—
14	混凝土液压破拆工具组	建筑倒塌灾害事故现场破拆作业。由液压机动泵、金刚石链锯、圆盘锯、破碎镐等组成，具有切、割、破碎等功能	1套	—	—
15	液压千斤顶	交通事故、建筑倒塌现场的重载荷撑顶救援，最大起重质量不少于20t	*	—	—
16	便携式汽油金属切割器	金属障碍物破拆。由碳纤维氧气瓶、稳压储油罐等组成，汽油为燃料	*	—	—
17	手动破拆工具组	由冲杆、拆锁器、金属切断器、凿子、钎子等部件组成，事故现场手动破拆作业	1套	—	—
18	便携式防盗门破拆工具组	主要用于卷帘门、金属防盗门的破拆作业。包括液压泵、开门器、小型扩张器、撬棍等工具。其中，开门器最大升限不小于150mm，最大挺举力不小于60kN	2套	—	—
19	毁锁器	防盗门及汽车锁等快速破拆。主要由特种钻头螺栓、锁芯拔除器、锁芯切断器、换向扳手、专用电钻、锁舌转动器等组成	1套	—	—
20	多功能挠钩	事故现场小型障碍清除，火源寻找或灾后清理	1套	1套	—
21	绝缘剪断钳	事故现场电线电缆或其他带电体的剪切	2把	—	—

特勤消防站堵漏器材配备标准 表8-16

序号	器材名称	主要用途及要求	配备	备份	备注
1	内封式堵漏袋	圆形容器、密封沟渠或排水管道的堵漏作业。工作压力不小于0.15MPa	1套	—	每套不少于4种规格
2	外封式堵漏袋	管道、容器、油罐车或油槽车、油桶与储罐罐体外部的堵漏作业。工作压力不小于0.15MPa	1套	—	每套不少于2种规格
3	捆绑式堵漏袋	管道及容器裂缝堵漏作业。袋体径向缠绕，工作压力不小于0.15MPa	1套	—	每套不少于2种规格
4	下水道阻流袋	阻止有害液体流入城市排水系统，材质具有防酸碱性能	2个	—	—
5	金属堵漏套管	管道孔、洞、裂缝的密封堵漏。最大封堵压力不小于1.6MPa	1套	—	每套不少于9种规格
6	堵漏枪	密封油罐车、液罐车及储罐裂缝。工作压力不小于0.15MPa，有圆锥形和楔形两种	*	—	每套不少于4种规格
7	阀门堵漏套具	阀门泄漏堵漏作业	*	—	—
8	注入式堵漏工具	阀门或法兰盘堵漏作业。无火花材料。配有手动液压泵，泵缸压力不小于74MPa	1组	—	含注入式堵漏胶1箱
9	粘贴式堵漏工具	罐体和管道表面点状、线状泄漏的堵漏作业。无火花材料。包括组合工具、快速堵漏胶等	1组	—	—
10	电磁式堵漏工具	各种罐体和管道表面点状、线状泄漏的堵漏作业	1组	—	—
11	木制堵漏楔	压力容器的点状、线状泄漏或裂纹泄漏的临时封堵	1套	1套	每套不少于28种规格
12	气动吸盘式堵漏器	封堵不规则孔洞。气动、负压式吸盘，可输转作业	*	—	—
13	无火花工具	易燃易爆事故现场的手动作业。一般为铜质合金材料	2套	—	配备不低于11种规格
14	强磁堵漏工具	压力管道、阀门、罐体的泄漏封堵	*	—	—

特勤消防站输转器材配备标准 表8-17

序号	器材名称	主要用途及要求	配备	备份
1	手动隔膜抽吸泵	输转有毒、有害液体。手动驱动，输转流量不小于3t/h，最大吸入颗粒粒径10mm，具有防爆性能	1台	—
2	防爆输转泵	吸附、输转各种液体。一般排液量6t/h，最大吸入颗粒粒径5mm，安全防爆	1台	—
3	黏稠液体抽吸泵	快速抽取有毒有害及黏稠液体，电机驱动，配有接地线，安全防爆	1台	—
4	排污泵	吸排污水	*	—
5	有毒物质密封桶	装载有毒、有害物质。防酸碱，耐高温	1个	—
6	围油栏	防止油类及污水蔓延。材质防腐，充气、充水两用型，可在陆地或水面使用	1组	—
7	吸附垫	酸、碱和其他腐蚀性液体的少量吸附	2箱	1箱
8	集污袋	暂存酸、碱及油类液体。材料耐酸、碱	2只	—

特勤消防站洗消器材配备标准　表8-18

序号	器材名称	主要用途及要求	配备	备份
1	公众洗消站	对从有毒物质污染环境中撤离人员的身体进行喷淋洗消。也可以做临时会议室、指挥部、紧急救护场所等。帐篷展开面积30m^{2}以上。配有电动充、排气泵、洗消供水泵、洗消排污泵、洗消水加热器、暖风发生器、温控仪、洗消喷淋器、洗消液均混罐、洗消喷枪、移动式高压洗消泵（含喷枪）、洗消废水回收袋等	1套	—
2	单人洗消帐篷	消防员离开污染现场时特种服装的洗消。配有充气、喷淋、照明等辅助装备	1套	—
3	简易洗消喷淋器	消防员快速洗消装置。设置有多个喷嘴，配有不易破损软管支脚，遇压呈刚性。重量轻，易携带	1套	—
4	强酸、碱洗消器	化学品污染后的身体洗消及装备洗消。利用压缩空气为动力和便携式压力喷洒装置，将洗消药液形成雾状喷射，可直接对人体表面进行清洗。适用于化学品灼伤的清洗。容量为5L	1具	—
5	强酸、碱清洗剂	化学品污染后的身体局部洗消及器材洗消。容量为50～200mL	5瓶	—
6	生化洗消装置	生化有毒物质洗消	*	—
7	三合一强氧化洗消粉	与水溶解后可对酸、碱物质进行表面洗消	1袋	—
8	三合二洗消剂	对地面、装备进行洗消，不能对精密仪器、电子设备及不耐腐蚀的物体表面进行洗消	2袋	1袋
9	有机磷降解酶	对被有机磷、有机氯和硫化物污染的人员、服装、装备以及土壤、水源进行洗消降毒，尤其适用于农药泄漏事故现场的洗消。洗消剂本身无毒、无腐蚀、无刺激，降解后产物无毒害，无二次污染	2盒	1盒
10	消毒粉	用于皮肤、服装、装备的局部消毒。可吸附各种液态化学品。主要成分为蒙脱土，不溶于水和有机溶剂，无腐蚀性	2袋	1袋

特勤消防站照明、排烟器材配备标准　表8-19

序号	器材名称	主要用途及要求	配备	备份	备注
1	移动式排烟机	灾害现场排烟和送风。有电动、机动、水力驱动等几种	2台	—	—
2	坑道小型空气输送机	狭小空间排气送风。可快速实现正负压模式转换，有配套风管	1台	—	—
3	移动照明灯组	灾害现场的作业照明。由多个灯头组成，具有升降功能，发电机可选配	1套	—	—
4	移动发电机	灾害现场供电。功率不小于5kW	2台	—	若移动照明灯组已自带发电机，则可视情不配
5	消防排烟机器人	地铁、隧道及石化装置火灾事故现场排烟、冷却等	*	—	—

特勤消防站其他器材配备标准　表8-20

序号	器材名称	主要用途及要求	配备	备份	备注
1	大流量移动消防炮	扑救大型油罐、船舶、石化装置等火灾。流量不小于100L/s，射程不小于70m	*	—	—
2	空气充填泵	气瓶内填充空气。可同时充填两个气瓶，充气量应不小于300L/min	1台	—	

续表

序号	器材名称	主要用途及要求	配备	备份	备注
3	防化服清洗烘干器	烘干防化服。最高温度40℃，压力为21kPa	1组	—	—
4	折叠式救援梯	登高作业。伸展后长度不小于3m，额定承载不小于450kg	1具	—	—
5	水幕水带	阻挡稀释易燃易爆和有毒气体或液体蒸汽	100m	—	—
6	消防灭火机器人	高温、浓烟、强热辐射、爆炸等危险场所的灭火和火情侦察	*	—	—
7	高倍数泡沫发生器	灾害现场喷射高倍数泡沫	1个	—	—
8	消防移动储水装置	现场的中转供水及缺水地区的临时储水	*	—	水源缺乏地区可增加配备数量
9	多功能消防水枪	火灾扑救，具有直流喷雾无级转换、流量可调、防扭结等功能	10支	5支	又名导流式直流喷雾水枪
10	直流水枪	火灾扑救，具有直流射水功能	10支	5支	—
11	移动式细水雾灭火装置	灾害现场灭火或洗消	*	—	—
12	消防面罩超声波清洗机	空气呼吸器面罩清洗	1台	—	—
13	灭火救援指挥箱	为指挥员提供辅助决策。内含笔记本电脑、GPS模块、测温仪等	1套	—	—
14	无线视频传输系统	可对事故现场的音视频信号进行实时采集与远程传输。无线终端应具有防水、防爆、防震等功能	*	—	至少包含一个主机并能同时接收多路音视频信号

普通消防站抢险救援器材配备标准 表8-21

名称	器材名称	主要用途及要求	配备	备份	备注
侦检	有毒气体探测仪	探测有毒气体、有机挥发性气体等。具备自动识别、防水、防爆性能	1套	—	—
	可燃气体检测仪	可检测事故现场多种易燃易爆气体的浓度	1套	—	—
	消防用红外热像仪	黑暗、浓烟环境中人员搜救或火源寻找。性能符合《消防用红外热像仪》（GA/T 635—2006）的要求，有手持式和头盔式两种	1台	—	—
	测温仪	非接触测量物体温度，寻找隐藏火源。测温范围：-20～450℃	1个	1个	—
警戒	各类警示牌	事故现场警戒警示。具有发光或反光功能	1套	1套	—
	闪光警示灯	灾害事故现场警戒警示。频闪型，光线暗时自动闪亮	2个	1个	—
	隔离警示带	灾害事故现场警戒。具有发光或反光功能，每盘长度约250m	10盘	4盘	—

续表

名称	器材名称	主要用途及要求	配备	备份	备注
破拆	液压破拆工具组	建筑倒塌、交通事故等现场破拆作业。包括机动液压泵、手动液压泵、液压剪切器、液压扩张器、液压剪扩器、液压撑顶器等，性能符合《液压破拆工具通用技术条件》(GB/T 17906—1999)的要求	2套	—	—
	机动链锯	切割各类木质障碍物	1具	1具	增加锯条备份
	无齿锯	切割金属和混凝土材料	1具	1具	增加锯片备份
	手动破拆工具组	由冲杆、拆锁器、金属切断器、凿子、钎子等部件组成，事故现场手动破拆作业	1套	—	—
	多功能挠钩	事故现场小型障碍清除，火源寻找或灾后清理	1套	1套	—
	绝缘剪断钳	事故现场电线电缆或其他带电体的剪切	2把	—	—
	便携式防盗门破拆工具组	主要用于卷帘门、金属防盗门的破拆作业。包括液压泵、开门器、小型扩张器、撬棍等工具。其中，开门器最大升限不小于150mm，最大挺举力不小于60kN	2套	—	—
	毁锁器	防盗门及汽车锁等快速破拆。主要由特种钻头螺栓、锁芯拔除器、锁芯切断器、换向扳手、专用电钻、锁舌转动器等组成	1套	—	—
救生	救生缓降器	高处救人和自救。性能符合《建筑救生缓降器设置技术规范》(DB 37/T 675—2007)的要求	3个	1个	—
	气动起重气垫	交通事故、建筑倒塌等现场救援。有方形、柱形、球形等类型，依据起重重量，可划分为多种规格	1套	—	方形、柱形气垫每套不少于4种规格，球形气垫每套不少于2种规格
	消防过滤式自救呼吸器	事故现场被救人员呼吸防护。性能符合相关标准的要求	20具	10具	含滤毒罐
	多功能担架	深井、狭小空间、高空等环境下的人员救助。可水平或垂直吊运，承重不小于120kg	1副	—	—
	救援支架	高台、悬崖及井下等事故现场救援。金属框架，配有手摇式绞盘，牵引滑轮最大承载不小于2.5kN，绳索长度不小于30m	1组	—	—
	救生抛投器	远距离抛投救生绳或救生圈。气动喷射，投射距离不小于60m	*	—	—
	救生照明线	能见度较低情况下的照明及疏散导向。具备防水、质轻、抗折、耐拉、耐压、耐高温等性能。每盘长度不小于100m	2盘	—	—
	医药急救箱	现场医疗急救。包含常规外伤和化学伤害急救所需的敷料、药品和器械等	1个	1个	—
堵漏	木制堵漏楔	压力容器的点状、线状泄漏或裂纹泄漏的临时封堵	1套	—	每套不少于28种规格
	金属堵漏套管	管道孔、洞、裂缝的密封堵漏。最大封堵压力不小于1.6MPa	1套	—	每套不少于9种规格

续表

名称	器材名称	主要用途及要求	配备	备份	备注
堵漏	粘贴式堵漏工具	罐体和管道表面点状、线状泄漏的堵漏作业。无火花材料。包括组合工具、快速堵漏胶等	1组	—	—
	注入式堵漏工具	阀门或法兰盘堵漏作业。无火花材料。配有手动液压泵，泵缸压力不小于74MPa	1组	—	含注入式堵漏胶1箱
	电磁式堵漏工具	各种罐体和管道表面点状、线状泄漏的堵漏作业	*	—	—
	无火花工具	易燃易爆事故现场的手动作业。一般为铜质合金材料	1套	—	配备不低于11种规格
排烟照明	移动式排烟机	灾害现场排烟和送风。有电动、机动、水力驱动等几种	1台	—	—
	移动照明灯组	灾害现场的作业照明。由多个灯头组成，具有升降功能，发电机可选配	1套	—	—
	移动发电机	灾害现场供电。功率不小于5kW	1台	—	若移动照明灯组已自带发电机，则可视情不配
其他	水幕水带	阻挡稀释易燃易爆和有毒气体或液体蒸汽	100m	—	—
	空气充填泵	气瓶内填充空气。可同时充填两个气瓶，充气量应不小于300L/min	*	—	—
	多功能消防水枪	火灾扑救，具有直流喷雾无级转换、流量可调、防扭结等功能	6支	3支	又名导流式直流喷雾水枪
	直流水枪	火灾扑救，具有直流射水功能	10支	5支	—
	灭火救援指挥箱	为指挥员提供辅助决策。内含笔记本电脑、GPS模块、测温仪等	1套	—	—

（6）消防站消防员基本防护装备配备品种及数量不应低于表8-22的规定，消防员特种防护装备配备品种及数量不应低于表8-23的规定。防护装备的技术性能应符合国家有关标准。

消防员基本防护装备配备标准　　表8-22

序号	名称	主要用途及性能	普通消防站				特勤消防站		备注
			一级普通消防站		二级普通消防站				
			配备	备份比	配备	备份比	配备	备份比	
1	消防头盔	用于头部、面部及颈部的安全防护。技术性能符合《消防头盔》（GA 44—2015）的要求	2顶/人	4：1	2顶/人	4：1	2顶/人	2：1	—
2	消防员灭火防护服	用于灭火救援时身体防护。技术性能符合《消防员灭火防护服》（GA10—2014）的要求	2套/人	1：1	2套/人	1：1	2套/人	1：1	—

续表

序号	名称	主要用途及性能	普通消防站				特勤消防站		备注
			一级普通消防站		二级普通消防站				
			配备	备份比	配备	备份比	配备	备份比	
3	消防手套	用于手部及腕部防护。技术性能不低于《消防手套》（GA 7—2004）中1类消防手套的要求	4副/人	1：1	4副/人	1：1	4副/人	1：1	宜根据需要选择配备2类或3类消防手套
4	消防安全腰带	登高作业和逃生自救。技术性能符合《消防用防坠装备》（GA 494—2004）的要求	1根/人	4：1	1根/人	4：1	1根/人	4：1	—
5	消防员灭火防护靴	用于小腿部和足部防护。技术性能符合《消防员灭火防护靴》（GA 6—2004）的要求	2双/人	1：1	2双/人	1：1	2双/人	1：1	—
6	正压式消防空气呼吸器	缺氧或有毒现场作业时的呼吸防护。技术性能符合《正压式消防空气呼吸器》（GA 124—2013）的要求	1具/人	5：1	1具/人	5：1	1具/人	4：1	宜根据需要选择配备6.8L、9L或双6.8L气瓶，并选配他救接口。备用气瓶按照正压式空气呼吸器总量1：1备份
7	佩戴式防爆照明灯	消防员单人作业照明	1个/人	5：1	1个/人	5：1	1个/人	5：1	—
8	消防员呼救器	呼救报警。技术性能符合《消防员呼救器》（GB 27900—2011）的要求	1个/人	4：1	1个/人	4：1	1个/人	4：1	配备具有方位灯功能的消防员呼救器，可不配方位灯
9	方位灯	消防员在黑暗或浓烟等环境中的位置标识	1个/人	5：1	1个/人	5：1	1个/人	5：1	
10	消防轻型安全绳	消防员自救和逃生。技术性能符合《消防用防坠装备》（GA 494—2004）的要求	1根/人	4：1	1根/人	4：1	1根/人	4：1	—
11	消防腰斧	灭火救援时手动破拆非带电障碍物。技术性能符合《消防腰斧》（GA 630—2006）的要求	1把/人	5：1	1把/人	5：1	1把/人	5：1	优先配备多功能消防腰斧
12	消防员灭火防护头套	灭火救援时头面部和颈部防护。技术性能符合《消防员灭火防护头套》（GA 869—2010）的要求	2个/人	4：1	2个/人	4：1	2个/人	4：1	原名阻燃头套

续表

序号	名称	主要用途及性能	普通消防站				特勤消防站		备注
			一级普通消防站		二级普通消防站				
			配备	备份比	配备	备份比	配备	备份比	
13	防静电内衣	可燃气体、粉尘、蒸汽等易燃易爆场所作业时躯体内层防护	2套/人	—	2套/人	—	3套/人	—	—
14	消防护目镜	抢险救援时眼部防护	1个/人	4：1	1个/人	4: : 1	1个/人	4：1	—
15	抢险救援头盔	抢险救援时头部防护。技术性能符合《消防员抢险救援防护服装》（GA 633—2006）的要求	1顶/人	4：1	1顶/人	4：1	1顶/人	4：1	—
16	抢险救援手套	抢险救援时手部防护。技术性能符合《消防员抢险救援防护服装》（GA 633—2006）的要求	2副/人	4：1	2副/人	4：1	2副/人	4：1	—
17	抢险救援服	抢险救援时身体防护。技术性能符合《消防员抢险救援防护服装》（GA 633—2006）的要求	2套/人	4：1	2套/人	4：1	2套/人	4：1	—
18	抢险救援靴	抢险救援时小腿部及足部防护。技术性能符合《消防员抢险救援防护服装》（GA 633—2006）的要求	2双/人	4：1	2双/人	4：1	2双/人	2：1	—

注：寒冷地区的消防员防护装具应考虑防寒需要。表中“备份比”系指消防员防护装备投入使用数量与备用数量之比。下同。

消防员特种防护装备配备标准 表8-23

序号	名称	主要用途及性能	普通消防站				特勤消防站		备注
			一级普通消防站		二级普通消防站				
			配备	备份比	配备	备份比	配备	备份比	
1	消防员隔热防护服	强热辐射场所的全身防护。技术性能符合《消防员隔热防护服》（GA 634—2006）的要求	4套/班	4：1	4套/班	4：1	4套/班	2：1	优先配备带有空气呼吸器背囊的消防员隔热防护服

续表

序号	名称	主要用途及性能	普通消防站				特勤消防站		备注
			一级普通消防站		二级普通消防站				
			配备	备份比	配备	备份比	配备	备份比	
2	消防员避火防护服	进入火焰区域短时间灭火或关阀作业时的全身防护	2套/站	—	2套/站	—	3套/站	—	—
3	二级化学防护服	化学灾害现场处置挥发性化学固体、液体时的躯体防护。技术性能符合《消防员化学防护服装》(GA 770—2008)的要求	6套/站	—	4套/站	—	1套/人	4：1	原名消防防化服或普通消防员化学防护服。应配备相应的训练用服装
4	一级化学防护服	化学灾害现场处置高浓度、强渗透性气体时的全身防护。具有气密性，对强酸强碱的防护时间不低于1h。应符合《消防员化学防护服装》(GA 770—2008)的要求	2套/站	—	2套/站	—	6套/站	—	原名重型防化服或全密封消防员化学防护服。应配备相应的训练用服装
5	特级化学防护服	化学灾害现场或生化恐怖袭击现场处置生化毒剂时的全身防护。具有气密性，对军用芥子气、沙林、强酸强碱和工业苯的防护时间不低于1h	*	—	*	—	2套/站	—	可替代一级消防员化学防护服使用。应配备相应的训练用服装
6	核沾染防护服	处置核事故时，防止放射性沾染伤害	—	—	—	—	*	—	原名防核防化服。距核设施及相关研究、使用单位较近的消防站宜优先配备
7	防蜂服	防蜂类等昆虫侵袭的专用防护	*	—	*	—	2套/站	—	有任务需要的普通消防站配备数量不宜低于2套/站
8	防爆服	爆炸场所排爆作业的专用防护	—	—	—	—	*	—	承担防爆任务的消防站配备数量不宜低于2套/站
9	电绝缘装具	高电压场所作业时的全身防护。技术性能符合《带电作业用屏蔽服装》(GB/T6568—2008)的要求	2套/站	—	2套/站	—	3套/站	—	—

续表

序号	名称	主要用途及性能	普通消防站				特勤消防站		备注
			一级普通消防站		二级普通消防站				
			配备	备份比	配备	备份比	配备	备份比	
10	防静电服	可燃气体、粉尘、蒸汽等易燃易爆场所作业时的全身外层防护。技术性能符合《防静电服》(GB/12014—2009)的要求	6套/站	—	4套/站	—	12套/站	—	—
11	内置纯棉手套	应急救援时的手部内层防护	6副/站	—	4副/站	—	12套/站	—	—
12	消防阻燃毛衣	冬季或低温场所作业时的内层防护	*	—	*	—	1件/人	4∶1	—
13	防高温手套	高温作业时的手部和腕部防护	4副/站	—	4副/站	—	6副/站	—	—
14	防化手套	化学灾害事故现场作业时的手部和腕部防护	4副/站	—	4副/站	—	6副/站	—	—
15	消防通用安全绳	消防员救援作业。技术性能符合《消防用防坠装备》(GA 494—2004)的要求	2根/班	2∶1	2根/班	2∶1	4根/班	2∶1	—
16	消防Ⅰ类安全吊带	消防员逃生和自救。技术性能符合《消防用防坠装备》(GA 494—2004)的要求	*	—	*	—	4根/班	2:1	—
17	消防Ⅱ类安全吊带	消防员救援作业。技术性能符合《消防用防坠装备》(GA 494—2004)的要求	2根/班	2∶1	2根/班	2∶1	4根/班	2∶1	宜根据需要选择配备消防Ⅱ类安全吊带和消防Ⅲ类安全吊带中的一种或两种
18	消防Ⅲ类安全吊带	消防员救援作业。技术性能符合《消防用防坠装备》(GA 494—2004)的要求	2根/班	2∶1	2根/班	2∶1	4根/班	2∶1	
19	消防防坠落辅助部件	与安全绳和安全吊带、安全腰带配套使用的承载部件。包括：8字环、D形钩、安全钩、上升器、下降器、抓绳器、便携式固定装置和滑轮装置等部件。技术性能符合《消防用防坠装备》(GA 494—2004)的要求	2套/班	3∶1	2套/班	3∶1	2套/班	3∶1	宜根据需要选择配备轻型或通用型消防防坠落辅助部件

续表

序号	名称	主要用途及性能	普通消防站				特勤消防站		备注
			一级普通消防站		二级普通消防站				
			配备	备份比	配备	备份比	配备	备份比	
20	移动供气源	狭小空间和长时间作业时呼吸保护	1套/站	—	1套/站	—	2套/站	—	—
21	正压式消防氧气呼吸器	高原、地下、隧道以及高层建筑等场所长时间作业时的呼吸保护。技术性能符合《正压式消防氧气呼吸器》(GA 632—2006)的要求	*	—	*	—	4具/站	2：1	承担高层、地铁、隧道或在高原地区承担灭火救援任务的普通消防站配备数量不宜低于2具/站
22	强制送风呼吸器	开放空间有毒环境中作业时呼吸保护	*	—	*	—	2套/站	—	滤毒罐按照强制送风呼吸器总量1：2备份
23	消防过滤式综合防毒面具	开放空间有毒环境中作业时呼吸保护	*	—	*	—	1套/2人	4：1	滤毒罐按照消防过滤式综合防毒面具总量1：2备份
24	潜水装具	水下救援作业时的专用防护	*	—	*	—	4套/站	—	承担水域救援任务的普通消防站配备数量不宜低于4套/站
25	消防专用救生衣	水上救援作业时的专用防护。具有两种复合浮力配置方式，常态时浮力能保证单人作业，救人时最大浮力可同时承载两个成年人，浮力不小于140kg	*	—	*	—	1件/2人	2：1	承担水域应急救援任务的普通消防站配备数量不宜低于1件/2人
26	手提式强光照明灯	灭火救援现场作业时的照明。具有防爆性能	3具/班	2：1	3具/班	2：1	3具/班	2：1	—
27	消防员降温背心	降低体温，防止中暑。使用时间不应低于2h	4件/站	—	4件/站	—	4件/班	—	—
28	消防用荧光棒	黑暗或烟雾环境中一次性照明和标识使用	4根/人	—	4根/人	—	4根/人	—	—
29	消防员呼救器后场接收装置	接收火场消防员呼救器的无线报警信号，可声光报警。至少能够同时接收8个呼救器的无线报警信号	*	—	*	—	*	—	若配备具有无线报警功能的消防员呼救器，则每站至少应配备1套

续表

序号	名称	主要用途及性能	普通消防站				特勤消防站		备注
			一级普通消防站		二级普通消防站				
			配备	备份比	配备	备份比	配备	备份比	
30	头骨振动式通信装置	消防员间以及与指挥员间的无线通信，距离不应低于1000m，可配信号中继器	4个/站	—	4个/站	—	8个/站	—	—
31	防爆手持电台	消防员间以及与指挥员间的无线通信，距离不应低于1000m	4个/站	—	4个/站	—	8个/站	—	—
32	消防员单兵定位装置	实时标定和传输消防员在灾害现场的位置和运动轨迹	*	—	*	—	*	—	每套消防员单兵定位装置至少包含一个主机和多个终端

（7）根据灭火救援需要，特勤消防站可视情配备消防搜救犬，最低配备不少于7头。并建设相应设施，配备相关器材。

（8）消防站通信装备的配备，应符合现行国家标准《消防通信指挥系统设计规范》（GB 50313—2013）和《消防通信指挥系统施工及验收规范》（GB 50401—2007）的规定。

（9）消防站应设置单双杠、独木桥、板障、软梯及室内综合训练器等技能、体能训练器材。

（10）消防站的消防水带、灭火剂等易损耗装备，应按照不低于投入执勤配备量1∶1的比例保持库存备用量。

2）水上消防站所配备的消防艇数量是确定其建设规模的主要因素，随着社会经济的快速发展，水上消防站服务社会职能也不断拓展，其抢险救援功能和作用不断提升，应配备一定数量的消防船；通过对部分城市的考察，普遍认为一个水上消防站配备2艘消防船是能够满足需要的；对于服务水域内有货运、客运港口码头的，建议对设有5万t以上的危险化学品装卸泊位的货运港口码头和同级客运码头，应配备大型消防船或拖消两用船，有困难的可配备中型消防船或拖消两用船；对于5万t以下的危险化学品装卸泊位和其他可燃易燃装卸泊位的货运港口码头，应至少配备1艘中型或大型消防船、拖消两用船。其他的水上消防站可根据实际情况，配备大、中、小型消防船或拖消两用船。

因此，水上（海上）消防站船只类型及数量配置如下：

趸船：1艘；

消防艇：1～2艘；

指挥艇：1艘。

3）由于航空消防站消防飞机投资较大，考虑到各城市的具体情况、经济承受能力、消防装备维护管理等方面的具体问题，不作强制要求，但至少应配备1架消防飞机（表8-24～表8-29）。

全国公安消防部队在用消防车辆统计表（截至2013年年底）　表8-24

水罐车	泡沫车	压缩空气泡沫车	高倍泡沫车	泵浦车	干粉车	干粉泡沫联用车	干粉水联用车	涡喷车	二氧化碳车	细水雾车	干粉二氧化碳联用车	其他灭火车	登高平台车	云梯车	举高喷射车	抢险救援车	排烟车	照明车	排烟照明车	高倍泡沫排烟车	远程供水系统	水带敷设车	化学事故抢险救援车	化学洗消车	核生化侦检车	合计（不含摩托车）
9872	4399	1710	5	205	165	170	18	36	8	241	17	47	1578	1126	1710	3636	195	190	64	4	44	60	120	250	15	29634
勘察车	通信指挥车	宣传车	其他专勤	器材车	供水车	供液车	供气车	自卸式车	加油车	饮食保障车	宿营车	发电车	淋浴车	救护车	装备抢修车	其他后援车	机场快速调动车	机场主力泡沫车	其他机场车	防爆车	轨道车	其他类车	灭火摩托车	抢险救援摩托车	其他摩托车	
48	411	452	173	633	153	105	226	101	156	197	81	14	13	36	179	477		1	4	22	12	255	418	16	63	

全国公安消防部队在用抢险救援器材统计表（一）（截至2013年年底）　表8-25

全国总计	侦测器材																	
	有毒气体探测仪	军事毒剂侦检仪	可燃气体检测仪	水质分析仪	电子气象仪	无线复合气体探测仪	视频生命探测仪	音频生命探测仪	雷达生命探测仪	消防用红外热像仪	漏电探测仪	核放射探测仪	电子酸碱测试仪	测温仪	移动式生物快速侦检仪	激光测距仪	便携危险化学品检测片	小计
335596	3669	238	2831	135	818	84	652	417	459	2716	1451	122	398	3401	53	570	1089	19103

警戒器材

警戒标志杆	锥形事故标志柱	隔离警示带	出入口标志牌	危险警示牌	闪光警示灯	手持扩音器	小计
8896	26131	22902	2206	7557	7416	4642	79

救生器材

躯体固定气囊	肢体固定气囊	婴儿呼吸袋	消防过滤式自救呼吸器	救生照明线	折叠式担架	伤员固定抬板	多功能担架	消防救生气垫	救生缓降器	灭火毯	医药急救箱
1340	1035	638	18987	4526	2826	1783	4324	2685	9579	2626	5461

医用简易呼吸器	气动起重气垫	救援支架	救生抛投器	水面漂浮救生绳	机动橡皮舟	敛尸袋	救生软梯	自喷荧光漆	电源逆变器	小计
506	4209	2988	3304	1575	751	6678	3107	997	397	80322

全国公安消防部队在用抢险救援器材统计表（二）（截至2013年年底） 表8-26

破拆器材																
电动剪扩钳	液压破拆工具组	液压万向剪切钳	双轮异向切割锯	机动链锯	无齿锯	气动切割刀	重型支撑套具	冲击钻	凿岩机	玻璃破碎器	手持式钢筋速断器	多功能刀具	混凝土液压破拆工具组	液压千斤顶	便携式汽油金属切割器	手动破拆工具组
1628	4226	1344	2404	4999	5977	679	500	713	767	632	3542	2856	572	4638	168	3318

破拆器材					堵漏器材											
便携式防盗门破拆工具组	毁锁器	多功能挠钩	绝缘剪断钳	小计	内封式堵漏袋	外封式堵漏袋	捆绑式堵漏袋	下水道阻流袋	金属堵漏套管	堵漏枪	阀门堵漏套具	木制堵漏楔	气动吸盘式堵漏器	无火花工具	强磁堵漏工具	小计
1681	1259	3151	8135	53189	863	1151	1248	489	1840	548	277	3877	291	3697	594	20568

输转器材									洗消器材							
手动隔膜抽吸泵	防爆输转泵	黏稠液体抽吸泵	排污泵	有毒物质密封桶	围油栏	吸附垫	集污袋	小计	公众洗消站	单人洗消帐篷	简易洗消喷淋器	强酸、碱洗消器	强酸、碱清洗剂	生化洗消装置	“三合一”强氧化洗消粉	三合二洗消剂
669	382	296	246	393	297	4654	953	7890	261	652	156	372	1146	49	688	272

全国公安消防部队在用抢险救援器材统计表（三）（截至2013年年底） 表8-27

洗消器材			排烟照明器材						其他器材						
有机磷降解酶	消毒粉	小计	移动式排烟机	坑道小型空气输送机	移动照明灯组	移动发电机	消防排烟机器人	小计	大流量移动消防炮（拖车式）	空气充填泵	防化服清洗烘干器	折叠式救援梯	水幕水带	消防灭火机器人	高倍数泡沫发生器
164	499	4259	4114	564	3640	2709	40	11067	617	1663	224	445	8994	67	743

其他器材							
消防移动储水装置	多功能消防水枪	直流水枪	移动式细水雾灭火装置	消防面罩超声波清洗机	灭火救援指挥箱	无线视频传输系统	小计
243	23768	29999	1149	147	2223	748	71030

全国公安消防部队在用基本个人防护装备统计表（截至2013年年底） 表8-28

单位	合计	消防头盔	消防员灭火防护服	消防手套	消防安全腰带	消防员灭火防护靴	正压式消防空气呼吸器	佩戴式防爆照明灯	消防员呼救器	方位灯
数量	1813160	120340	120934	138371	110827	124650	87114	86096	91237	25975

单位	消防轻型安全绳	消防腰斧	防静电内衣	消防员灭火防护头套	消防护目镜	抢险救援头盔	抢险救援手套	抢险救援服	抢险救援靴
数量	93787	95253	40552	54100	38938	59878	57063	61701	63686

全国公安消防部队特种个人防护装备数量统计表（截至2013年年底）　　表8-29

单位	全国合计	消防员隔热防护服	消防员避火防护服	二级化学防护服	一级化学防护服	特级化学防护服	核沾染防护服	防蜂服	防爆服	电绝缘装具	防静电服	内置纯棉手套	消防阻燃毛衣	防高温手套	防化手套	消防通用安全绳
数量	342658	30717	7424	22265	6869	626	235	5127	364	4157	7571	7559	14112	8927	8968	23382
消防Ⅰ类安全吊带	消防Ⅱ类安全吊带	消防Ⅲ类安全吊带	消防防坠落辅助部件	长管空气呼吸器（移动供气源）	正压式消防氧气呼吸器	强制送风呼吸器	消防过滤式综合防毒面具	潜水装具	消防专用救生衣	手提式强光照明灯	消防员降温背心	消防用荧光棒	消防员呼救器后场接收装置	头骨振动式通信装置	防爆手持电台	消防员单兵定位装置
5514	10188	9487	10648	1951	4770	1177	17306	1162	40307	25861	8150	27103	1830	4617	22134	2150

8.3 消防通信规划

现代化的消防通信指挥系统是城市消防综合能力的主要标志之一。消防通信是以消防通信指挥系统为核心，以消防办公自动化系统为主体，以消防信息化为支撑，以消防信息安全为保障，依托城市通信基础设施，充分利用有线、无线、计算机、卫星等通信技术，将通信技术和计算机网络技术有机结合，传递以符号、信号、文字、图像、声音等形式所表达的有关消防信息的一种专用通信方式。消防通信是公安消防部队顺利完成防火灭火、抢险救援和重大消防保卫任务所必不可少的通信手段。

8.3.1 目标和要求

消防通信规划目标是建设适应城市特点和消防安全要求，以消防接处警、作战指挥和战备管理为核心，以消防业务数据平台、图像传输和显示等软硬件系统为外部支撑，依托先进的有线通信、无线通信、计算机网络通信、卫星通信，集计算机辅助决策、地理信息系统（GIS）、全球卫星定位系统（GPS）和数据库管理等技术为一体的先进、实用、可靠的综合性消防通信指挥系统。城市的消防通信指挥系统应与城市经济发展水平相匹配，具备处置各类火灾及灾害事故，特别是重特大火灾事故的能力。应注重加强消防信息化系统基础设施建设，提高信息资源数量和质量，以消防信息化带动消防现代化，促进城市消防事业的全面发展。

8.3.2 基本原则

消防通信规划要遵循以下五个基本原则：

（1）协调发展原则。消防通信规划要与城市通信规划保持一致，同时要与当地经济社会发展相协调。

（2）因地制宜原则。消防通信规划编制要充分考虑各地经济发展水平和地区发展规模的差异，具有针对性、可操作性。

（3）分步实施原则。消防通信规划应在城市消防规划中统一规划，在建设总体目标基础上，结合当地实际，制定远、中、近期目标来进行分步实施。

（4）适度超前原则。消防通信规划要有前瞻性，充分考虑现实状况和未来发展水平，使系统具备可扩展性功能。

（5）先进可靠原则。消防通信规划应采用先进、可靠、实用的主流技术，确保通信安全畅通和信息灵活高效。

8.3.3 规划主要内容

消防通信规划可归纳为“1个基础网络设施、4个系统、2个体系”的建设规划，即消防通信基础网络设施规划、消防通信指挥中心系统规划、消防站通信系统规划、火场指挥通信系统规划、个人通信装备系统规划、消防信息安全保障体系规划和运行管理体系规划等七个方面，如图8-14所示。

1. 消防通信基础网络设施

1）有线通信

有线通信系统作为城市火灾报警、火灾受理、下达出动指令、调动增援力量和日常消防业务联络工作的主要通信手段之一，应充分利用现有成熟通信技术全面覆盖城市消防区域（包括消防站）。消防有线通信主要包括四种方式。

（1）报警电话

城市应设119报警台或设置119、110、122“三台合一”报警台。公网火灾报警电话应接入报警服务台的程控交换机，程控交换机应具备排队调度功能，中继线接入原则上应采用双路由方案，信令宜采用7号信令方式。

（2）专线电话

119报警服务台与各消防站之间应至少设一条火警调度专线，可用于语音调度或数据指令调度；与公安、供水、供电、供气、医疗救护、交通管理、电信、环保、气象、地震等部门或联动单位应至少设一条火警调度专线或数据指令调度通道；与易燃易爆等

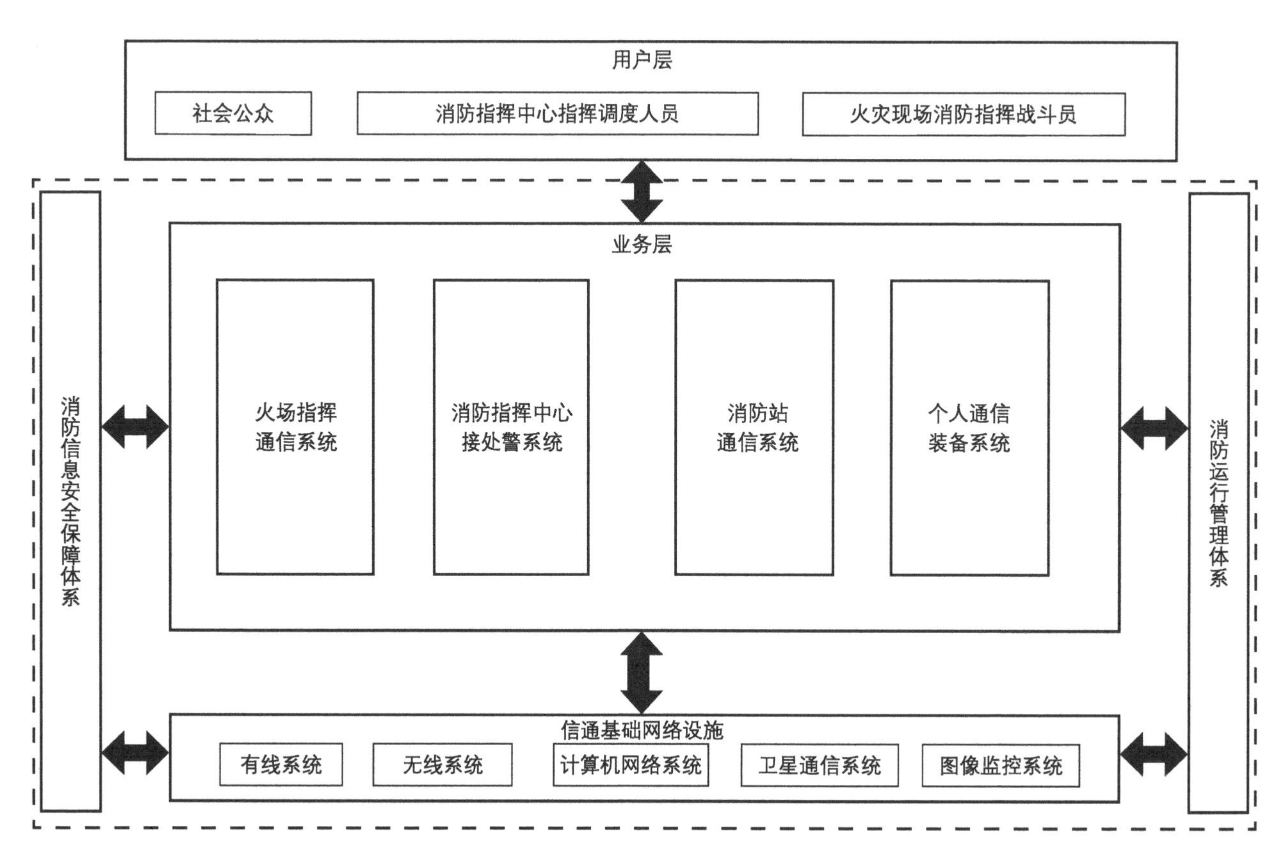

图8-14 消防通信规划框图

消防安全重点保护单位之间应设火警调度专线。

（3）行政电话

消防报警服务台和消防站应设置与接处警席位匹配的行政电话，用于日常行政通话，同时可作为专线电话的备份。行政电话可以是开通外线功能的分机，也可以是具有市话功能的直线电话。为便于通信联络，行政电话交换机在条件允许的情况下，可与当地公安有线网络连接，实现分机间的等位拨打。

（4）专网IP电话

在网络允许的条件下，可在三级网络基础上，建设独立的消防专网IP电话，以实现消防各单位电话资源统一编码、统一调度、统一管理的目的。但在重要位置（如报警服务台，支、大、中队通信室等）必须另外设置公网直线电话。

2）无线通信

消防无线通信系统是消防通信的重要手段之一，城市须建立消防专用无线指挥调度网，社会公众无线网可作为消防无线通信网的补充，但不能作为主要通信方式。消防无线通信网主要包括以下几种网络。

（1）350M消防无线三级网络

消防无线通信网应由城市消防辖区覆盖网、现场指挥网和灭火救援战斗网三级网络组成。具体组网方案应满足《消防部队350MHz无线通信组网技术方案》的有关要求。各地区应确定一组双频和一个单频作为全国公安消防部队跨区域作战指挥使用。

为提高频率利用率、提升电台使用功能和性能，频率资源充足的地区，宜规划建设350M消防专用集群网。

（2）800M数字集群网

在当地公安已经建成800M数字集群的地区，宜纳入所在地公安800M数字集群网，作为消防无线一级网络的备份。在条件许可的情况下，也可规划独立建设800M数字集群网。

（3）大型封闭空间无线通信网络

地铁、地下商场等人流密集的大型地下封闭空间宜规划设置消防无线通信系统，将城市地面的消防无线通信电波延伸到地下空间，设置所需的消防无线引入系统。系统实施方案应根据所在城市消防无线通信系统的制式、频点进行设置。

3）计算机网络

应以《全国公安消防信息化建设一期规划（2003—2005年）》为依据规划建设消防三级网络。

一级网络建设主要依托“金盾工程”公安主干网和当地公安厅（局）公安专网，实现部消防局到各省（区、市）消防总队、有关消防科研机构和消防院校的联网；二级网络建设可依托当地公安局（处）网络，实现各省（区、市）消防总队到市（地、州）消防支队的联网，有条件的地方也可自行组建独立的消防专用网络；三级网络可采用光缆方式实现各市（地、州）消防支队到消防大队和中队的联网，一般可采用专线方式。

消防办公网应依托三级网络，消防指挥网原则上应独立组网，不宜与消防办公网共用。

4）卫星通信

有条件的地区，可规划建设GPS卫星定位系统，在消防灭火战斗车辆上安装卫星定位装置，对消防车辆的位置和状态进行实时跟踪监控，以便于指挥中心调度指挥。

在消防通信指挥车上安装卫星发射接收装置，用于在现场采集火灾图像后传送至消防指挥中心，为后方指挥调度人员进行指挥决策提供依据。

5）图像监控系统

为了解和掌握重点单位、重要场所、重大危险源以及火灾现场的情况，可选择地势高、视野开阔、观察范围广的制高点架设高空消防瞭望系统，用于对城市进行消防监控。

为共享资源，城市应建立消防信息综合管理系统，有条件的城市可建立消防图像监控系统、高空瞭望系统，并与道路交通图像监控、城市通信等系统联网，实现资源共享，预警和实时监控火灾状况。其中，消防图像监控系统应与公安、交警的图像监控系统联网。

2. 消防通信指挥中心系统

按照城市总体规划和消防安全体系的要求，城市应设置消防指挥中心，并结合城市综合防灾的要求，增加城市灾害紧急处置功能。

城市消防通信指挥中心应包括火灾报警、火警受理、火场指挥、消防信息综合管理和训练模拟等子系统。系统技术构成主要按照功能子系统划分，以便能够较清晰地了解城市消防通信指挥系统完成主要功能所需的软硬件设备、网络、线路等。城市消防通信系统规划和建设应符合《消防通信指挥系统设计规范》（GB50313—2013）的有关规定。

为提高接处警效率，在条件许可的情况下，宜采用集中接警方式。对成规模的消防危险重点区域（如化工区、核电厂、重工业区等），可考虑建立分指挥中心系统，承担该区域的火灾受理工作。分指挥中心系统应与指挥中心实现网络连通。

在大型、特大型城市宜建设消防指挥中心备份系统，实现消防通信指挥功能和数据的双备份，但应遵循“规模缩小，质量相当”的原则。

1）火灾接警

消防通信指挥中心系统应具备119火警电话和各类专线报警电话接入能力，也可接入“三台合一”公安指挥中心、城市应急联动中心和相关上级指挥中心。

消防通信指挥中心系统应具备自动接收城市建筑消防设施远程监控系统（城市火灾报警信息系统）的火灾报警信息的功能。

2）火灾处理

消防通信指挥中心系统应具有应用有线、无线网络，通过图像、语音或数据传输对火灾现场进行监视，采集和处理灾害现场的相关信息，进行指挥调度、辅助决策、检索消防地理信息、实时数字录音、显示消防实力和战情等功能。

并应具备处理重大恶性火灾和同时受理多起火灾的能力。

3）档案管理

消防通信指挥中心系统档案管理是对消防通信指挥中心系统受理的所有火灾案件信息进行统一管理，包括火灾档案的记录与整理两个方面的内容。

4）指挥训练模拟

指挥训练模拟主要实现用户火警受理模拟训练和灭火技战术指挥模拟训练。模拟演练数据库应当包括消防重点保护单位灭火预案、灭火档案，并且可以进行火灾统计、出动车辆统计等。

5）消防信息综合管理

消防信息综合管理为消防通信指挥中心系统提供各类消防业务信息，并进行统一管理和日常维护。

消防信息综合管理应具备随时查阅当前火场信息、火场周围建筑物信息、重点单位信息、化学危险品信息、消防值班信息、企业消防队信息等功能。

3. 消防站通信系统

1）有线电话

消防站可设置公务用小型程控交换机。消防站通信室应设置直线电话，供火警调度专用。为便于中队辖区所属消防重点单位及时报警，消防站通信室可与辖区内的重点单位建立火警专线电话。

2）无线电台

消防站通信室应架设350M固定台，每台消防车应配置350M车载电台和350M手持台。

在条件许可的情况下，可为中队消防指挥人员配置与公安联网的800M数字集群手持电台。

3）火警终端台

消防站火警终端台由处警电脑（含处警软件）、打印机、功放、扩音系统及联动装置等组成。

4）消防车通信设备

每台消防车应配置350M车载电台。消防车可配置GPS定位和常用消防指令下达装置。在有条件的地区，消防车可配置车载信息终端（车载电脑），通过无线数据传输通道与指挥中心联网，实时查询相关消防业务数据如电子灭火预案。

5）消防站图像监控

有条件的地方，可规划利用现有三级网络资源，在消防站车库、操场、通信室安装有云台和具备远程控制功能的摄像机，将采集到的图像经数字压缩后传输到指挥中心，供指挥中心远程监控消防站的日常战备训练、接警出动情况。

4. 火场指挥通信系统

火场指挥通信系统在消防指挥系统中发挥着极其重要的作用，是消防指挥中心和现场指挥作战人员交互信息的纽带，主要包括通信指挥车和宽带无线网。

1）通信指挥车

为便于消防现场指挥决策，应配置通信指挥车。省、直辖市消防总队应配置大型通信指挥车，应具备有线、无线、计算机调度、现场实时图像传输、会议讨论、辅助决策等功能。地、县级以下消防支（大）队宜配置中小型通信指挥车，应至少具备有线、无线、辅助决策功能。

2）宽带无线网

为便于现场消防数据交互，以利于指挥决策，可组建无线宽带局域网。在技术成熟条件下，可依托CDMA技术、微波技术和3G技术组建宽带无线网，实现现场动态图像传输。

5. 个人通信装备系统

个人通信装备是消防指战员交互信息指令的必备装备，是消防通信指挥系统的一个重要环节，也对消防人员的生命安全提供可靠的保障。除规划配置常规消防员个人通信装备外，有条件的地区宜配置消防员个人定位系统、消防员个人信息终端等。

6. 消防信息安全保障体系

消防信息安全保障体系是实现消防通信系统信息共享、快速反应和高效运行的重要保证。应从安全性、可靠性、保密性、完整性、可用性、可扩展性角度加以规划，其中网络安全性和可靠性是整个消防信息安全保障体系的基础，应注意统一规划。

7. 消防运行管理体系

完善的消防运行管理体系也是消防通信系统建设的重要保证，应从组织机构职能、人员配置及培训、运行维护管理等方面进行规划。

8.4 消防供水规划

消防供水设施是城市公共消防设施的重要组成部分。自古以来，水一直被广泛地用于灭火，同时，据有关统计资料，城市许多火灾由小火酿成大灾都存在着消防水源缺乏的问题，即“火旺源于水少”。因此，无论在城市给水系统规划中，还是在城市消防规划中，消防供水规划都是非常重要的一个组成部分（图8-15）。

国内城市消防供水普遍存在的问题是：

（1）城市水资源匮乏，或水资源较丰富而城市给水系统规模小、能力不足，或城市给水能力有富余而管网设施建设滞后，以致城市生产、生活、消防用水都缺乏保障。

（2）城市消防水源单一，缺乏其他的人工消防水源，天然消防水源取水设施建设滞后。

（3）城市给水管道管径偏小，以致水量小、水压低，不能满足消火栓取水的要求；或给水管网系统结构不合理，管道陈旧，管材质量差，不能满足火灾时水量调度和消防加压供水的要求。

（4）城市消防供水问题中，最普遍、后果也最严重的问题是市政消火栓数量严重不足。而且，一些城市消火栓种类繁多，器材供应又跟不上，给扑救火灾带来不便。

消防供水主要包括消防水源和消防供水设施两部分。消防水源是指可利用的用于扑救火灾的水资源，主要包括市政给水管网、天然水源（如江河、湖泊、水库、海洋、地下水等）和人工水源（如城市二次再

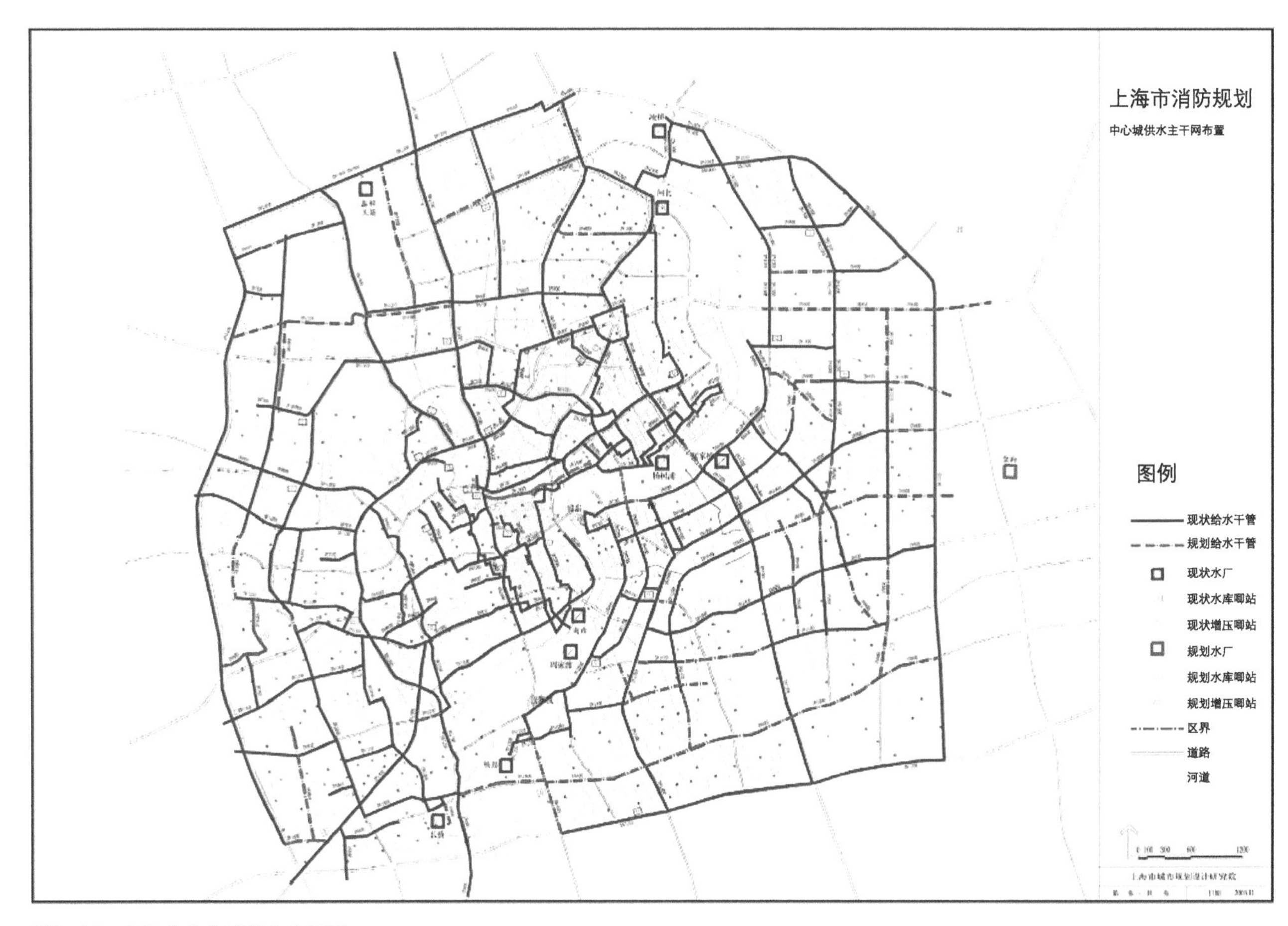

图8-15 上海市中心城供水主干网
（资料来源：《上海市消防规划（2003—2020年）》）

生水、消防水池、景观水池、游泳池等）等。消防供水设施主要包括供水管网、消火栓（消防水鹤）、消防水池、取（供）水泵房等。消防供水是确保有效扑救火灾的重要条件。据火灾统计资料显示，在成功扑救火灾的案例中，九成以上的火场供水条件较好，而在扑救失利的火灾案例中，八成以上的火场消防供水不足。因此，消防供水规划布局是否合理，将直接影响火灾的扑救效果。在编制消防规划时，应根据本地区实际情况合理规划消防供水，确保消防供水的安全可靠。

8.4.1 消防供水规划的目的和任务

消防供水规划的目的是提高城市消防供水的安全可靠，保障充足的消防水量和水压，配置城市消防水源的多样性，提高消防供水的安全可靠性，为灭火、抢险救援创造良好的用水条件。

消防供水规划的任务是结合城市规模及用地分布状况、地理环境和气候条件、水资源及城市给水系统状况等，确定消防水源种类；确定城市消防用水总量并核定城市给水系统的规模，合理布局城市给水管网和消防取水设施（市政消火栓、消防水鹤）；确定消防取水设施配水管最低压力和最小管径及单个消防取水设施的最小给水流量，配置必要的城市消防水池；根据地理环境和气候条件，综合利用天然水源和其他人工消防水源等，建立起完善的、与城市特点相适应的消防供水系统，并确定达到这些具体目标的时间、制定分期实施方案。

8.4.2 消防供水规划的原则

1. 满足消防安全需求的原则

消防供水规划应满足以下消防安全需求：

（1）消防供水量要满足国家现行相关规范对消防用水量的要求。要分析规划区域范围内同一时间火灾的次数、区域内火灾的类别、最大一次火灾消防用水量等。

（2）消防供水规划应满足灭火、抢险救援的实际使用需求。在规划布置消防供水时要分析该地区常年主导风向，在保护对象的不同方位合理规划布置消防水源、供水设施；消防水源、供水设施应布置在消防力量便于取用的位置。

（3）规划消防供水时要考虑消防水源本身的安全性，如周边环境对消防水源的影响：严寒地区的防冻问题，天然水源在不同季节的水位变化，周围建（构）筑物、设施的影响等。

2. 遵循因地制宜、科学合理的原则

我国地域辽阔，每个地区、城市的水资源环境也不尽相同，在规划本地区消防供水时，要从本地区的水资源、地理、气候等实际情况出发，因地制宜，合理利用本地区的原有水资源，科学规划消防水源、供水设施。在南方地区，应充分利用天然水源丰富的优势条件规划消防水源；在北方缺水地区，可规划人工消防水池、蓄水池等人工水源来弥补；在山城区，可利用地势高差在地势高的地区建消防水池，弥补市政水压的不足，并可节约建设泵站；有些城市还可以利用二次再生水作为消防水源；在寒冷地区应设地下消火栓、消防水鹤等，确保严寒季节的消防用水。

3. 遵循统一规划、同步实施的原则

消防供水规划是供水系统总体规划的一项重要内容，应与规划区域内的城市供水系统总体规划相协调统一，在供水系统总体规划的基础上提出消防供水的规划要求。消防供水规划应与供水系统总体规划、基础设施规划、地区性详细规划等同步规划、同步实施，避免在建设过程中出现消防供水欠新账的情况。消防供水规划同时还应注意新建和改造并举的原则，要依据总体规划，规划改造管径小、水压低、腐蚀严重的消防供水设施，做到还清旧账、不欠新账。

8.4.3 消防供水规划的步骤

1. 调查收集基础资料

规划消防供水的第一步应是进行现状调查，收集基础资料。对规划区域内的水资源条件、历年火灾情况进行调查，收集现状水源、火灾情况的基础资料，掌握消防供水现状和火灾特点，为规划消防供水提供依据。

2. 分析火灾危险性

对规划范围内的重点消防地区和重点消防安全单位进行分析，摸清规划范围内建筑物的使用性质、耐火等级，确定相应的火灾危险等级。

3. 确定同一时间发生火灾次数

根据现行国家防火设计规范，确定规划范围内同一时间可能发生火灾的次数。

4. 确定消防用水量

根据现行国家防火设计规范，确定规划范围内最大的消防用水单位一次火灾消防用水设计流量和用水总量。若同一时间发生次数为2次或3次，则需确定最大的2次或3次火灾消防用水量并求其和，从而确定规划范围内的消防用水总量。

5. 确定消防水源

根据规划范围内的实际情况，确定消防水源的类型，可分别采用市政供水系统、天然水源、人工水源或其他水源，也可采用多种消防水源，互为补充。

6. 规划布置消防供水设施

根据实际情况及总体规划，合理布置规划范围内的消防水源，对消防供水设施的规划布局提出具体要求。

7. 规划实施方案

消防供水规划应结合总体规划分期分批实施，规划要提出不同规划期内的规划目标，尤其是近期规划目标要尽可能明确。规划中除应明确规划新建指标外，还应明确消防供水的改造指标。

8.4.4 消防供水规划的要求

1. 消防用水量的确定

在编制消防供水规划时，首先要确定城市的消防用水总量。城市消防用水量应按照国家现行防火规范中的有关规定确定，应根据城市人口规模按同一时间内的火灾次数和一次灭火用水量（建（构）筑物的室内外消防用水量之和）的乘积确定。当市政给水管网系统为分片（分区）独立的给水管网系统且未联网时，城市消防用水量应分片（分区）进行核定。

1）同一时间火灾发生次数

一个城市在同一时间内能够发生几次火灾是个不确定的因素，根据统计，同一时间火灾发生次数与保护区规模有关。城市居住区人口越多，同一时间火灾发生次数概率越大；生产企业的规模越大、人口越多，同一时间火灾发生次数概率越大。计算方法是当城市居住区的甲地发生火灾，消防车出动灭火未归时，乙地又发生了火灾，称为城市居住区同一时间内发生了2次火灾。当甲地和乙地消防队的消防车出动灭火都未归时，丙地又发生了火灾，称为城市（居住区）同一时间内发生了3次火灾。

不同城市规模同一时间内的火灾次数和一次灭火用水量，参照了《城市消防规划技术指南》的有关研究成果和《建筑设计防火规范》（GB 50016—2014）的有关规定。同一时间内的火灾次数和一次灭火用水量应符合表8-30的规定。

（1）城镇居住区同一时间火灾发生次数按照表8-30执行。

注：超过100万人口的城市，可根据当地火灾统计资料，结合实际情况适当增加同一时间内的火灾次数。

（2）工厂、仓库和民用建筑在同一时间内的火灾次数按照表8-31执行。

2）一次火灾消防用水量

城镇、居住区一次消防用水量，应是同一时间最大一次火灾现场若干建（构）筑物灭火用水量之总和。建筑火灾一次消防用水流量是室外和室内消防用水流量的总和。

3）火灾延续时间

火灾延续时间的计算为灭火设备开始出水时算起，直至火灾被基本扑灭为止的一段持续时间。

不同建（构）筑物的火灾延续时间见表8-32。

2. 消防水源的规划要求

城市消防供水设施包括城市给水系统中的水厂、给水管网、市政消火栓（或消防水鹤）、消防水池，特定区域的消防独立供水设施，自然水体的消防取水点等。

城市居住区同一时间火灾发生次数　表8-30

人数（万人）	同一时间内火灾次数（次）	一次灭火用水量（L/s）
≤1.0	1	10
≤2.5	1	15
≤5.0	2	25
≤10.0	2	35
≤20.0	2	45
≤30.0	2	55
≤40.0	2	65
≤50.0	3	75
≤60.0	3	85
≤70.0	3	90
≤80.0	3	95
≤100.0	3	100

注：城市室外消防用水量应包括居住区、工厂、仓库（含堆场、储罐）和民用建筑的室外消火栓用水量。当工厂、仓库和民用建筑的室外消火栓用水量按本表计算，其值不一致时，应取其较大值。

工厂、仓库和民用建筑在同一时间内的火灾次数　表8-31

名称	基地面积（hm^2）	附有居住区人数（万人）	同一时间内的火灾次数	备注
工厂	≤100	≤1.5	1	按需水量最大的一座建筑物（或堆场、储罐）计算
		>1.5	2	工厂、居住区各一次
	>100	不限	2	按需水量最大的两座建筑物（或堆场、储罐）计算
仓库、民用建筑	不限	不限	1	按需水量最大的一座建筑物（或堆场、储罐）计算

注：采矿、选矿等工业企业，如各分散基地有单独的消防给水系统时，可分别计算。

不同建（构）筑物的火灾延续时间表　表8-32

灭火设施类型		建（构）筑物类型	延续时间
消火栓		居住区、工厂和丁、戊类仓库	2h
		甲、乙、丙类物品仓库、可燃气体储罐和煤、焦炭露天堆场	3h
		高层商业楼、展览楼、综合楼、一类建筑的财贸金融楼、图书馆、书库、重要的档案楼、科研楼和高级旅馆	
		易燃、可燃材料露天、半露天堆场（不包括煤、焦炭露天堆场）	6h
		甲、乙、丙类液体储罐	4～6h
		液化石油气储罐	6h
自动喷水灭火系统		除可燃物品仓库外建（构）筑物	1h
		可燃物品仓库	1～2h
固定冷却水系统		甲、乙、丙类液体储罐	4～6h
		液化石油气储罐	6h
低倍数泡沫灭火系统	泡沫喷淋	甲、乙、丙类液体可能泄漏的室内场所等	10min
	移动式	甲、乙、丙类液体储罐等场所	10～30min
	固定式	甲、乙、丙类液体储罐	25～45min

注：其他灭火系统的延续时间按相关设计规范规定执行。

消防用水除市政给水管网供给外，也可由城市人工水体、天然水源和消防水池等供给，但应确保消防用水的可靠性，且应设置道路、消防取水点（码头）等可靠的取水设施。使用再生水作为消防用水时，其水质应满足国家有关城市污水再生利用水质标准。

消防供水系统，可分为以下四类：

（1）生活用水和消防用水合用的给水系统；

（2）生产用水和消防用水合用的给水系统；

（3）生产用水、生活用水和消防用水合用的给水系统；

（4）独立的消防供水系统。

我国各地城市给水系统常规做法是采用生产用

水、生活用水和消防用水合用的给水系统，可以节约大量的投资和管材，并且便于日常管理的保养，使管网内的水处于经常流动状态，有利于火场供水，但在设计时应保证在生产用水和生活用水达到最大时，仍能供应全部消防用水量。局部区域的高压（或临时高压）消防供水应设置独立的消防供水管道，应与生产、生活给水管道分开。

1）市政消防水源

市政消防水源主要是指由市政自来水厂供给的市政给水管网水源。为确保市政消防水源的安全可靠性，有条件的规划区域应规划建设不少于两处自来水厂同时向市政给水环网内供水。

2）天然水源

天然水源主要是指江河、湖泊、水塘、海等，是消防水源的一个重要组成部分，尤其是在市政给水设施缺乏的城市和地区，其在灭火中的地位和作用无可替代。因此，在消防规划中天然水源的规划也是消防水源规划的一项重要内容。

我国内河资源比较丰富，尤其是江南地区，城市和郊区内河流纵横，河道相通，构成天然水网，在规划中要采取积极措施，加以保护，并由城建部门、水利部门等通力合作，综合治理，避免天然河道在城市建设进程中不断消失。

天然水源具有分布广、水量足等特点，但往往因自然环境所限，车辆不易停靠，且水位受季节、潮汛等影响，变化较大。对于一些重要的天然水源，应采取一定的技术措施，以便灭火救援时随时能够利用。有枯水季节的天然水源，应做好蓄水工作，保证水源充足；受潮汛影响的天然水源，应挖掘池塘利用涨潮时蓄水；修建通往天然水源的消防车取水码头（包括道路或坡道）及消防自流井等取水设施，以满足消防车（泵）能够停靠吸水的需求。

3）人工水源

人工水源主要包括消防水池、人工水渠、人工河道等。在缺乏市政给水管网、天然水源又不能保护到的地区，规划建设人工消防水源是满足灭火抢险救援的必要措施。

在缺乏市政消防给水设施和天然水源的老城区、新建城区、工业区等必须建设消防水池、水渠等人工消防水源，以满足消防救援要求。消防水池的容积应满足保护区域内最大建（构）筑物的消防用水量需求，消防水池的间距宜为150～200m，其保护半径不应大于150m。人工消防水源还可利用城市喷水池、景观池等蓄水设施。城郊缺水地区宜建设人工水渠、人工河道等储水设施，尤其是在消防用水量大的化学工业区等，人工水源可以作为市政消防给水的补充水源，也可以在市政消防给水系统出现故障时或没有市政给水系统的地区承担主要消防水源的作用。人工消防水源周围应设置环形消防车道，设置取水口或取水码头，为消防车取水灭火救援提供有利条件。寒冷地区的人工消防水源应考虑防冻措施。

3. 消防供水设施的规划要求

城市消防供水管道宜与城市生产、生活给水管道合并使用，但在设计时应保证在生产用水和生活用水高峰时段，仍能供应全部消防用水量。

高压（或临时高压）消防供水应设置独立的消防供水管道，应与生产、生活给水管道分开。

1）供水管网

考虑到城市消防供水受城市供水系统管网、动力，地质等因素的影响，一旦管网爆裂、检修、地质灾害、战争等影响将中断供水。市政消防给水管道应敷设成环状，其管径大小应根据消防用水流量进行校核，并满足消防用水流量要求。现行有关防火规范对消防给水管网系统提出的管道最小管径不应小于100mm，最不利点消火栓的压力不应小于0.10MPa、用水量不应小于10～15L/s的规定，是对城市给水管网提出的最低要求，随着城市建设的发展，如有条件，应适当提高城市给水管网系统的最小管径、最不利点消火栓的压力和消防用水量。

对于缺乏消防供水的大面积棚户区和现有消防给

水管网管道陈旧，管径、水量、水压不能满足消防要求的老城区等，一方面可结合区域内生活、生产给水管道的改造，积极改善消防供水设施，如加大给水管径、增设消火栓和加压站；另一方面可进一步解决消防用水的储存设施，如增设消防水池，其容量以100～200m³为宜，保护半径为150m。城市给水管网压力低的区域和高层建筑集中的区域，应积极规划建设区域消防泵站、消防水池，以满足消防供水要求。

2）市政消火栓（消防水鹤）

市政消火栓的建设应与市政道路和给水管网建设同步实施。市政消火栓等消防供水设施的设置数量或密度，应根据被保护对象的价值和重要性、潜在的火灾风险、所需的消防水量、消防车辆的供水能力、城市未来发展趋势等因素综合确定，设置间距一般控制在100～120m，城市重点消防地区的市政消火栓间距宜为80m。路幅宽度在60m及以上的城市道路，应在道路两侧设置消火栓。高度超过24m的桥梁、高架道路、轨道交通等宜设消防供水立管设施。对于成片开发建设地区，开发建设单位必须严格按照规范，与规划同步铺设供水管道和设置消火栓。

一般应符合下列要求：

（1）市政消火栓应沿街、道路靠近十字路口设置，间距不应超过120m，当道路宽度超过60m时，宜在道路两侧设置消火栓，且距路边不应超过2m、距建（构）筑物外墙不宜小于5m。

（2）城市重点消防地区应适当增加消火栓密度及水量水压。

（3）市政消火栓规划建设时，应统一规格、型号，一般为地上式室外消火栓。

（4）严寒地区可设置地下式室外消火栓或消防水鹤。消防水鹤的设置密度宜为1个/km²，消防水鹤间距不应小于700m。

市政消火栓配水管网宜环状布置，配水管口径应根据可能同时使用的消火栓数量确定。市政消火栓的配水管最小公称直径不应小于150mm，最小供水压力不应低于0.15MPa。单个消火栓的供水流量不应小于15 L/s，商业区宜在20 L/s以上。消防水鹤的配水管最小公称直径不应小于200mm，最小供水压力不应低于0.15MPa。

寒冷地区应注意冬季消火栓的保温措施，或设地下式消火栓（应设明显标志）。还可规划设置消防水鹤来解决冬季消防水的防冻问题，但由于消防水鹤的建设与使用不如消火栓方便，灭火时需要消防车往返运水，不确定因素较多，所以在防冻问题不突出的地区应慎重选用消防水鹤。

3）取水、供水泵房

消防水池蓄水困难的地区应规划设置取水泵房，确保消防水池日常有效的消防储水量。在一些消防车辆难以到达取用的天然水源、人工水源处可规划建设供水泵房，并通过供水管向周边地区供给应急消防用水。

每个消防站的责任区至少设置一处城市消防水池或天然水源取水码头以及相应的道路设施，作为城市自然灾害或战时重要的消防备用水源。

8.4.5　城镇消防用水量规划研究介绍

确定城镇消防水量的关键是确定一次火灾消防用水量，由于单体建（构）筑物的结构、用途、规模、火灾荷载密度、可燃物的分布、环境气候、温度、建筑消防设施和火灾持续时间等不同，所有的建筑火灾基本上是不同的，因此，单体建（构）筑物足量的消防用水量，应根据这些因素综合确定。现行规范对各类火灾一次灭火用水量的确定很大程度上是为了便于操作执行，是最低要求，与实际灭火时的用水量相差较大。

“十五”期间，“城市消防规划技术指南的研究”对消防用水量作了专题研究，提出了一次火灾消防用水量和城市消防用水总量，在此介绍，供参考。

1. 城市典型单体建筑物的一次火灾消防用水量

城市典型单体建筑物的一次火灾消防用水量如下：

（1）大型商场的一次火灾消防用水量上限指标为200L/s。

（2）火灾荷载大于50kg/m²的大型文化娱乐场所的一次火灾消防用水量为80～100L/s。

（3）火灾荷载小于50kg/m²的宾馆、饭店、医院、影剧院、学校教学楼与通廊式宿舍等人员聚集场所的一次火灾消防用水量为60～80L/s。

（4）单元式居住建筑的一次火灾消防用水量为20～30L/s。

2. 城市消防用水总量

将扑救城市建筑物一次火灾消防用水量的大小，分为高用水量、中用水量、低用水量三个级别。根据城市规模、未来发展情况、历史火灾资料以及潜在火灾风险等要素，确定城市同一时间内应防御的高、中、低用水量三个级别火灾的起数，并依据不同级别火灾的消防用水量将它们相加的方法求得城市应达到的消防用水总量标准。

超过40万人口的城市（包括100万人口以上的城市）基本都是地级以上的城市，它们都有（或基本都有）较完善的商业、体育文化娱乐设施及完备（或较完备）的加工制造业。其高用水量、中用水量、低用水量火灾的消防用水量分别按200、100、20L/s确定为宜。

40万人口及其以下的城市，尤其是10万人口以下的小城市，由于各地水资源状况、基础设施建设、经济发展水平等相差甚远，无法统一根据其人口数量确定其城市消防用水总量。如沿海地区的一些城市，水资源较充沛，经济较发达，有较完善的商业、体育文化娱乐设施及众多的加工制造企业，各种经济、文化交流频繁，它的火灾发生频率或概率以及火灾人员伤亡、财产损失相对较大，其设防标准理应高些；而我国欠发达地区的一些城市，大多受地域偏僻或水资源匮乏所困，各种设施落后，经济、文化交流闭塞，其火灾频率及其人员伤亡、财产损失相对小些，其设防标准可低些。考虑到相对于大城市，通常中小城市的各类设施数量与规模小，其火灾概率、人员伤亡与财产损失小的现实，并参考美国保险业事务所（ISO）的评价方法，40万人口及以下的城市高用水量建筑物火灾的消防用水量按由大到小排在第5的建筑确定，前4个建筑物由业主自行补齐，低用水量可为20L/s。

结合同一时间火灾发生次数，城市消防用水的设计总流量如下。

1）200万人口以上的超大城市

建议城市消防用水总量最低标准按同时防御一起高、两起中、一起低用水量火灾确定，即为420L/s；一般标准按同时防御两起高、一起中、一起低用水量火灾确定，即为520L/s；不确定或不稳定因素较复杂等潜在火灾风险较大的，可按同时防御两起高、两起中、一起低用水量火灾的高标准确定其城市消防用水总量，即为620L/s。

2）100万～200万人口的城市

建议城市消防用水总量最低标准按同时防御一起高、一起中、两起低用水量火灾确定，即为340L/s；一般标准按同时防御一起高、两起中、一起低用水量火灾确定，即为420L/s；不确定或不稳定因素较复杂等潜在火灾风险较大的，可按同时防御两起高、一起中、一起低用水量火灾的高标准确定其城市消防用水总量，即为520L/s。

3）40万～100万人口的城市

建议城市消防用水总量最低标准按同时防御一起高、两起低用水量火灾确定，即为240L/s；一般标准按同时防御高、中、低用水量火灾各一起确定，即为320L/s；不确定或不稳定因素较复杂等潜在火灾风险较大的城市，可按同时防御两起高、一起低用水量火灾的高标准确定其城市消防用水总量，即为420L/s。

4）2.5万～40万人口的城市

按由大到小排在第5的建筑物的一次火灾消防用水量和一起20L/s低用水量火灾确定城市消防用水总量。

5）人口在2.5万及以下的城市或居住区

按由大到小排在第5的建筑物的一次火灾消防用水量确定其城市消防用水量，并不低于20L/s。

由于城市存在差别，所以，对不同人口数量的城市，应综合城市规模、未来发展情况、灾害记录及潜在的火灾风险等要素，经充分论证后确定。

8.5　消防车通道规划

城市道路交通规划和土地利用规划，都是城市总体规划的重要组成部分。城市道路网是城市总体布局的骨架，既要满足城市交通本身的需要，也要适应城市生产、生活各个方面的要求。其规划合理与否，影响到城市的各个方面。

城市道路网有各种不同类型的几何图形，大致可分为三类：一是放射路加环形路，即放射环形式的道路网；二是方格式的道路网；三是城市的道路网为没有一定格式的几何图形，这类城市也很多。道路网的布局形式和设计标准等，都直接关系到交通流是否畅通。

各个城市还有不同特点，如地理位置上有沿海与内地城市之分，地形条件上有平原地区、丘陵地区与山地城市之别，城市道路网通常与这些特点相适应。

消防车通道主要依托于城市主次干道及支路系统。因而应十分重视作为消防车通道的主次干道及支路系统的规划和建设，切实保障主次干道及支路的畅通无阻和运转正常，这是保证消防车通道畅通的关键所在（图8-16）。

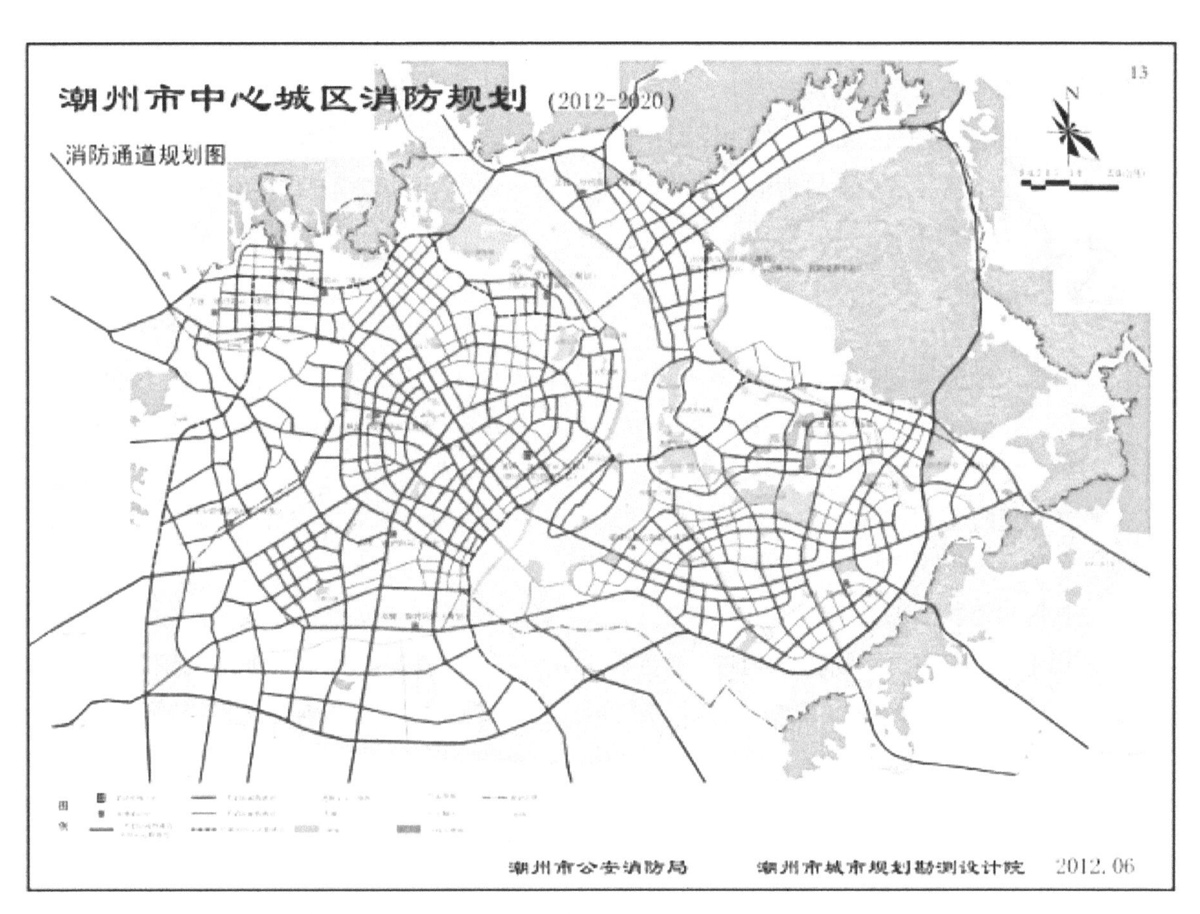

图8-16　潮州市中心城区消防规划——消防通道规划图（2012—2020）
（资料来源：http://www.czga.cn/news_detail.asp?bankuai_id=1&Title_id=34&Title2_id=&Title3_id=&id=4722）

8.5.1 消防车通道规划的目的和任务

规划消防车通道的目的是保证火灾等突发事件时消防车辆在出动的过程中不受其他交通运输工具、障碍物等的影响，快速安全到达灾害事故现场，确保灭火抢险救援的时效性。

规划消防车通道的任务是依据市政道路网系统的规划和建设，合理规划消防车通道，确定满足消防车辆通行的各项指标要求，并制定分期实施目标和方案。

城市道路网的规划内容就是现有道路网的充分利用、调整、改造和发展。为此，应经过大量的调查研究和交通量分析预测，改善原有道路，提高其通行能力，并在一定时期内有重点地开辟关键性的新路。特别是通过建设快速路系统，使市区道路形成纵横交错、联系便捷的网络系统，快速疏散中心区交通压力，提高城市道路的通行能力，进而提高各种车辆包括消防车的行驶速度。城市交通和其他建设事业一样，并非一朝一夕所能搞好，必须逐步分期分批进行，从简单到复杂，自低级到高级，由落后到现代化。

8.5.2 消防车通道规划的原则和要求

1. 统一规划、资源共享

消防车通道的规划应和规划区域内的路网系统总体规划相协调，充分依托现有市政道路，由城市各级道路、居住区和企事业单位内部道路、建筑物消防车通道以及用于自然或人工水源取水的消防车通道等组成。在新建或改建、扩建市政道路时，应提出消防车通道的规划要求，与道路网系统总体规划、基础设施规划、地区性详细规划等同步规划、同步实施。

2. 满足消防车辆安全快速通行和作业的需求

规划消防车通道应考虑满足消防车辆安全快速通行的各项指标。在市政道路规划建设中应架设桥梁、建设立交、修筑隧道等设施，为消防车通道的环通创造条件，消防车通道不能环通的应设回车场地或通道。消防车通道应满足消防车辆停靠、作业的要求。有天然水源或人工水源作消防水源的地方，应设供消防车取水的消防车通道。

3. 规划改造狭窄道路和尽端路

消防车通道规划应将老城区、棚户区的狭窄道路结合老城改造一并改造建设；对于一些不能在近期内改造的老城区，应结合市政消防给水系统改造、开辟老城区棚户区防火隔离带的同时改造狭窄道路；对于一些人为设置路面障碍物（路墩等）的道路应分批分期改造，将道路辟通；对于一些老的既成尽端路，规划要加大改造力度，分批限期改造完成，确保消防车辆的快速安全通行。

4. 确保内外连通

消防车通道规划应确保市政道路和街坊内道路的连接和环通，从而确保消防车道的内外连接畅通。街坊内只有一个单位或居住区的，规划应确保街坊至少有两个车辆出入口与市政道路连通；街坊内有多个单位或居住区的，应保证每个单位或居住区有不少于两个车辆出入口与市政道路连通，确实因受条件限制不能设两个车辆出入口的，应确保至少有一个与市政道路连通的车辆出入口，并应有一个与相邻单位或居住区连通的车辆出入口作应急消防车出入口。

8.5.3 消防车通道规划的技术指标要求

具体要求如下：

（1）城市道路网的布局形式和设计标准一般都能够满足消防车辆的通行要求，由城市主、次干道、支路和小区道路构成的道路网系统应保证消防通道间距不宜超过160m。当建筑物的沿街部分长度超过150m或总长度超过220m时，宜设置穿过建筑物的消防车通道；在旧城改造中，进行规划和建设项目审查时，要把打通消防通道作为一项重要内容严格把关。

（2）一般消防车通道的宽度不应小于4m，净空高度不应小于4m，与建筑外墙之间的距离宜大于5m；石油化工区的生产工艺装置、储罐区等处的消防车通道宽度不应小于6m，路面上净空高度不应低于5m，路面内缘转弯半径不宜小于12m。

（3）消防车通道的坡度不应影响消防车的安全行驶、停靠、作业等，举高消防车停留作业场地的坡度不宜大于3%。

（4）消防车通道的回车场地面积不应小于12m×12m，高层民用建筑消防车的回车场地面积不宜小于15m×15m，供大型消防车使用的回车场地面积不宜小于18m×18m。

（5）通过消防车道的地下管道和暗沟等应能承受大型消防车辆的荷载，具体荷载指标应满足能承受规划区域内配置的最大型消防车辆的质量。几种国产大型消防车的质量见表8-33。

（6）消防车通道的规划建设应符合相关道路、防火设计规范、标准的要求。

8.5.4 其他消防通道规划的设想

随着我国经济社会的快速发展，人们对安全的需求越来越高。在消防规划中，很多沿海、沿江、沿河等临水地区都将配置消防船艇。因此，有消防船艇装备的地区，在编制消防规划时，应将消防船艇的水上航道纳入到消防规划中。

几种国产大型消防车的质量　　表8-33

消防车名称	车质量（t）			
	满载总质	前轴	中桥	后桥
CEF2/2型干粉泡沫联用消防车	28.7	6.3		22.4
CQ23型曲臂登高消防车	14.9	5.0		9.9
CPP30型泡沫消防车	14.5	5.0		9.5
CT28型云梯消防车	8.3	2.8		5.5
CST7型水罐消防拖车	13.9	2.2	6.0	5.7

第 3 篇　规划案例

第9章　城市消防规划编制案例

本章从大城市、一般城市、小城镇和城市园区四个层次选择了上海市、福建省厦门市、广东省沙湾镇以及2010年上海世博会场馆四个具有一定代表性的城镇消防规划作为示例，供参考。

9.1　上海市消防规划（2003—2020年）

一、上海市消防规划编制介绍

《上海市消防规划（2003—2020年）》（以下简称《规划》）编制工作从2002年年底开始启动，2004年年初完成规划文本初稿，2004年7月通过专家评审，2005年1月获市政府批准实施，2005年8月正式印发，共历时3年左右，由市规划局、市消防局、市规划设计院、市防灾救灾研究所等单位联合编制而成。

在编制《规划》前，编制组对上海市消防基础信息进行了大量调研，收集整理了本市1993～2002年10年间的火灾统计资料，摸清了本市消防站、企业消防队伍、消防装备、消防通信等公共消防设施和消防队伍建设现状，重点分析了本市老式居民楼、高层建筑、地下空间、大型公共建筑、易燃易爆化工企业场所等影响本市消防安全的重大问题，并提出了针对性意见，在此基础上，结合上海建设国际经济、金融、贸易、航运中心的要求，提出了《规划》编制大纲。

《规划》主要包括《上海市消防规划文本》、《上海市消防规划文本说明》、《上海市消防规划——消防站选址图》、《消防重大问题对策研究》、《国内外消防管理现状及先进理念分析》、《近期建设所需资金估算》六大部分。

《规划》对上海市的城市现状、城市发展规划、城市性质、城市发展规模、城市发展目标、城市发展方向及市域空间布局结构进行了详细的阐述；对上海市近十年的火灾情况从多个角度进行了科学分析，并提出了火灾发展趋势和灭火救援需求趋势；对本市消防力量现状，特别是对公安消防力量、消防装备、消防站点建设等进行了详细的调研和分析，指出了城市公共消防基础设施建设中存在的问题，研究了当前阻碍本市消防发展的瓶颈问题，提出了解决消防长远发展的应对措施。在文本说明中，详细阐述和解释了规划文本的有关条款。另外，还录入了本市保护建筑、历史文化风貌保护区、文物保护单位（地）、易燃易爆危险物品生产、储存单位、全市加油加气站及全市公安消防站等有关内容的统计分布图表，使我们对本市城市发展有更加全面和清晰的认识。

《规划》从近、中、远三个阶段对上海消防基础设施的硬件建设和城市消防人文环境建设等作了规划，这对提高上海城市的消防综合实力必将起到非常积极的作用。将消防人文环境建设纳入消防规划，不仅仅是硬件设施规划和意识形态规划的结合，从某种程度上讲也体现了上海消防的创新精神和海纳百川的上海城市精神，在本质上也体现了以人为本和执政为民的思想，与构建和谐社会的思想理念是相吻合的，这对弘扬民族消防文化，打造上海消防文化和社会大众整体消防意识是有帮助的、有利的。

《规划》对上海市消防工作的远景发展目标作了统一谋划，充分体现了“预防为主，防消结合”的消防工作方针和可持续的科学发展观；充分体现了上海消防工作的特色和国内外消防规划的成功经验、先进理念；充分体现了实事求是、与时俱进的理念。

《规划》把上海市近期消防站的建设用地、建设经费和装备资金一并规划完成，并提出了本届政府任期内的消防站点建设、配套资金落实、推进时间安排等具体措施，避免二次规划的问题。从当前（至2006年6月）规划的实施情况来看，近期规划中提出的消防站和消防装备建设都按计划得到有效推进。上海市政府已批准立项消防站30个，22个消防站已开工建设，其中15个被列入了市政府2006年十大实事工程之一；市政府投入装备经费2亿余元，从国外引进了诸如88m登高车、多功能大型通信指挥车、压缩空气泡沫车等一批先进的消防车辆装备，消防实力实现了跨越式的发展。消防规划的编制与实施推进了消防事业的发展。

二、上海市人民政府文件

上海市人民政府（批复）

沪府［2005］5号

上海市人民政府关于原则同意《上海市消防规划（2003—2020年）》的批复

市发展改革委、市规划局、市消防局：

沪发改投（2004）198号文收悉。经研究，市政府原则同意《上海市消防规划（2003—2020年）》（以下简称《规划》)。具体批复如下：

一、《规划》的实施范围为全市6340km²，以中心城区670km²及郊区重点城镇为重点；实施阶段近期至2007年，中期至2010年，远期至2020年。

二、要以科学发展观为指导，以体制创新和科技发展为动力，围绕上海建设国际化大都市的总体要求和目标，遵循“科学实用、技术先进、经济合理、分步实施”的原则，构建先进的城市消防安全综合体系，形成消防站点布局合理、消防基础设施完善、消防技术装备精良、消防信息网络先进、消防人文环境和谐、灭火救援组织健全的消防安全保障格局，切实保障城市消防安全。

三、要根据城市发展方向和市域空间布局，重点推进和实施工业消防重点地区、民用消防重点地区、城镇地区和各类危险源的消防规划。

四、要以安全、合理的消防服务责任区范围为依据，规划全市陆上消防站260座（含水陆消防站9座、特勤消防站8座）；水上消防站在已有7座的基础上再建1座，使其总数达到8座。

五、要逐步提升本市消防装备的现代化水平；加强消防信息化系统基础设施建设，提升信息资源数量和质量，使消防信息化整体水平达到发达国家大城市的选进水平；加强消防通道、消防供水、消防供电等市政消防设施和建筑消防设施的建设。

六、要提升城市发展理念、城市消防精神和城市消防文化，不断改善城市消防环境；加强公安、合同制、专职、城镇和义务等多种形式的消防队伍建设，形成与社会发展相适应的灭火救援组织体系。

七、近期要完成市119消防指挥中心和上海化学工业区消防支队部等区域消防指挥中心，重点建设中心城区和重点工业区内不少于30座规划消防站，加强包括消防装备、信息系统、消防队伍和法制机制等方面的同步协调建设，启动消防综合训练基地建设。

八、请市规划局会同市发展改革委、市建委、市房地资源局、市环保局、市消防局和各区县政府按照《规划》的要求，严格控制各类消防设施用地，并按照《规划》确定的消防站点规划原则，进一步完善郊区消防站点布局和用地规划。

二〇〇五年一月六日

三、《上海市消防规划（2003—2020年）》文本

第一章　总　则

第一条　编制目的

为了构建先进的上海市消防安全体系，推进消防工作社会化、法制化、科学化、信息化进程，从根本上提

高本市消防综合实力，适应经济社会可持续发展的需要，保障城市消防安全，编制《上海市消防规划》（以下简称《规划》）。

第二条　指导思想和原则

以全面、协调、可持续的发展观为指导，以体制创新和科技发展为动力，紧紧围绕上海建设现代化国际大都市的总体要求和目标，全面贯彻“预防为主，防消结合”的消防工作方针，坚持以人为本的思想，遵循“科学实用、技术先进、经济合理、分步实施”的原则，体现上海消防规划的先进性、前瞻性、开放性、操作性和创造性。

第三条　地位与作用

《规划》是上海市城市总体规划的重要组成部分，是指导本市消防建设和管理的基本依据。在城市规划区进行与消防安全有关的各项规划编制工作和城市建设活动，均应执行本规划。

在编制区域性规划时，应按本规划要求将消防内容列入区域性规划范围。

第四条　编制依据

（1）《中华人民共和国消防法》；

（2）《中华人民共和国城市规划法》；

（3）《上海市城市规划条例》；

（4）《上海市消防条例》（上海市人大2000年2月1日）；

（5）《上海市城市总体规划》；

（6）其他有关城市规划和消防的法律法规、规范和技术标准。

第五条　规划范围

规划的范围为全市6340km^2，重点以中心城670km^{2}及重点城镇为主。

第六条　规划内容

《规划》内容包括消防安全布局、消防站布局、消防装备、消防信息化、消防基础设施、消防人文环境、灭火救援组织体系和近期建设规划。

第七条　规划期限

《规划》期限自2003年至2020年。其中，近期规划至2007年；中期规划至2010年；远期规划至2020年。

第八条　规划成果

《规划》成果由《上海市消防规划文本》、《上海市消防规划——消防站选址图》、《上海市消防规划文本说明》等组成。

第九条　规划实施

《规划》由上海市人民政府组织实施，上海市城市规划管理局依法进行规划管理，上海市消防局依法进行消防监督。

《规划》结合本市城市总体规划，与中心城、新城、中心镇和一般镇的建设同步实施。

第二章　消防发展目标

第十条　总体目标

优化城市消防安全布局，构建消防站布点合理、消防基础设施完善、消防技术装备精良、消防信息化先进、消防人文环境和谐、灭火救援组织健全的消防安全保障体系。

第十一条 近期目标

紧紧围绕本届政府工作目标，以加强消防设施和消防装备建设与管理为重点，着力组建多元化消防队伍，优化消防人文环境，中心城的消防站布局基本达到要求，全市消防综合实力处于国内领先水平。

第十二条 中期目标

进一步完善本市消防设施和组织体系建设，全面提升抗御火灾等灾害事故的能力，消防综合实力接近世界先进水平，基本适应城市社会发展对消防安全的需求。

第十三条 远期目标

建成与现代化国际大都市相匹配的消防基础设施，形成结构合理、品种齐全、技术先进的消防装备体系，营造以人为本、全面发展的消防人文环境，构成达到世界先进水平的消防综合实力，实现消防与社会经济的协调发展。

第三章 消防安全布局

第十四条 区域消防规划重点

根据上海城市发展方向和市域空间布局，重点推进和实施工业消防重点地区、民用消防重点地区、城镇和危险源的消防规划。

对消防重点地区、城镇、危险源进行规划编制时，应编制消防专篇。

第十五条 工业消防重点地区

将大型工业企业、大型危险品生产仓储企业为主的工业集中区定为工业消防重点地区。

工业消防重点地区应优先配套建设消防站和公共消防基础设施，并根据企业的规模设置企业专职消防站，配置相应专职消防人员及技术装备。

第十六条 民用消防重点地区

将大型公共设施、高层建筑、金融商业、老式居民住宅等民用建筑集中区和人流活动密集场所定为民用消防重点地区。

民用消防重点地区应加强建设城市公安消防站；强化配套市政消防水源；加强城市消防避难空间的建设。

第十七条 城镇消防规划

新城、中心镇及远离城市公安消防站的一般镇应设置与其发展规模相适应的消防站，同步建设市政消防水源、消防通信和消防道路。

第十八条 危险源消防控制

中心城内严格控制新建扩建生产、储存、使用大量危险化学品的单位和设施，现有的危险化学品单位和设施应在近、中期内逐步转产或迁出。

中心城外现有分散布置的危险化学品单位应结合工业区的发展在中期内逐步集中设置。

新建的生产、储存、使用大量危险化学品的单位和设施应设立在上海化学工业区、金山化学工业区、宝山工业园区、星火开发区等工业区内；高桥化学工业区、吴泾化学工业区、桃浦工业区内的危险化学品单位和设施原则上不再扩大规模。

易燃易爆危险物品运输码头、车站应设置在中心城外。

燃油燃气管网系统的建设应符合专项规划和相关标准要求。

第十九条　加油加气站

中心城内严格控制加油加气站总量；新城、中心镇、新市镇加油加气站的设置应符合相关规范要求；加油加气站选址应避开城市重要地下工程、重要开发地段。

第二十条　燃气储配设施

中心城内逐步减少燃气储配设施数量；新城应优先选择管道供气，确需采用液化气钢瓶的，其液化气储配站不应超过1座，并远离城区；中心镇、一般镇不应设置液化气储配站。

中心城内逐步减少液化气供应站点；新城内的液化气供应站不应超过2座；中心镇、一般镇的液化气供应站不应超过1座。

第四章　消防站布局

第二十一条　消防站布局体系

根据实事求是、疏密结合、快速响应的原则，科学合理地设置消防站，建立适合上海城市特点的水陆空消防站布局体系。

第二十二条　公安消防站布局与选址原则

公安消防站的布局应遵循以下原则：

一、公安消防站规划布点，应以接到报警后5min内消防队可以到达责任区边缘为原则。

二、公安消防站的责任区面积按下列原则确定：

内环线以内为2～4km^2。

内外环线之间为4～7km^2。

外环线以外城市建设用地区域为7km^2。

三、人口达到5万人以上的城市化地区应设置公安消防站，占地面积超过7km^{2}的工业开发区应设置公安消防站。

四、公安消防站的建设应按《城市消防站建设标准》执行，其选址应依据“上海市消防规划——消防站选址图”实施。

第二十三条　公安消防站

消防站分普通消防站和特勤消防站两类。普通消防站分标准型普通消防站和小型普通消防站两种。

公安消防站应按国家《城市消防站建设标准》建设训练塔等基础训练设施；特勤消防站应设置烟热室等特种训练设施。

各类消防站建设用地面积应符合下列规定：

标准型普通消防站：2400～4500m^2；

小型普通消防站：1000～1400m^2；

特勤消防站：4000～5200m^2。

第二十四条　市级消防指挥中心

建立具有先进水平的上海市消防指挥中心，适应消防保卫任务的需要。

第二十五条 区域级消防指挥中心

遵循防消一体化的原则，公安消防监督部门与消防支大队相结合，规划按行政区域和独立的重要产业基地，即每个区（县）和上海化学工业区等设立一个支队部，作为区域级消防指挥中心。

第二十六条 公安消防站

（一）陆上消防站（含水陆消防站）。全市现有陆上公安消防站69个，规划增加191个，远期达到260个，包括水陆消防站9个。

（二）水上消防站。全市现有水上消防站7个，规划增加1个，全市达到8个。

第二十七条 航空消防站

空中消防救援力量的建设应纳入城市安全救援体系，中远期结合城市救援机场布点，建设航空消防站。

第二十八条 消防综合训练基地

根据城市总体功能布局，在适宜地区建设设施先进、功能齐全的综合性消防训练基地。

第二十九条 工企消防站

生产规模大、火灾危险性大及距离公安消防站较远的大型企业应设工企消防站。

一、下列企业设工企消防站，并应配置不少于2辆消防车：

（1）民用机场、机组总容量为600MW及以上的发电厂、一次生产能力在5万t及以上的造（修）船企业；

（2）年吞吐量为400万t及以上的易燃易爆危险物品码头、年吞吐量为2000万t及以上的可燃物品码头、年吞吐量为300万标箱及以上的集装箱码头；

（3）占地面积为10hm^{2}及以上生产、储存易燃易爆危险物品的企业，占地面积为50hm^{2}及以上生产、储存可燃物品的企业；

（4）仓储面积为25万m^{2}及以上储备可燃的重要物资的仓库、基地。

二、火灾危险性较大、最近的公安消防站的救援力量5min内不能到达的其他大型企业应设工企消防站，并应配置不少于1辆消防车。

第三十条 城镇消防站

下列城镇应设置城镇消防站：

（1）居民人数在3万人以上5万人以下，经济发展较快，且最近的公安消防站的救援力量5min内不能到达的城镇；

（2）占地面积4～7km^2，最近的公安消防站的救援力量5min内不能到达的生产、储存物资的火灾危险性为丙类以上的工业开发区。

第五章 消防装备

第三十一条 消防装备建设

结合上海消防实际，紧紧围绕防火灭火、抢险救援、反恐排爆工作，以发展创新为动力，以先进技术为支撑，坚持整体协调发展和专勤化方向发展相统一的思路，积极引进先进消防装备，逐步提升本市消防装备的现代化水平。普通消防站的装备配备应适应扑救本责任区内一般火灾和抢险救援的需要，特勤消防站的装备配备应适应扑救与处置特种火灾和灾害事故的需要，公安消防监督部门的装备配备应适合消防监督工作的需要。

第三十二条　消防车辆装备

积极引进大功率排烟车、大功率消防供水车、大功率水/泡沫两用大炮消防车、登高车、抢险车和防排爆车等特种消防车。依靠社会技术力量，研发新型国产消防车，提升国产消防车的技术水平。配置具有灭火救援、火场勘察和抢险救援等功能的机器人消防车。配备功能完善、技术先进的移动消防综合通信指挥车。

第三十三条　特种消防装备

推进直升机在消防领域的应用，中远期配置消防直升机。

水上消防站（包括水陆两用站）应根据辖区实际配置适合实战需要的消防船艇。

高架道路沿线和郊区消防站应配置适用于高架道路和农村地区使用的摩托消防车和小型消防车等轻便消防装备。

地铁和越江隧道沿线消防站应配置适用于地铁、隧道灭火救援的特种消防装备。

森林地区配备适合扑救森林火灾的特种消防装备。

第三十四条　个人防护器材装备

突出以人为本的理念，研发一批安全性能好、功能齐全、技术含量高的个人防护装备，满足消防战斗员在灭火救援中自我防护的需要。

第三十五条　消防救援器材装备

按急需先配原则，配置高性能照明、破拆、登高和高压供水等消防器材装备；继续引进先进的防排爆装备；配置有毒有害、易燃易爆气体检测等设备；建立生化检测平台，提高特勤消防队的作战能力，适应反恐斗争的需要。

第三十六条　消防监督器材装备

公安消防监督部门应按公安部《消防监督技术装备配备》（GA 502—2004）配备系列化高科技的通信和信息处理、检测、火灾原因调查、消防宣传教育和防护类等消防监督技术装备，提高消防监督检查的效能。

第六章　消防信息化

第三十七条　消防信息化建设

以消防通信指挥系统为核心，以消防办公自动化系统为主体，加强消防信息化系统基础设施建设，提高信息资源数量和质量，以消防信息化带动消防现代化，促进上海消防事业的全面发展，使上海消防信息化综合指数居国内领先地位，消防信息化整体水平达到发达国家大城市的先进水平。

第三十八条　消防信息基础设施

依托公安专网实现全市公安消防部门的联网，以城市信息网络为基础构建公安消防三级网络平台和消防通信指挥网。

第三十九条　消防指挥系统

结合110、119、122接警台“三合一”建设，建成由计算机网络指挥系统、高频无线指挥系统、GPS车辆动态信息管理系统、地理信息系统、电子灭火预案系统、高空电子消防监控系统、图像传输系统和移动通信指挥部等子系统构成的现代智能化消防指挥系统。

第四十条 消防信息系统

建立知识管理型OA系统；开发消防综合业务管理信息系统，加速建立重点单位信息资源库；建设消防三级视频会议系统和消防远程教育培训系统；建立消防业务训练虚拟系统；完善公共消防网站，实现网上消防行政许可事项的申报受理和审批。

第四十一条 城市火灾自动报警系统

建设城市火灾自动报警信息系统，实现建筑消防设施集中管理。近期，高层公共建筑、超高层建筑、建筑面积大于5000m^{2}的设有控制中心报警系统的公共建筑、设有火灾自动报警系统的地下建筑等场所以及上海化工区、金山工业区等化学危险品集中区域应优先与城市火灾自动报警信息系统联网。中远期实现对消防重点单位视频网络监控。

电信和银行等行业的区域网点应实行集中火灾报警监控。城市轨道交通系统中的信号控制指挥系统应统一联网，并应接入城市灾害应急联动系统。

第七章 消防基础设施

第四十二条 消防基础设施建设

完善配套的城镇消防基础设施，是预防和扑救重特大火灾的重要基础和条件。要加强消防通道、消防供水、消防供电等市政公共消防设施和建筑消防设施的建设。明显标识消防车通道、消防登高面、消防水源。

第四十三条 陆上消防通道

陆上消防车通道主要依靠城市主、次干道及支路。

区域开发及旧区改造时，应合理规划和建设区域内的消防通道网络。

对部分老城区及居住区违章搭建、人为设置路障、影响消防车通行的路段，应予以综合治理；对狭窄路段和尽头路段应结合城市改造进行梳理和整治。

第四十四条 水上消防通道

根据黄浦江、苏州河的开发及长江沿岸的产业调整，结合洋山港、上海化学工业区的建设，规划水上、海上消防船艇通道。

第四十五条 空中消防通道

根据上海城市发展特点，结合城市低空领域开发，综合规划空中消防直升机通道和起降点（包括临时起降点）。

在超高层建筑屋顶、广场、运动场、中心绿地、公园等场所，规划设置直升机停机坪或供直升机救助的设施。

第四十六条 市政消防供水

城市给水管网的建设与改造应满足消防用水的需求。要加快改造年久失修、管径偏小、腐蚀严重的给水管网。城市给水管网应建设成环网，以保障消防供水可靠性。

市政给水管网和市政消火栓的建设应与道路建设同步实施。市政消火栓的间距不应大于120m，重点地区的市政消火栓间距不应大于80m。高度超过24m的桥梁、高架道路、轨道等重大交通设施应设消防供水设施。

第四十七条 其他消防水源

在市政给水管网无法满足消防用水需求并缺乏天然水源的地区，应设置消防水池，其容量应满足消防用水需求。消防水池的保护半径不应大于150m。

天然和人工水体应根据需要设置可供消防车取水的设施。

第四十八条　消防供电

在制定地区供电规划时，应满足消防用电要求。市政电网不能满足消防用电要求的单位应设自备电源。

第四十九条　建筑消防设施

新建、改建和扩建建筑工程，应当严格按照国家和本市消防技术规范的要求，设计和配置建筑消防设施。对历史保护建筑应区别对待、分期治理、逐步完善，最终按照消防技术规范标准配置建筑消防设施。

受建筑条件或市政设施所限尚无固定灭火系统的古建筑和历史保护建筑、小型公共建筑、商住混合楼和三层及三层以上的老式砖木结构居民住宅楼等建筑应安装简易水喷淋装置。

第五十条　建筑消防设施维护

建筑业主或物业管理单位应委托合法的专业企业承担建筑消防设施维护保养工作，加强对建筑消防设施的日常检查，确保建筑消防设施临警能发挥作用。

第八章　消防人文环境

第五十一条　消防文化

弘扬民族消防文化，把城市消防发展理念与城市消防精神、城市消防文化通过城市消防形态充分表现出来，不断改善城市消防人文环境，提高城市消防文明程度。

第五十二条　消防法制

围绕本市消防建设的基本要求，按照条件成熟、突出重点、统筹兼顾的原则，制定消防立法工作计划，加快消防法制建设，提高消防立法质量，加大依法治火力度，做到消防立法和消防发展相适应。

第五十三条　社会消防联动机制

依靠各级政府，联动行业主管部门和行政监管部门，创新消防安全管理机制，建立消防联席会议制度，逐步形成行业主管和行政监管部门齐抓共管消防安全工作的局面。

第五十四条　消防三级监督管理机制

完善市、区（县）公安消防监督机构、公安派出所三级消防监督管理机制，建立权责明确、行为规范、监督有效、保障有力的消防执法体制，建设一支高素质的消防执法队伍。

第五十五条　社区消防

普及社区消防水源，保持消防通道通畅，配置消防器材，改造陈旧电气线路，设置消防公益广告和宣传栏，老式居民楼增设简易水喷淋装置、逃生绳等消防安全设施。

社区应建立志愿防火员队伍，积极建立老年消防活动室和消防俱乐部等消防活动场所，组织开展灭火逃生演练等活动，提升市民的消防安全意识及消防文化素质。

第五十六条　企业自主管理机制

企事业单位要加强自主防火管理，落实消防安全管理责任，形成多层次、全方位的自主消防安全管理机制；建立企事业单位消防安全评价体系，提升企事业单位防范火灾的能力。

第五十七条　重大火灾隐患的排查整改

以高层建筑、石油化工、地下工程、公共场所等为重点，排查并依法整改影响本市消防安全的重大火灾隐患。根据不同时期的工作重点，有针对性地组织开展消防安全治理，不断清除火灾隐患，减少火灾风险。

第五十八条 消防协会和行业管理

积极发挥消防协会作用，发展社会消防技术中介服务机构和实施行业自律管理，建立消防职业资格制度，扶持消防中介组织参与建筑工程消防设计的技术咨询和技术审核、施工现场的消防技术指导、企事业单位的消防安全评估、重大火灾隐患整改方案的论证等消防技术服务，推动消防工作社会化的进程。

第五十九条 消防知识宣传

将消防教育纳入中小学教学大纲，积极建立少年消防宣传队伍。充分发挥宣传部门的作用，利用广播、电视、报刊、网络等宣传媒体和载体，广泛开展消防知识宣传教育，使消防知识进社区、进企业、进学校、进农村。建立城市消防博物馆和民众消防体验馆；向社会开放消防站；丰富119消防日活动，促进全民消防科学文化素质的提高。

第六十条 消防教育培训

高等院校设立消防安全工程专业，将消防教育和消防人才的培养纳入高等教育体系。有重点地吸收引进消防科技人才，建设培养一支高素质、专家型的消防科技专业人才队伍。

加强消防职业化的培训和对消防专业队伍的培训，依法对企事业单位消防管理人员和特种岗位从业人员进行消防专业培训，不断提高消防从业人员的素质。

第六十一条 消防保险

结合消防行政审批改革，逐步建立消防保险机制，运用市场运行机制推动社会化消防工作的深入完善。

第六十二条 防火技术发展

积极研究和推广应用先进的消防新技术和消防新产品。推进消防安全性能化工作，在近期建立带有消防安全性能化特点的技术体系，制定性能化软件使用要求和导则；在中期制定具有消防安全性能化特点的地方性规范、标准。

对本市消防工作的重点、难点问题及世博会场馆消防安全问题进行专题研究，提出对策，推动火灾防范技术的进步。

建立火灾原因分析实验室，不断提高火灾原因分析调查的科技含量。

第九章 灭火救援组织体系

第六十三条 多元化消防组织

按照“现役为主、多种力量、多策并举、综合治理”的思路，坚持专群结合、防灭并举，因地制宜地大力发展地方、企业、民办、志愿、义务等多种形式的消防力量，形成与社会发展相适应的灭火救援组织体系。

第六十四条 公安消防队伍

公安消防部队主要承担防火灭火、抢险救援和反恐排爆任务，是灭火救援的主体力量，要积极争取编制，不断扩大公安消防力量。

第六十五条 合同制消防队伍

合同制消防队伍是公安消防力量的有益补充。要着力建设合同制消防队伍，其人数在近期达到2000人，在中期达到3000人左右。

第六十六条 专职消防队伍

设有企业消防站的单位应设立专职消防队，承担本单位火灾的扑救工作。要根据市场经济条件下出现的新情况、新问题，不断加强工企专职消防队伍建设。

第六十七条　城镇消防队伍

设有城镇消防站的社区应建立城镇消防队，承担城镇初期火灾的扑救工作。

第六十八条　义务消防队伍

企事业单位和社区应建立义务（志愿）消防队伍，企事业单位义务消防队员人数不应少于单位总人数的80%。

社区物业保安队伍应成为义务消防队伍的骨干，履行社区消防检查和扑救初期火灾的义务。

第六十九条　灭火指挥

火灾现场的灭火救援行动由公安消防部队统一组织指挥。灭火救援行动中，其他社会消防力量（合同制消防队、企业专职消防队、乡镇社区消防队、义务消防队）应受公安消防部队的统一调度指挥。

公安消防部队参加火灾以外的其他灾害和事故的抢险救援工作，在政府的统一指挥下实施。

第七十条　城市灭火救援指挥体系

城市灭火救援指挥体系是城市灾害应急联动体系的重要组成部分，应加强建设和完善城市灭火救援指挥体系，提高快速反应能力。

第七十一条　区域灭火救援协作机制

加强区域灭火救援的互援互助，与长三角地区省市合作，建立全方位、多层次、宽领域的消防灭火救援协作机制，构筑长三角地区一体化灾害防御应急体系。

第十章　近期建设

第七十二条　消防站建设

近期完成市119消防指挥中心和上海化学工业区消防支队部等区域消防指挥中心建设，重点建设中心城和重点工业区内的规划消防站，规划建设不少于30个消防站。启动消防综合训练基地建设。

第七十三条　消防水源建设

在企业单位相对集中的区域，应严格按照国家消防技术规范和标准建设市政消防管网和消火栓系统。对老城区消防供水管网水蚀严重的，要抓紧改造。在无市政消防水源的市郊区域，应采取企业自建、联建消防水池，或在临近的河道岸边设置消防车通道和泊位等措施，确保消防用水。

第七十四条　消防车通道建设

拆除占用、堵塞消防车通道的各类违章建（构）筑物和路障，辟通尽头路段，保障消防车临警能及时赶赴现场进行火灾扑救和抢险救援。

第七十五条　消防车辆配置

调整现有消防车辆的配置格局，引进水罐泡沫车、抢险车、大功率泡沫车、小云梯车、微型消防车等消防车，更新东风140型消防车、轻泵车、北京吉普车、苏州捷达车、解放摇梯车、东风145型消防车及1996～1999年装备的东风153型消防车等常规国产消防车。

第七十六条　个人防护装备

增加空气呼吸器、子母式声光呼救器、隔热服、防化服、抢险棉内衣等装备的配置数量，引进配置用于火情侦察的具有红外摄像、无线通话、照明、安全防护功能的消防员头盔，改进一线消防员战斗服和消防靴装备，着力提高个人防护装备的综合性能。

第七十七条 消防器材装备

提高先进装备覆盖面，更新、替换供水接口，配置破拆工具、照明工具、有毒气体侦检仪、大功率排烟机等器材装备。提升装备科技含量，研制开发简便的气割器材、破拆工具组箱，引进、开发轻便高强度登高器材、多功能移动炮及多功能水枪，开发配备新型二道分水、集装箱型大型火场保障车。

第七十八条 消防信息系统建设

依托公安专网实现公安消防部门全部联网，到2007年，网络覆盖率达100%。

建设以SDH为载体的消防三级网络，加速建立重点单位信息系统，建设好公安消防三级视频会议系统，建设上海市消防远程教育培训系统，完善消防内部和外部网站。开发消防综合业务管理信息系统软件，全面启用消防办公自动化系统。

第七十九条 消防指挥系统建设

建设计算机网络指挥系统、800M集群无线指挥系统、GPS车辆动态信息管理系统、三维地理信息系统（GIS）、电子灭火预案系统、消防视频监控系统和移动通信指挥部等子系统。

第八十条 城市火灾自动报警系统建设

按照“先易后难、先新后旧”的原则，积极推广应用城市火灾自动报警系统。到2004年年底联网单位不少于1000家，至2007年年底联网单位达到4000家。

第八十一条 合同制消防队伍建设

探索多元化消防队伍建设的经验，组建合同制消防队伍。到2004年年底招聘300名合同制消防员，至2007年年底合同制消防队伍达到2000人。

第八十二条 社区消防设施建设

按照“组织网络健全、管理机制合理、硬件设施配套、防范意识增强”的要求，切实加强社区消防设施建设，增强社区防范火灾的能力，本市居委会消防建设达标率到2004年年底应达30%，到2005年年底应达55%，到2006年年底应达80%，到2007年年底达90%。

第八十三条 企事业单位消防安全建设

借鉴国际通行规则，在本市重点单位中推广运用《消防安全评价体系》，进一步增强单位的消防安全管理责任主体意识，提升单位消防安全管理工作的水平。本市重点单位消防安全自我评价率到2004年年底应达10%，到2005年年底应达50%，到2006年年底应达80%，到2007年年底应达90%。

第八十四条 消防法制建设

修订《上海市消防条例》、《上海市烟花爆竹安全管理条例》和《上海市水上消防监督管理办法》；制定《上海市消防组织条例》、《上海市地下空间消防安全管理规定》、《上海市社区消防安全管理办法》、《上海市建筑消防设施管理办法》和《消防技术服务组织管理规定》。

第八十五条 消防技术规范建设

修订《住宅设计标准》、《民用建筑水灭火系统设计规程》和《民用建筑防排烟技术规程》等地方技术标准；制定《大空间建筑设计防火规范》、《洁净厂房设计防火规范》、《隧道设计防火规范》和《电气设计防火规范》等技术规范。

第八十六条　投资估算

近期建设投资估算近15亿元。

第十一章　规划实施对策

第八十七条　机制建设

城市消防规划的编制实施是一项系统工程，必须建立领导协调、法规保障、推进责任、公众参与和资金保障等机制，形成合力，整体推进。

第八十八条　建立政府协调机制

《规划》的编制，事关本市改革开放、发展、稳定的大局，事关人民群众生命和财产的安全。本市各级政府要从践行“执政为民”思想的高度，把消防规划的落实列入重要议事日程，加强组织领导，协调相关部门，推进《规划》的实施。

第八十九条　完善法规保障机制

相关行政主管部门应总结消防规划实施的经验，将消防规划内容纳入消防法律法规体系，制定与《规划》项目实施相配套的技术标准和地方规范，依法保障《规划》的实施。

《规划》经批准后，必须严格执行，任何单位和个人都不得擅自调整规划内容。因社会经济发展需要确需调整的，须由市规划管理局和市消防局共同审核同意后，报请市政府审批。

第九十条　落实推进责任机制

本市各相关部门要切实履行职责，加强协作，积极参与消防规划的落实。市、区（县）规划建设行政主管部门在规划建设项目审批中，要按照消防规划的要求，保留消防站规划用地。各街道（镇）和居（村）委会要发动社区单位和居民支持、参与社区消防设施的建设与管理。各企事业单位要树立消防安全责任主体意识，确保本单位的消防安全。公安消防部门要主动当好政府参谋，积极指导和督促各地区落实消防规划。

第九十一条　建立公众参与机制

通过各种载体，广泛宣传消防规划，推动社会公众参与消防规划的实施过程，让公众享有消防规划的知情权、参与权、监督权；逐步建立违反消防规划行为的举报和信息反馈制度，动员全社会力量共同监督消防规划的实施。

第九十二条　落实土地资金保障机制

市、区两级政府及相关部门应当按消防规划落实消防建设用地和消防建设经费，逐年建设、改造、更新消防装备和消防基础设施，使消防规划落到实处。

第十二章　附　则

第九十三条　生效日期

本规划报经市政府批准后即行生效，原有消防规划即行废止。

第九十四条　解释权属

本规划由上海市人民政府城市规划和消防行政主管部门负责解释。

四、《上海市消防规划（2003—2020年）》文本说明

前　言

改革开放以来，本市国民经济持续快速增长，经济运行抗波动能力不断增强。据上海市统计局统计，2003年实现国内生产总值（GDP）6250.81亿元，按可比价格计算，比上年增长11.8%，增长幅度连续12年保持两位数水平，城市综合竞争力进一步提高。尤其令人鼓舞的是上海获得了2010年世界博览会主办权，为上海新一轮经济发展提供了强大的动力。根据上海城市总体规划，到2020年上海将初步建成国际经济、金融、贸易、航运中心之一。为此，上海将进一步优化中心城、新城、中心镇的布局，加快城乡一体化建设步伐，预计到2007年全市人口（居住半年以上）将达1670万，城市化水平达到80%。

上海正向着全面建设小康社会的目标迈进。随着各种现代化基础设施体系建设的全面展开，地下铁道、隧道、跨江（海）大桥、深水港等重大市政工程加快了建设速度，大批高层、超高层建筑涌现，城市天然气主干网基本贯通，这些都对城市消防工作提出了新的要求。目前，上海城市消防基础设施远远满足不了现代城市对消防安全的需求。为了建设与国际化大都市相适应的城市消防安全体系，提高本市抗御火灾的整体能力，保障上海跨越式大发展的顺利进行，必须编制国际一流的高起点的城市消防规划，推动上海消防的可持续发展。

1997年，上海市曾编制了消防站布点规划，明确了本市的消防站点布局，对近年来的消防站建设起到了一定的指导作用，但因城市总体规划调整，致使已规划的站点难以落实。因此，迫切需要结合当前的实际情况因时而变、与时俱进，对城市消防站点等消防基础建设在城市用地规划中予以完善和落实，以适应“世界级”城市对现代消防工作的要求。

为此，根据公安部、建设部、民政部于2002年10月在济南召开的全国城市社区消防建设暨小城镇消防规划建设工作会议精神，公安部、国家发改委、建设部《关于进一步加强城镇消防规划和公共消防设施建设的通知》（公通字［2004］34号），上海市人民政府《关于贯彻全国城市社区消防建设暨小城镇消防规划建设工作会议精神的意见》（沪府办秘［2002］00 6561号）及《上海市人民政府办公厅转发市公安局、市规划局关于编制上海市消防规划意见的通知》（沪府办［2003］22号）的精神，编制上海市消防专项规划。

第一章　总　则

1.1　编制目的

本条明确了《规划》编制的目的。消防安全系统是城市防灾系统的重要组成部分，是城市建设和人民生命及财产安全的重要保障。随着科学技术的发展，各类多功能的大型公共建筑迅速增多，同时，大量新材料、新工艺广泛应用于公共建筑之中，这些都对火灾防范和扑救工作提出了新要求。因此，迫切需要编制新一轮城市消防规划，以指导本市消防工作的开展，推进消防工作社会化、法制化、科学化、信息化的进程，使城市建设和经济发展与之相匹配，构建消防站布局更加合理、消防装备更加精良、城市安全布局更趋合理、消防人文环境更加优化的上海市消防安全体系，提高本市消防综合实力，消防建设适应上海经济社会可持续发展的需要，保障城市消防安全。

1.2　指导思想和原则

以全面、协调、可持续的科学发展观为指导，以体制创新和科技创新为动力，以《中华人民共和国消防

法》、《城市规划法》及《上海市城市总体规划》等法律、法规为依据，按照上海建设现代化国际大都市的总体要求和宏伟目标，全面贯彻“预防为主、防消结合”的消防工作方针，学习吸收世界先进消防理念，坚持以人为本，遵循“科学实用、技术先进、经济合理、分步实施”的原则，整合本市市政基础设施规划资源，体现消防规划的先进性、前瞻性、操作性、适应性和创造性。

1.3　地位与作用

本条主要说明《规划》的地位与作用，强调《规划》是上海市城市总体规划的重要组成部分，是指导本市消防建设和管理的基本依据，在城市规划区进行与消防安全有关的各项规划编制工作和城市建设活动，均应执行本规划。同时，要求各地区在编制区域性规划时，应将消防内容列入区域性规划范围。

1.4　编制依据

本条列出了制定《规划》所依据的主要法律、法规和规范性文件，主要是：

（1）《中华人民共和国消防法》；

（2）《中华人民共和国城市规划法》；

（3）《上海市城市规划条例》；

（4）《上海市消防条例》；

（5）《上海市城市总体规划》；

（6）《城市消防站建设标准》；

（7）《消防改革与发展纲要》；

（8）《城市规划编制办法》；

（9）《城市消防规划编制要点》；

（10）《关于进一步加强城镇消防规划和公共消防设施建设的通知》（公通字［2004］34号）；

（11）《关于贯彻全国城市社区消防建设暨小城镇消防规划建设工作会议精神的意见》（市府办秘［2002］006561号）；

（12）《上海市人民政府办公厅转发市公安局、市规划局关于编制上海市消防规划意见的通知》（沪府办［2003］22号）；

（13）《港口消防规划建设管理规定》（交通部1992）；

（14）其他法规、规范和技术标准。

1.5　规划范围

本条说明了《规划》所涉及的范围。本《规划》的范围是全市6340.5km^{2}面积，即覆盖全市城乡。其中，外环线以内670km^{2}的中心城及重点城镇是本次消防规划的重点，这是与城市总体规划相适应的。

1.6　规划内容

本条主要说明了《规划》的内容，包括消防安全布局、消防站布局、消防装备、消防信息化、消防基础设施、消防人文环境、灭火救援组织体系和近期建设规划。

近年来，信息化建设有了迅速的发展，并发挥着带动消防现代化建设的重要作用，而消防通信是信息化建设的重要组成部分，所以把消防信息化建设作为一项重要内容来规划。

考虑到消防水源、消防通道以及建筑消防设施都是消防基础设施，因此，本《规划》将这三个方面的内容一起纳入消防基础设施这一章予以规划。

作为消防规划不仅要考虑外在的形态消防规划，而且还要考虑内在的消防功能规划，特别是社会的人的消防素质关系着消防事业能否持续、协调地发展，因此，本《规划》将消防人文环境建设和灭火救援体系建设作为重要内容进行了规划。

1.7 规划期限

本条参考城市总体规划，对消防规划年限作如下划分：

近期至2007年；

中期至2010年；

远期至2020年。

1.8 规划成果

本《规划》经过一年半的努力，充分征求意见，几易其稿，主要形成以下成果：《上海市消防规划文本》、《上海市消防规划——消防站选址图》、《上海市消防规划文本说明》、《近期建设所需资金估算》、《国内外消防管理现状及先进理念分析》、《消防重大问题对策研究》。其中，《近期建设所需资金估算》是消防规划文本说明的延伸，《国内外消防管理现状及先进理念分析》、《消防重大问题对策研究》是《规划》编制的理论支撑。

1.9 规划实施

本条是为了保障《规划》的实施而制定的，主要明确了《规划》由上海市人民政府组织实施，上海市城市规划管理局依法进行规划管理，上海市消防局依法进行消防监督。并强调《规划》应结合本市城市总体规划，与中心城、新城、中心镇和新市镇的建设同步实施。

第二章 消防目标

2.1 总体目标

通过编制上海市消防规划，构建完善的上海市消防安全体系，优化城市消防安全布局，使消防站点布局更加合理、消防基础设施更加完善、消防技术装备更加精良、消防信息化更加先进、消防人文环境更加和谐、灭火救援组织更加健全，推进消防工作社会化、法制化、科学化、信息化进程，夯实消防安全基础，从根本上提高本市抗御火灾的综合能力，适应上海社会经济可持续发展的需要。

2.2 近期目标

紧紧围绕本届政府工作目标，根据本市总体规划要求，重点加强消防设施和消防装备建设与管理，着力组建多元化消防队伍，优化消防人文环境。增建30个消防站，使本市消防站数量达到100个，中心城消防站布局基本达到要求；消防水源在城区达到100%覆盖，在郊区达到90%以上的覆盖率；消防装备每年有计划、有比例更新增配，加强对国外先进消防装备的引进和配置；全面建成现代化的消防通信指挥系统；本市消防综合实力处于国内领先水平。

2.3 中期目标

以举办2010年世博会为契机，增建15～20个消防站，使本市消防站数量达到115～120个；进一步完善本市消防设施和组织体系建设，全面提升本市抗御火灾等灾害事故的能力，使本市消防综合实力接近世界先进水平，基本适应城市社会发展对消防安全的需求，为美好的城市生活创造良好的消防安全环境。

2.4　远期目标

建成与现代化国际大都市相匹配的消防基础设施，构筑结构合理、品种齐全、技术先进的消防装备体系，形成以人为本、全面发展的消防人文环境，健全消防安全保障体系，进一步提升本市抗御火灾的综合能力，使消防综合实力达到世界先进水平，实现消防与社会经济的协调发展。

第三章　消防安全布局

3.1　区域消防规划重点

上海市将城市划分为中心城、新城、中心镇、新市镇。中心城为城市的主体，包括陆家嘴－外滩中央商务区和以人民广场为核心的市级中心，以及徐家汇、真如、江湾－五角场、花木为城市副中心，集中布置市一级的金融、商贸、娱乐、办公、科技、文化、教育设施；中心城外布置新城、中心镇、新市镇，构成完整的市域城镇体系。

根据上海市城市总体规划，内环线以内，以发展第三产业为重点，适当保留都市型工业；内外环线之间，以发展都市型工业、高新技术、高增值、无污染产业及配套工业为主；外环线以外，以发展钢铁、石化、汽车等为主的第二产业和现代农业。

根据城市发展方向和市域空间布局，重点推进和实施工业消防重点地区、民用消防重点地区、城镇和危险源的消防规划，体现突出重点、抓住源头、整体推进的原则。

3.2　工业消防重点地区

工业消防重点地区是指一旦发生火灾有可能造成重大人员伤亡或财产损失的工业区。该重点地区以大型工业企业、大型危险品生产仓储企业为主。具体为：

国家级工业区：张江高科技园区、金桥出口加工区、外高桥保税区、漕河泾新兴技术开发区、闵行经济技术开发区。

市级工业区：上海化学工业区、上海临港产业区、嘉定工业区、青浦工业区、松江工业区、康桥工业区、莘庄工业区、工业综合开发区、金山嘴工业区、宝山城市工业区、宝山工业园区、崇明工业园区、星火开发区、紫竹科学园区。

其他消防重点地区：五号沟危险品港区、金山化学工业区、吴泾化学工业区、高桥化学工业区、桃浦化学工业区、天然气门站、浦东煤气厂、吴淞煤气厂、五号沟天然气事故站、各燃气储存站（罐）、大型发电厂（石洞口、外高桥、闸北、吴泾、漕泾等）、浦东海滨油库、浦东机场油库、虹桥机场油库等场所。

工业消防重点地区应优先配套建设城市公安消防站和公共消防基础设施，并根据企业的规模设置企业专职消防站，配置相应专职消防人员及技术装备；同步建设市政消火栓和人工消防水池，充分利用天然水源；严格控制各类易燃易爆危险品设施的防火安全间距。对于位于中心城及规划居住区的危险品源（如高桥化工厂、吴泾化工厂、桃浦化工区等）原则上不再扩大规模，并视具体情况逐步迁出中心城。

3.3　民用消防重点地区

民用消防重点地区是指一旦发生火灾有可能造成重大人员伤亡或财产损失的公众聚集场所地区。该重点地区以大型公共设施、居住用地为主。具体为：

城市核心区：人民广场地区、南京东路外滩、小陆家嘴地区。

城市副中心及部分重要地区中心：徐家汇、真如、五角场、花木、陆家嘴、静安寺等。

主要商业街：南京路、淮海路、金陵路、四川路。

历史建筑保护区：新华路、老城厢、衡山路、复兴路、山阴路、龙华地区、愚园路等。

老式居民住宅区棚户区。

民用消防重点地区应加强配套建设城市公安消防站及配置相应的技术装备，按规范要求同步建设市政消火栓，对于历史保护建筑及老式居民住宅应增设简易水喷淋等消防设施；禁止新建油库、天然气储气站、液化石油气储配站等大中型易燃易爆危险品库区；严格控制汽车加油（加气）站建设；严格控制天然气设施及干管走廊位置和安全间距；严格限制危险品运输车辆线路，加强防灾疏散场地的建设。

利用公园、体育场所、学校、大型绿地、广场、停车场作消防避难场所；也可利用地下人防工程作临时救灾场所。消防避难疏散一般采用就地疏散和集中疏散两种形式，就地疏散一般利用房屋间的空地、小区绿地。就地疏散不足时可考虑集中疏散，疏散半径一般为1～2km以内。对人口密度较高、建筑比较集中的老城区除采用就地疏散形式外，还应统一安排集中疏散场地。

3.4 城镇消防规划

随着城乡一体化进程的加快，原有城镇不断扩大，新城新镇逐步形成。为保障经济的健康发展和人民的安居乐业，在城市化的进程中不能忽视消防站、市政消防水源、消防通信和消防道路等消防基础设施的建设，为此强调要加强城镇消防规划。

3.5 危险源消防控制

上海是一个化学工业比较集中的城市，是我国化工原料和设备生产的重要基地之一，拥有综合原油加工、炼焦、生产合成纤维、工程塑料、涂料、染料等20多个行业，能生产3万多种产品。其中，有毒有害的化学危险品，品种多、数量大、分布广。据统计，本市除化工系统外，还有医药、纺织、冶金、铁路、交运等涉及有毒有害物质的企、事业单位15000余家，约占全市工厂数的88%。共有各类化学危险品7500余种，其中24种主要的有毒、有害、易燃易爆危险品的每天滚转量就高达65万余t，这对上海城市的安全是潜在威胁。据统计，自1979年至1997年的19年间，上海市共发生各类化学事故902起，死亡209人，受伤中毒2575人。近年来，事故次数每年呈递增趋势。因此，必须加强危险源的消防控制。

3.5.1 易燃易爆危险物品的生产、储存场所的安全布局

为减轻或防止因各种灾害或事故所产生的火灾、爆炸、有毒物质的泄漏等造成的灾害，对城市的易燃易爆危险物品的生产、储存场所作安全布局，对目前零散的生产、储存场所作必要的整合，减少易燃易爆危险物品的生产、储存场所数量，并有计划地在周围按消防要求设置防护墙或足够的安全带。

对无法满足规范要求，对城市安全有影响的易燃易爆危险物品的生产、储存场所或单位应强化消防安全检查，强化对员工的消防培训工作。在城市中心区不宜新建、扩建易燃易爆危险物品的生产、储存场所。根据城市总体规划，按照防止次生灾害的要求，对不适宜设置在中心城的次灾害源采取近、中、远期治理相结合的办法，近期以控制规模、技术改造、转产转向和加强消防设施建设为主，中、远期创造条件搬迁或拆除。

城市相对集中地规划设置易燃易爆危险物品的生产、储存和转运设施（单位），全市设立漕泾上海化学工业区、宝山工业区、金山化学工业区、高桥化学工业区、桃浦工业区，避免易燃易爆危险品设施过于分散、数量过多的不合理布局，减少火灾隐患。同时，危险品仓储区内不得布置与危险品无关的单位或设施。控制中心

城内的化工企业的发展，有计划地将化学危险品生产企业迁出中心城。对于新建的易燃易爆危险物品生产、储存、转运设施（单位），在选址定点工作中，应严格遵照“设在城市边缘的独立安全地区，并与人员密集的公共建筑保持规定的防火安全距离”的原则，按照本规划进行选址，其征地范围应包括消防安全间距。

3.5.2　易燃易爆危险物品运输码头、车站的安全布局

易燃易爆危险物品运输码头、车站的设置应确保城市的安全，宜设于城市主导风的下方，相对独立，与周边地区保持一定的防护距离。根据城市总体布局，规划将宝山区的罗泾港区、浦东新区的五号沟地区、漕泾港区及金山嘴确定为城市的易燃易爆危险物品运输码头，将桃浦车站确定为城市的易燃易爆危险物品运输车站，禁止在非危险品车站、码头装卸危险品。

3.5.3　易燃易爆危险品运输道路的规划

易燃易爆危险化学品既是保障城市发展的动力，也是城市次生灾害的发生源，在城市重要景观道路及重要区域内应严格限制运输易燃易爆危险化学品车辆通行。因此，需合理规划城市易燃易爆危险化学品的运输通道。

根据城市的产业布局及需求，城市易燃易爆危险化学品的运输品种主要为液化气、天然气、液氧的受压槽车，汽油、柴油的常压槽车及运输液化石油气钢瓶的车辆，运输车辆白天可凭市区货运车通行证在通行范围内通行，其他装运危险品车辆全天禁止在下列道路及区域内通行。

一、禁行道路

人民大道、淮海（东、西）路、南京（东、西）路、中山东（一、二）路、衡山路、宝庆路、常熟路、虹桥路、新华路、金陵（东、西）路、复兴（东、中、西）路、南北高架地面道路、世纪大道、东方路，内环、南北、延安、逸仙路高架道路，延安、打浦、大连隧道，杨浦、卢浦、南浦大桥（6时至20时禁行）。

二、禁行范围

由天钥桥路、肇嘉浜路、乌鲁木齐南路、衡山路、宝庆路、常熟路、延安中路、乌鲁木齐北路、华山路、漕溪北路、南丹东路构成的范围（含上述道路）。

由虹桥路、古北路、仙霞路、水城路构成的范围（含上述道路）。

由人民路、侯家路、方浜中路、中山东二路构成的范围（含上述道路）。

由滨江大道、浦东南路、东昌路构成的范围（含上述道路）。

3.6　加油加气站

上海是国际知名的特大城市，汽车数量增多，随之而来的是为汽车服务的加油站数量的增加。综观全市加油站的建设状况，从1950年代的51座加油站到1980年代的200座加油站，发展的速度极其缓慢。进入1990年代，加油站建设进入一个高峰期。截至2003年年底，全市加油站已达1010座，其中1999年前建的加油站571座，1999年后建的加油站439座。但是，现有加油站布局不够合理，分布不均匀，有些无证建设的加油站给城市交通、安全以及居民生活均带来不利影响。结合上海实际情况，有必要对全市加油站布点进行梳理，使加油站建设纳入健康有序、可持续发展的轨道。

全市加油站布局在总体上存在中心城加油站网点较密，外围地区较疏的现象。在中心城部分主要道路的部分路段加油站过密，有些加油站同向间距不足3km。而在徐汇、卢湾、静安、黄浦等老城区，因道路拓宽、旧区改造使该地区加油站的数量稀疏，还需建加油站。

手续不全问题的加油站主要分布在普陀、浦东新区、宝山、奉贤、松江等区，这些加油站存在着不符合安全防护距离、不符合消防要求等问题，是城市不安全的因素。

根据上海市城市总体规划，结合城市能源结构调整，在内环线以内地区控制加油站总量；内外环线之间进行“结构调整、拾遗补阙、适当布点”；外环线以外结合高速公路、干线公路及重点开发区域进行布点。

结合城市总体布局和城市道路网的建设，加油站设置同向间距：内环线以内区域按3km以上控制，内环线以外区域按5km以上控制，高速公路沿线按10km以上控制。

为控制危险源的数量，考虑将来城市发展石油、天然气的可能性，加油站应与加气站合二为一，在可能的情况下鼓励利用现有加油站扩建成加气、加油两用站，不得设置流动的加油、加气站。

中心城内严格控制加油、加气站总量；新城、中心镇、新市镇的加油站设置应符合有关规范。

加油站选址要尽量避开城市重要的地下工程；城市重要的开发地段，如黄浦江两岸地区、地铁、隧道、人防工程等通风井道、人员车辆出入口，要求与这些工程设施保持一定的安全距离。

3.7 燃气储配设施

上海是我国最早使用城市燃气的城市，距今已有134年的历史。经过一个多世纪的发展，目前已形成人工煤气、天然气、液化石油气多种气源构成的燃气供应系统，城区居民家庭已实现全气化。上海人工煤气管道总长度为6332km，其中：中压管1587km，低压管2785km，低压支管1960km。上海天然气管道长度为880km。管道主要采用钢管、铸铁管和PE管。铸铁管存在承插式和机械接口两种连接方式，密封材料分别采用麻丝和铅及橡胶垫圈。1984年前，铸铁管均采用承插式接口，1984年后，逐步推广采用机械接口铸铁管和PE管。上海目前有水电路、漕宝路、金沙江路、杨高路、真如和徐泾六座大型储配站参与全市日常煤气调度。

人工煤气输配系统采用中、低压二级制，管材大多采用铸铁管，地下管道总长度6000多km。全市有7座大型储配站，储气总容积355.4万m^3；浦东北蔡已建成1座包括10只3500m^3、储气压力1.5MPa的高压球罐的储配站；五号沟LNG事故气源站已建成液态储存2万m^3天然气设施。

规划新建五号沟、漕泾天然气储配站，拆除杨高路等5座储配气站。规划要求，储气站罐区周围30m范围内不得修建任何建筑物，90m范围内不得新建高层建筑和密集居住区。

上海市储配站气柜现状：

序号	储配站名称	气柜数量及容积（万m^3）	可调储气能力（万m^3）	投入运行年份	类型	备注
1	真如路站	30.0	27.0	1995年	干式	
		30.0	27.0	1995年	干式	
		二期拟建30.0	27.0	2001年	干式	
2	杨高路站	20.0	17.0	1989年	湿式	2010年前退役
		20.0	17.0	1992年	湿式	2020年前退役
		20.0	17.0	1995年	湿式	2020年前退役
		20.0	17.0	1997年	湿式	
3	漕宝路站	15.0	13.5	1974年	湿式	2005年前退役

续表

序号	储配站名称	气柜数量及容积（万m^3）	可调储气能力（万m^3）	投入运行年份	类型	备注
		15.0	13.5	1976年	湿式	2005年前退役
		20.0	18.0	1986年	湿式	2010年前退役
4	水电路站	10.0	9.7	1990年	湿式	2020年前退役
		10.0	9.7	1991年	湿式	2020年前退役
		10.0	9.7	1993年	湿式	2020年前退役
		二期新建10.0	9.7	2001年	湿式	
5	金沙江路站	10.0	9.7	1966年	湿式	2005年前退役
		10.0	9.7	1968年	湿式	2005年前退役
		10.0	9.7	1982年	湿式	2005年前退役
6	徐泾站	20.0	17.0	1998年	湿式	
		2×20.0	34.0	2000年	湿式	
7	嘉定站	5.4	4.6	1980年代	湿式	2010年前退役，不参与全市调峰
	合计	355.4	318.3			

上海市燃气输配管网压力级制：

高压输气管道：2.5MPa以上，城市外围输气管道；

高压燃气管道：1.6MPa，浦东城区及石洞口至市区；

中压燃气管道：0.4MPa，浦东中压天然气管网；

中压燃气管道：≤0.1MPa，人工煤气管网；

低压燃气管道：≤0.005MPa。

管线安全布局：

高压输气管网系统主要由城市外围6.0、4.0、2.5MPa和中心城区1.6MPa的高压管道构成。城市外围高压输气管网同时兼输气、储气多项功能于一体。考虑到用气的供需平衡，高压管道布线方案如下：

6.0MPa的超高压管道，主要位于上海市西部的郊区环线公路。布线方案如下：6.0MPa的超高压管道自青浦白鹤沿郊区环线公路向南至金山站，再折向东沿规划沪杭公路经漕泾至奉新。另一路自白鹤沿郊区环线公路向北，经嘉定至石洞口第二电厂并连接石洞口煤气厂。

4.0MPa高压管道是枝状连通管，主要连接城市外围6.0MPa和城区1.6MPa的管道。一路自郊区环线公路沿沪宁高速公路向东经江桥至外环线公路，另一路自郊区环线公路沿沈砖公路经松江、闵行至外环线公路（如果由松江沿沈砖公路经闵行至外环线的4.0MPa高压管道难以实施，则考虑从青浦敷设4.0MPa高压管道经徐泾至外环线公路）。另外，自石洞口敷设4.0MPa高压管道，沿蕴川路、外环线公路经闸北电厂，穿越黄浦江，向东敷设4.0MPa管至五号沟LNG事故气源站。新建2.5MPa高压管道从奉新向北在三林地区与浦东2.5MPa高压管道连接。

为保证天然气门站的安全运行及门站发生故障时减小对周围建筑物设施和人员的危害，根据燃气设施有关规范，要求不得在天然气门站周围30m范围内修建任何建筑物，50m范围内修建重要公共建筑。

天然气管道敷设应符合《输气管道工程设计规范》（GB 50251—1994）、《城市天然气管道工程技术规程》（DBJ 08—1965—1997）及《城镇高压、超高压天然气管道工程技术规程》（DGJ 08—102—2003）的要求。

对在道路以外敷设的高、中压燃气管道，应划分明确的管道保护范围，对侵占燃气管道通廊的违章建（构）筑物，应依法予以拆除，防止燃烧、爆管等危及生命财产安全的事故发生。在道路改造及旧区改造时应事先同燃气主管单位联系，防止施工造成燃气管道破裂。

第四章 消防站布局

目前，全市消防站共有69个。消防站的建设远远跟不上城市的发展，有的区近几十年来没有建设新的消防站，现有的消防站设备远远满足不了城市对消防的要求，迫切需要建设新消防站及更新现有消防设施，以满足消防安全的需求。根据城市发展目标，确定各阶段消防设施的建设规模，做到近、中、远期相结合。在近期内，基本形成覆盖全市、分布合理、出警迅速、规模适中的消防站布局。

4.1 消防站点布局与选址原则

4.1.1 消防站布局原则

（1）公安消防站规划布点，应以接到报警后5min内消防队可以到达责任区边缘为原则。

（2）公安消防站的责任区面积按下列原则：

内环线以内区域按2～4km^{2}设置一个消防站。考虑到内环线内建筑密度高，还有大量老式居民楼，区内新建设的建筑大部分为高层及超高层，且道路交通流量大，增加了火灾扑救的难度，因此该区的消防站间距宜控制在2km左右。

内外环线之间区域按4～7km^{2}设置一个消防站。该区域建筑密度相对内环线内较低，道路交通条件较好，消防车出警速度较快，一般能够在接到报警后5min内到达4～7km^{2}的责任区边缘，因此，区内消防站间距可控制在3km左右。

外环线以外地区按7km^{2}设置一个消防站。该区域主要为新城、中心镇，道路交通条件较好，也能满足接到报警后5min内到达责任区边缘，因此，可适当放宽消防站的责任区面积。

（3）人口超过5万（含5万）以上的城镇应设置消防站，原则上独立工业开发区面积超过7km^2（含7km^2）应设立公安消防站。

4.1.2 消防站点选址原则

（1）消防站应设置在路口或沿主要道路，以保证消防车辆出入的顺畅。

（2）消防站主体建筑同公共建筑或场所的主要疏散出入口间距应不小于50m。

（3）消防站应设置在易燃、易爆及有毒、有害气体的生产及仓库的常年主导风向的上方或侧风处，其边界距上述部位一般不应小于200m。

（4）消防站的设置应体现可操作性。

4.2 公安消防站

消防站根据责任区内火灾危险性分为特勤消防站、普通消防站两种。普通消防站分标准型普通消防站和小型普通消防站。

公安消防站应按《城市消防站建设标准》建设训练塔等基础训练设施，特勤消防站应设置烟热室等特种训练设施，以适应实战需求。

根据上海实际情况，各类消防站建设用地面积应符合下列规定：

标准型普通消防站：2400~4500m²；

小型普通消防站：1000~1400m²；

特勤消防站：4000~5200m²。

4.3　市级消防指挥中心

为适应上海城市建设和社会经济发展对消防保卫任务的需要，提高本市处置火灾的能力，快速处置各类救灾任务，加强各消防支队（中队）协同作战的能力，建立具有先进水平的上海市消防指挥中心。

4.4　区域级消防指挥中心

遵循防消一体化的原则，行政区域和独立的重要产业基地，即每个区（县）和上海化学工业区等设立一个支队部，作为区域级消防指挥中心。

4.5　陆上消防站

全市现有陆上公安消防站69个，规划增加191个，远期全市达到260个。其中，中心城在现有33个消防站的基础上增加54个，总数达到87个。

具体站点分布为：

黄浦区5个，现状3个，规划2个，选址2个；

卢湾区3个，现状1个，规划2个，选址2个；

静安区2个，现状1个，规划1个，选址2个；

徐汇区9个，现状4个，规划5个，选址5个；

长宁区6个，现状1个，规划5个（2个已立项），选址3个；

虹口区7个，现状2个，规划5个，选址5个；

闸北区5个，现状1个，规划4个（1个已立项），选址3个；

杨浦区12个，现状6个，规划6个，选址6个；

普陀区9个，现状3个，规划6个，选址6个；

浦东新区39个，现状11个，规划28个，选址28个；

崇明县19个，现状4个，规划15个，选址3个；

奉贤区17个，现状4个，规划13个，选址5个；

嘉定区13个，现状2个，规划11个（1个已立项），选址10个；

宝山区20个，现状6个，规划14个（2个已立项），选址12个；

松江区19个，现状2个，规划17个，选址12个；

青浦区16个，现状4个，规划12个，选址9个；

闵行区16个，现状5个，规划11个，选址11个；

南汇区27个，现状2个，规划25个，选址23个；

金山区16个，现状7个，规划9个，选址7个；

合计：现状69个，规划191个，选址154个。

中心城、新城中除世博会地区需结合世博会规划予以落实外，其余均已落实选址。对于尚未落实消防站选址的部分中心镇，各区（县）在编制该区域详细规划时予以落实。对于已落实选址的站点，各区县规划管理部门有责任在编制地区性规划时予以保留，确保消防建设用地。

针对大型化工装置、大型公共场所的火灾扑救以及处置社会突发事件的多重任务，增设特勤消防站点。在现有2个的基础上，增加彭浦、新泾、桃浦、欧高、化工四、芦四6个特勤消防站，使其总数达8个。

4.6　水上消防站

结合黄浦江、苏州河两岸综合开发的规划，合理规划水上消防站点，按消防船接到报警20min内到达责任区边缘的原则设置水上消防站点。

在现有7个水上消防站的基础上，增加黄浦江闵行水上消防站；在现有1个水陆消防站的基础上，增加罗泾、南门、三岔港、大小洋山港、临港滴水湖、苏州河恒丰及上海化学工业区等7个水陆消防站。

苏州河、临港新城滴水湖水陆消防站点配备50t左右的快艇以及手抬泵等轻型灭火设备，实现水上消防监督和快速灭火。长江口段的罗泾、南门（崇明）、长兴水域（浦东三岔港），杭州湾北岸的漕泾上海化学工业区及大小洋山港的水陆消防站均需配置不少于1艘适合近海航行的消防船。

4.7　航空消防站

空中救援消防的建设纳入城市安全救援系统。根据本市城市和社会经济发展的需要，并考虑到当前的实际情况，近期将社会直升机应用于消防业务，中远期规划建设1个空中救援消防中队，组成城市空中安全保障体系。

中心城的高层建筑屋顶停机坪、城市广场、运动场、中心绿地、公园等结合城市防灾疏散场所，规划设置直升机临时起降点。

4.8　消防训练基地

根据上海的发展要求，本市应建设消防训练基地，为提高消防队伍的训练水平和战斗力以及提高市民消防意识提供硬件设施，推动上海消防综合实力的提升。在浦东新区三林地区规划建设消防训练基地。

4.9　工企消防站

生产规模大、火灾危险性大及距离公安消防站较远的大型企业、单位应设工企消防站，提高本单位消防的自防自救能力。根据对本市现有工企消防站的调查，本条列出了工企消防站车辆配置标准。

一、下列单位应设工企消防站，并应配置不少于2辆消防车：

（1）民用机场、机组总容量为600MW及以上的发电厂、一次生产能力在5万t及以上的造（修）船企业；

（2）年吞吐量为400万t及以上的易燃易爆危险物品码头、年吞吐量为2000万t及以上的可燃物品码头、年吞吐量为300万标箱及以上的集装箱码头；

（3）占地面积为10hm^{2}及以上生产、储存易燃易爆危险物品的企业，占地面积为50hm^{2}及以上生产、储存可燃物品的企业；

（4）仓储面积为25万m^{2}及以上储备可燃的重要物资的仓库、基地。

二、火灾危险性较大、最近的公安消防站的救援力量5min内不能到达的其他大型企业应设工企消防站，并应配置不少于1辆消防车。

工企消防站消防车辆配置应符合下表标准：

企业单位和消防车辆配置关系表

单位类型		配置消防车数量				
		不少于1辆（注1）	不少于2辆	不少于3辆	不少于4辆	不少于5辆
发电厂（机组总容量：MW）		<600	600～1200	1200～1800	1800～2400	>2400
码头	易燃易爆物品码头（年吞吐量：万t）	80～400	400～600	600～800	800～1000	>1000
	可燃物品码头（年吞吐量：万t）	400～2000	2000～3000	3000～4000	4000～5000	>5000
	集装箱码头（年吞吐量：万箱）	60～300	300～450	450～600	600～750	>750
企业（注2）	生产、储存易燃易爆危险物品的企业（占地面积：hm^2）	2～10	10～50	50～100	100～150	>150
	生产、储存可燃物品的企业（占地面积：hm^2）	10～50	50～150	150～250	250～350	>350
储备可燃的重要物资的仓库、基地（仓储面积：hm^2）（注2）		5～25	25～75	75～125	125～175	>175
造（修）船企业（一次生产能力：万t）		<5	5～10	10～15	15～20	>20

注1：该类企业、单位是指最近的公安消防站的救援力量在5min内不能到达的企业、单位。
注2：企业、单位的建筑物内设有自动灭火设施时，需配置消防车辆的生产企业和储存企业的占地面积、仓储面积标准可按本表的规定增加一倍执行；局部设自动灭火设施时，执行标准可按本表规定面积加上该局部面积来执行。

工企消防站建设应当符合国家有关规定，所需经费由组织单位自行解决，并报上海市消防局验收。

4.10　城镇消防站

根据上海的实际情况，经过调研，提出了城镇消防站建设的规划要求：

居民人数在3万人以上5万人以下，经济发展较快，且最近的公安消防队在5min内不能及时到达的城镇，应建消防站。

占地面积$4\sim7km^2$，最近的公安消防站的救援力量5min内不能到达的，生产、储存物资的火灾危险性为丙类及丙类以上的其他工业开发区，应建设消防站。

消防队的规模、消防队员的数量应和居住区的规模相符，消防队的建设经费由当地街道、镇政府部门及房产开发商共同解决，并报上海市消防局验收。

第五章　消防装备

消防装备是消防系统重要的组成部分，是全面提高、保障消防战斗力的基础，应以围绕灭火救援中心工作为重心，坚持整体协调发展，把握消防战斗员与消防装备的结合点，全面加强灭火救援装备现代化建设，提高部队的灭火救援能力，为圆满完成以执勤战备为中心的各项任务提供强有力的装备保障。

5.1　消防车辆装备

全面提高消防车辆的单车综合性能。在近期内，内环线以内消防中队的主战消防车（甲车）进口率达到100%，内外环线之间消防中队的主战消防车（甲车）进口率达到80%，外环线以外消防中队的主战消防车（甲车）进口率达到50%；特种抢险救援车进口的不少于8辆。

合理调整消防车辆装备布局。结合辖区消防保卫对象的特点和灭火救援工作的实际需要，组织力量对各种中队车辆装备使用状况进行调研，重新制定车辆装备标准，使之更趋合理，充分发挥车辆装备的最佳使用效能。

加强消防车辆建设。开发建设集无线有线、实时图像和数据传输功能于一体的消防综合指挥车，提高灭火救援现场的处置和决策能力；结合消防中队辖区保卫对象的特点，加强常规消防车辆的配备、更新工作，力争年更新率达到15%，并着力在提升常规消防车的机械性能和作战能力上下功夫，努力向一车多能、一车多用方向发展；引进大功率、大管径、大流量、远距离的消防车、排烟车、供水车等车辆；配置具有灭火救援、火场勘察和抢险救援等功能的机器人消防车，以适应城市大规模火灾扑救的需要。

5.2 特种消防装备

消防直升机。结合全市防灾救灾规划，近期利用社会资源，将直升机应用于消防业务，在中远期建立空中消防救援中队，配置消防直升机，适应上海城市经济社会发展对消防直升机的需求。

消防船艇。结合黄浦江、苏州河、大小洋山及岛屿等的综合开发建设，为提高水上抢险救援消防能力，保障上海水域及其相邻陆域开发建设的顺利进行，每个水上消防站点（包括水陆两用站）应根据辖区实际配置适合实战需要的消防船艇。

消防摩托车。目前，如何迅速有效地扑灭在高架上或堵车路段上发生的车辆火灾以及道路狭窄、消防车辆不能到达的地区火灾是困扰消防灭火的一个棘手问题。配置使用于高架道路和农村等地区的摩托消防车和小型消防车等轻便消防装备是有效的解决方法。

森林消防装备。根据上海市城市总体规划，本市将建成越来越多的片林和林带，为能更好地扑救片林或林带发生的火灾，应在森林地区配置适合扑救森林火灾的特种消防装备。

地铁和越江隧道沿线消防站应配置适用于地铁、隧道灭火救援的特种消防装备。

5.3 个人防护装备

个人防护装备的配备在近期内要达到公安部要求的个人防护装备标准。空气呼吸器普及率达到100%，逐步增加部分中队的钢瓶容量，提高火场作战时间。子母式声光呼救器达到每个中队1套。隔热服、防化服、抢险棉内衣在现有基础上每辆车增加1套，对保卫以化工、危险品等为主要对象的中队配备要达到人手一套。根据公安部七局对战斗服和消防靴的改进计划，对一线消防战斗员进行配备。引进配置用于火情侦察的具有红外摄像、无线通话、照明、安全防护功能的消防员头盔，并着力提高个人防护装备的综合性能。

5.4 消防救援器材装备

在近期内，新型供水接口更新替换率达到100%；全总队甲车配备6m金属拉梯、乙车配备9m金属拉梯、抢险车配备金属伸缩梯达到100%；照明车及个人移动照明工具配备高性能照明器材，增强照明器材的照明强度和距离；改制现有防盗门、玻璃幕墙破拆工具，配置电动双向异动切割锯；建立生化检测平台，提高特勤消防队的作战能力，以适应反恐斗争的需要。

5.5 消防监督器材装备

每个防火监督处（科）按公安部《消防监督技术装备配备》（GA 502—2004）配备一套可燃气体检测仪、红外线测温仪、静电检测仪、防火涂料测厚仪、电子激光测距仪、测高仪、掌上电脑（PDA）等系列化的高科技装备以及火灾原因调查、消防宣传教育和防护类等消防监督技术装备，提高消防监督检查的效能。

第六章 消防信息化

上海正在建设一个高速、可靠、安全的覆盖整个上海电信的网络平台。2020年，全市电话装机容量将达1000万门以上，电话局（站）约380座，电话主线普及率达50%以上，住宅电话普及率达100%，电话实装率达85%左右。长途交换机容量达48万路端以上，其中国际长途容量为8万路端以上。移动电话普及率30%以上，装机容量

600万门。电信网将朝着数字化、智能化、综合化、宽带化、个人化方向发展，SDH、ATM、B-ISDN、移动通信、多媒体通信、用户接入网等技术将得到广泛的应用和发展，这为消防信息化建设提供了有利条件和发展机遇。

6.1　消防信息基础设施

本条规划了消防信息化的网络基础设施。主要依托公安专网，实现全市公安消防业务信息的联网，利用城市信息网络将现有消防的DDN通信网改为宽带通信网，建立统一的网络平台，实现消防指挥系统、视频会议系统、办公OA系统“三网合一”，成为一个集数据、话音传输和图像监控于一体的多媒体消防城域网络；完善公共消防网站。同时，要考虑网络安全设施。

物理隔离。在系统的物理环境上，严格实施内网与外网、局域网与国际互联网、通信指挥网与消防信息网的物理隔离。

安全备份。在系统的网络平台上，建立备份数据库服务器，设置有效的防火墙，并加强系统的安全监测，增设入侵侦测、安全扫描、网管中心服务器，在新的消防办公大楼设置异地数据备份中心。

访问控制。在应用系统的平台上，重视系统的安全性和可靠性，严格设计授权认证和访问控制。全局定期进行系统安全评估及更新升级系统。

6.2　消防指挥系统

6.2.1　计算机网络指挥系统

结合110、119、122接警系统“三合一”建设，将原系统的ISDN网络升级到SDH网络系统，将总队—支（大）队—中队三级快速地联系在一块。升级中队接警终端设备，将现有低配置电脑改为高配置电脑，以提高指挥系统的运行效率。将金山、崇明两个分指挥中心与消防局指挥中心通过光纤链路实现信息同步和联动。同时，对新建消防中队进行有线配套，安装交换机和直线电话，电信局在铺设电信线路时，应考虑光纤线缆一并到位。

6.2.2　无线指挥系统

完善总队现有350M的消防无线准同步通信网，减少全市无线通信盲区；改善现有基站的机房条件；调试和改善无线信号质量。

共享市公安局现有的无线系统资源，分批加入市公安局800M消防无线通信数字集群网系统。

6.2.3　车辆动态信息管理系统

建设车辆动态信息管理系统。以无线数字传输为载体，建成具有消防指令接收、信息反馈、电子导航、GPS定位、短信息传输、灭火预案紧急调用等功能的消防车辆动态信息管理系统，进一步提高消防车的快速反应能力，减少无线通信指挥系统的压力。

6.2.4　高空电子瞭望系统

高空电子瞭望系统已在灭火救援调度指挥中发挥了明显的作用，有效地替代了传统的消防瞭望台。随着本市高层建筑的不断兴建，要在原有基础上完善现有高空电子瞭望系统，在城区适当位置增加建设高空电子瞭望点，扩大瞭望范围。

6.2.5　移动消防指挥系统

建成集有线、无线、卫星通信和实时图像、数据传输功能为一体的移动消防综合通信指挥系统。移动指挥系统行进过程中的语音和数据、图像可通过海事或全球卫星电话、无线集群电台、移动公网等三种线路传输到消防指挥中心，数据传输率大于1200bps。

当第三代移动通信商用后，小型、轻便的移动终端设备将使火场图像传输不只限于通信指挥车到场后进行转发，每个消防中队都可实现将火场图像直接发送至消防指挥中心，为后方指挥员及时评估灾情和调派增援力量创造条件。

6.2.6 电子灭火预案系统

将各类重点单位的灭火预案存入计算机数据库中，可快速检索查阅。同时，存储特殊单位的灭火预案、扑救工具、物品和方式以及常见自然灾害的抢险救灾协作预案。

6.3 消防信息系统

6.3.1 消防OA系统

现有软件更新升级，逐步启用消防办公自动化系统。逐步实现公文网上流转、归档，即网络化公文批阅，推进无纸化办公和部门之间的网上协作。

6.3.2 消防业务管理系统

开发消防业务管理信息系统软件，建立统一的数据库，实现信息资源共享，不断提高消防业务管理工作信息化水平。以消防信息网为平台，开发系列化的消防科普知识宣传软件和多媒体消防专业知识培训教育软件，为建立消防远程教育网络系统创造条件；消防外网，推动建审、验收、监督检查、消防执法等消防政务工作网络化，推进消防政务信息资源公开，方便社会企业和市民，提高消防工作的社会满意度。

6.3.3 消防水源动态管理系统

将消防水源的地理位置等信息设置在电脑上，便于灭火中及时找到水源，提高灭火效率。

6.3.4 远程教育培训网络系统

结合消防培训基地建设，利用三级宽带网络和城市宽带网络，在一至两年内规划建设上海市消防远程教育培训网络系统，提高社会消防教育培训的效率。

6.3.5 视频会议系统

在完成消防三级网络建设的基础上，利用这个平台建设消防总队—消防支（大）队—消防中队之间的消防视频会议系统。

6.3.6 消防政务网络化

进一步完善消防外网和内网网站，使之成为资源情报中心、学术交流园地、宣传教育和消防动态窗口、基础数据库基地。促进各防火处科办事项目上网，推动建审、验收、检查等消防政务工作网络化，推进消防政务信息资源公开。

6.3.7 消防业务训练虚拟系统

根据现代火灾的立体化、复杂化和综合化的发展趋势，利用电子虚拟（VR）技术，模拟大型火灾扑救电脑虚拟场景，提高消防官兵对于各类火灾的训练水平，可根据假想情况和实际地形模拟火情发展情况，组织官兵进行模拟扑救，推演分析、综合评判，找出最佳扑救方案。

6.4 城市火灾自动报警系统

利用城市消防信息网络平台，建立城市建筑特别是重点单位消防设施动作情况的远程监控系统和火灾自动报警信息系统，实现对建筑消防设施远程监视，实时掌握消防系统的运行状态，达到早期发现、快速处理各类火灾隐患，实现火灾信息由单一人工报警向计算机网络报警转变。促进各单位加强对消防设施的保养，提高城市建筑消防设施的完好率。考虑到高层公共建筑、超高层建筑、建筑面积大于5000m^2的公共建筑、地下建筑等场所以及上海化工区、金山工业区等化学危险品集中区域一旦发生火灾，容易造成重大人员伤亡和经济损失，规划提出这些单位和区域应优先与城市火灾自动报警信息系统联网。

目前，电信和银行等行业的区域网点越来越多，而且已经在联网，所以，在规划中进一步予以明确。

考虑到地铁投资多元化，地铁线路越来越多，各条线路各自设立控制指挥系统，一旦发生火灾或恐怖袭击，相互之间缺乏统一的协调联系，将会延误火灾扑救和抢险救援活动，因此，规划提出轨道交通系统中的信号控制指挥系统应统一联网，并接入城市灾害应急联动系统。

第七章　消防基础设施

7.1　城市消防通道

消防通道的畅通是保障消防车辆及人员及时到达火灾现场的前提，城市交通通道的规划及建设应满足消防规范的要求。

7.1.1　陆上消防通道

根据《上海市城市总体规划》，上海将建成三港二网，其中的一网为城市交通网，其主要内容之一是依据城市的总体布局，规划建设布局合理、功能分明的市域道路网，实现“15、30、60”的目标。“15”是指重要工业区、重要城镇、交通枢纽、旅客（货物）主要集散地的车辆15min进入高速公路网；“30”是指中心城与新城及中心城至省界30min互通；“60”是指高速公路网上任何两点之间60min可达。

规划建设沪－崇－苏越江通道，中心城越江通道达16处，人行越江工程3处。市域高速公路总长达650km，全市道路网总长约为3630km，其中干道长度约为1410km，道路网密度为5.5km /km^2，道路面积率为15.1%，人均道路用地为12.5m^2。

一、市域高速公路系统

1. 一环线

郊环——同济路—五洲大道。

2. 十射线

同济路——环北大道—郊环。

沪嘉高速公路、嘉浏公路——环西二大道—浏河。

沪宁高速公路——环西一大道—安亭。

沪青平高速公路——环西一大道—金泽。

沪杭高速公路——环西一大道—枫泾。

莘奉金公路——环南二大道—金山卫。

建平路延伸——环南一大道—杭州湾。

沪芦公路——环东二大道—芦潮港。

迎宾大道——环东二大道—浦东国际机场里。

龙东大道——环东二大道—郊环。

3. 其他

崇明高速公路——陈家镇—牛棚港。

新卫公路——郊环—杭金公路。

亭枫公路——郊环—沪杭高速公路。

嘉华、华徐、徐新、车莘、车亭、亭卫公路。

二、中心城道路网由快速路、主要干道、次要干道以及支路组成

（1）快速路：内环线、中环线、外环线及内外环之间的放射性快速干道。包括逸仙路、同济路、五洲大道、汶水路、龙东大道、建平路延伸线、沪闵路、延安西路、武宁路等。

（2）主要干道：内环线以内的主要干道，有“三横三纵”及大连路、武宁路、军工路、浦东南路、杨高路、世纪大道、江杨南路、共和新路、长江路、北虹路、张杨路等。

三横：长宁路、长寿路、海宁路、周家嘴路；延安路全线；虹桥路、肇嘉浜路、徐家汇路、陆家浜路。

三纵：曹杨路、江苏路、华山路、漕溪路；共和新路、成都路、重庆路、鲁班路；四平路、吴淞路、中山东路、中山南路。

通过建设快速路系统，使全市道路形成纵横交错、联系便捷的网络系统，缓解中心城的交通压力，提高城市道路的通行能力，进而提高消防车的行驶速度，迅速到达火灾现场。

三、消防通道主要依托城市主、次干道及支路

应高度重视作为消防通道的主、次干道及支路的规划建设。切实保障城市主、次干道及支路的畅通无阻和运转正常，是保证消防通道通畅的关键所在。

在小区开发及旧区改造时，应以城市道路为基础，合理规划和建设小区内的道路网络，在道路布局、间距、宽度、坡度及转弯半径等方面，严格按照有关规范进行设计和建设。

对部分老城区和居住区交通道路被占用、人为路障堵塞的情况，应采取综合治理的方式进行清理整顿，彻底还路于民，从根本上解决侵占道路的问题，保障消防通道的畅通。

7.1.2 水上消防通道

根据黄浦江、苏州河两岸的规划及长江沿岸的产业调整，结合洋山港、漕泾化工区的建设，规划水上、海上消防站点的布局及消防通道。根据上海航运规划，确定本市以长江、东海及一环十射组成的内河航运通道作为本市消防水上通道。

一环：黄浦江、蕰藻浜、油墩港、大浦线、赵家沟、大治河。

十射：苏申内港线、苏申外港线、长湖申线、杭申线、平申线、龙泉港、金汇港、大芦线、川杨河、罗蕴河。

7.1.3 空中消防通道

根据上海城市发展特点，结合城市低空领域的开发开放以及城市防灾规划中直升机的停机坪（临时停机坪）的布局，规划消防直升机空中飞行走廊。并在超高层建筑屋顶、广场、运动场、中心绿地、公园等场所，规划设置直升机停机坪或供直升机救助的设施。

7.2 城市消防供水

消防水源有三类：城市给水管网、各种水池、人工和天然水体。中心城的消防水源主要是城市给水管网上设置的消火栓。因此，应完善城市供水管网建设，将城市消防供水系统纳入城市供水系统之中。

7.2.1 城市供水系统

输配水主干管管径按最终供水规模一次建设到位，对于主干道应采用双管道供水，形成环网供水，其走向

尽可能沿道路、桥梁、隧道布置，并与之同步建设。

2007年年底前完成132km管龄在50年以上的旧管道改造，2010年之前完成800km的易漏和易爆管道改造。主要是：由杨树浦水厂供水的北外滩地区，临江、南市水厂供水的世博会地区，闵行水厂供水的紫竹园地区，长桥水厂供水的徐家汇副中心地区，闸北水厂供水的五角场副中心地区，陆家嘴金融贸易区、浦东花木副中心地区。2010年前完成月浦、凌桥水厂供水区的易爆、易漏管段改造。

2010年前改造管径小、水压低的管网1319km。其中，市南公司383km，市北公司499km，浦东公司210km，闵行公司227km。

7.2.2　城市消防管网

城市消防管网依托城市供水管网。城市给水管网的建设与改造应满足消防用水的需求。加快改造年久失修、管径偏小、腐蚀严重的给水管网，将支路给水管建设成环网。

中心城和新城的水厂供水量不应小于420L/s。中心城、新城的供水管径不应小于*D*g300，中心镇的供水管径不应小于*D*g200，新市镇的供水管径不应小于*D*g150。

上海城市消防设施建设应与城市建设同步发展，新建道路严格按规范要求设置市政消火栓。目前，中心城市政消火栓数量同规范要求尚有差距，缺口约为4600个，应加强市政消火栓的规划和建设，在2007年前补足市政消火栓缺口。

消火栓设置间距一般控制在100～120m，对于城市重点消防地区市政消火栓间距为80m。高度超过24m的桥梁、高架道路、轨道交通应设消防供水立管设施。路幅宽度在60m及以上的城市道路，应在道路两侧设置消火栓。对于成片开发建设地区，开发建设单位必须严格按照规范和规划同步铺设供水管道和设置消火栓。

城市消防、市政、供水、开发等部门和单位应协调市政消火栓和消防水池的规划建设、日常维护管理，定期组织检测和维护工作，以保证一旦发生火灾时能够可靠启用消火栓和消防水池。市政消火栓的移动或拆除，必须报经公安消防部门备案。

7.2.3　城市消防水池

目前，中心城及区域核心城市地区供水采用多水厂环网供水，确保城市的安全供水，完全能满足消防对城市供水管网的要求，没有必要在中心城、区域核心城市区内增设消防水池，对于现有的消防水池，可作为城市防灾设施而保留。对于影响城市发展的部分水池，近期内予以保留，中、远期则予以废弃。对于重点城镇及一般城镇，如目前无法满足消防供水要求，按规范要求设置消防水池。

7.2.4　天然水体

天然水体是城市消防用水的重要来源之一，应将天然水体纳入到城市消防供水的规划之中。

根据城市水系规划，上海市水系以“一轴、五环、八射、六湖、六廊”构成其主体骨架，并与全市众多小河道共同组成完整的水系网络。

一轴：黄浦江—淀浦河构成。

五环：

郊区环：从黄浦江河口向西沿蕰藻浜西至安亭新镇，跨吴淞江沿东大盈—华田泾南下达黄浦江，经大泖港，沿金山区张泾河—奉贤浦南运河往东，过奉城，由浦东运河北上，经南汇、浦东国际机场、川沙镇（华夏文化旅游区）、黄桥镇、凌桥镇。

外环：结合道路外环线和外环线绿带，整治现有水系和结合规划排涝河道，辟通外环河。

中心环：由苏州河（市区段）—外环西河—淀浦河—黄浦江—苏州河构成。

东环：白莲泾—吕家浜—西沟港—复兴岛—黄浦江—白莲泾。

北环：由苏州河（市区段）—黄浦江—复兴岛—薀藻浜—新槎浦—苏州河构成。

八射：

一射——大治河—二灶港—团芦港。

二射——浦东新区张家浜。

三射——出吴淞口。

四射——罗蕴河。

五射——沿苏州河向西。

六射——由淀山湖经急水港向西入苏州淀泖湖群地区。

七射——由大泖港—秀州塘向西南。

八射——由紫石泾—张泾河向南。

六湖：

淀山湖、芦潮湖、浦东湖、明珠湖、嘉宝湖、金山湖。

六廊：

淀浦河走廊、墅沟河走廊、大治河走廊、川杨河走廊、紫石泾走廊、南横引河走廊。

在改善城市环境的同时，应充分考虑城市消防用水的需求，增加河道密度，保证合理的水面率，河道两侧应设置可供消防取水的通道，以满足抢险及消防取水的需求。

7.3 消防供电

完善城市供电电网的建设，建立完善的供电系统，确保城市消防用电。消防设施供电应采用两路及两路以上供电，对于重要场所应按规范要求设置备用发电设施，保障消防用电。对消防设施供电不符合规范要求的场所，要求在2007年前完成改造。

近期，上海电网结合外高桥二期工程，接通500kV环网，形成上海电网500kV双回主环网。至2010年，将新建220kV变电站62座，新增变电容量2330万kVA，容载比为2.0左右。

7.4 建筑消防设施

新建、改建和扩建建筑工程，应当严格按照国家和本市消防技术规范的要求，设计和配置建筑消防设施。对历史保护建筑应区别对待、分期治理、逐步完善，最终按照消防技术规范标准配置建筑消防设施。

巩固和扩大2003年市政府“老式居民楼消防安全改造”实事工程成果，在以下重点场所推广安装简易水喷淋装置：一是3层及3层以上的老式砖木结构居民住宅楼，力争到2006年年底全部安装；二是建筑面积在500m^{2}以上、1000m^{2}以下的商店、餐饮、公共娱乐等场所，建筑耐火等级为三、四级的公共场所，建筑耐火等级为一、二级且建筑面积在100m^{2}以上的公共场所，以及夜间有人值班或住宿的公共建筑，到2004年年底安装率达20%，到2005年年底达50%，到2006年年底达80%。

分类治理、分期解决古建筑、历史保护建筑的消防设施问题，力争全部按照国家和本市消防技术规范、标准的要求配置消防设施。受建筑自身或市政设施条件所限，无法安装自动喷水灭火系统的古建筑和历史保护建筑，在不破坏原建筑风格、结构的前提下，力争全部安装简易水喷淋装置。

7.5　建筑消防设施维护

建筑消防设施是否处于正常运行状态，关系到建筑物乃至建筑内人员的消防安全，有些城市发生的群死群伤火灾，与建筑消防设施关闭或失灵有密切关系。所以，必须高度重视建筑消防设施的维护保养。为此，本条要求，建筑业主或物业单位应委托合法的专业企业承担建筑消防设施的维护保养工作，并要加强对建筑消防设施的日常检查，杜绝拆除、圈占、损坏建筑消防设施的违法行为，努力提升本市建筑消防设施的完好率，确保建筑消防设施临警能发挥作用。

第八章　消防人文环境

消防人文环境是消防社会环境的综合体现，它主要包括适宜于城市人口居住发展和降低火灾发生的消防文化、消防法律制度、火灾预防的监控机制、城市人口的消防知识传播培训体系和其他紧紧围绕人的生产生活的消防保障措施。消防人文环境要随着城市发展，不断引导和满足人民群众日益增长的对消防安全的客观需求。

8.1　消防文化

先进的消防文化是社会主义精神文明的一个重要组成部分。因此，规划要求弘扬民族消防文化，把城市消防发展理念与城市消防精神、城市消防文化通过城市消防形态充分表现出来，不断改善城市消防人文环境，提高城市消防文明程度。

消防文化是城市文化的组成部分，消防文化包括消防历史文化和当代消防人文环境的文化建设两个层面。从上海的历史遗存来看，上海的城市文化有相当一部分是靠消防文化（典型的城市消防建筑和消防设施）的传承发展下来的。上海是中国近代消防的发源地。1866年7月20日，中国历史上第一个城市消防队在上海虹口成立。1868年，中国第一个城市民间消防机构（救火联合会）在上海南市成立；中国的第一辆泵浦消防车、第一辆马拉蒸汽消防车、第一台火灾报警电话都产生于上海；世界当时的各种城市消火栓都能在上海找到它们的身影。新中国成立以后，上海的消防工作进行了几次大的变革，这些变革都以城市的综合形态和文化记录的方式保存下来。特别是改革开放以来，曾在上海工作过的党和国家领导人，多次为消防工作留下过他们重要的历史史迹。这对反映上海乃至我国的消防发展有着极为重要的历史文化价值。

当代的消防人文环境的文化建设，主要是指城市人口的消防素质。这是消防安全价值观、消防安全公德观和消防安全生活观在社会发展中的人文体现。作为一个具有明确城市精神的国际化大都市，通过当代消防人文环境的倡导与传播，将在提高社会消防意识的同时改变民众的生活观念。对消防文化的历史性与当代性的关注，将影响一个城市人口综合素质的拓展与提升。在未来的发展中，消防文化将通过各种形式（文字、影像、音频、网络、时尚、娱乐等）、各种文化载体着重进行对市民的消防标识的认知、消防生活观念的认同、消防公共道德的遵守、遭遇火灾时的处置等事关个人与公众消防安全的人文意识和行为的引导，不断建立现代城市发展中各种社会群体的科学的安全生产、生活观和价值观。

8.2　消防法制

对本市现行的消防行政执法规范性文件应进行清理、修订，使之更加符合市场经济和入世后形势发展的需要。并结合上海社会经济的发展，健全消防立法机制，加强消防行政法规和规章的建设，制定具有性能化特点的地方性消防技术规范，建立以国家消防法律法规为主体、地方消防法规为补充的消防法律法规体系。规划制定《社区消防安全管理规定》、《消防技术服务组织管理规定》、《消防技术从业人员管理规定》、《地下空间消防安全管理规定》等消防行政法律法规；制定《建筑工程性能化防火设计指南》、《城市轨道交通工程设计防火规范》、《大空间防火设计规范》、《洁净厂房防火设计规范》、《建筑电气防火设计规范》、《隧道防火设计规范》等消防技术规范、标准。通过消防立法，为消防工作提供有力的法制保障。

建立一支高素质的执法队伍，使消防法律、法规得到有效的执行。完善消防执法机制，建立重大案件审议制度。坚持依法治国的方略，端正消防监督执法的指导思想，以法律效果为基础，以政治效果为前提，以社会效果为目标，加大依法治火力度，加强对重大火灾隐患的督纠和违法行为的查处，维护消防法律法规的严肃性。

8.3 社会消防联动机制

随着社会主义市场经济体制的建立和行政体制改革的深化，经济领域原有的行政管理职能的系统局（公司）也实行体制改革，转换职能，精简机构，一些安全管理部门被撤销，消防工作面临削弱的危险。针对这一新情况，要及时研究对策，依靠政府，联动行业主管部门和行政监管部门，建立消防联席会议制度，发挥各部门的职能作用，形成合力，加强对各行业消防工作的监督管理，逐步形成行业主管和行政监管部门齐抓共管消防安全工作的局面。

8.4 消防三级监督管理机制

在长期的工作实践中，公安派出所作为三级消防监督管理工作的重要力量，在地区消防工作中起到了积极的作用。上海公安消防部门主动适应警务机制改革，制定了《上海市派出所（警察署）消防监督检查规定》，通过打牢派出所三级消防监督管理的基础，使社区警务工作中的治安防范与消防安全检查紧密结合起来，起到一警多用、齐抓共管的作用。在今后的工作中，要继续推进三级消防监督管理，公安消防部门要加强对派出所三级消防监督管理工作的业务指导，提高社区民警的消防安全宣传和检查执法能力。

8.5 社区消防

为预防和减少社区火灾，保障市民群众安居乐业，根据公安部、民政部《关于进一步加强城市社区消防工作的通知》（公通字［2002］61号）精神，结合本市实际，进一步加强社区消防工作的建设和开展。按照有关法律法规的规定和“以人为本、居民自治”的原则，进一步整合社区消防资源，强化社区消防自治功能，落实社区消防工作责任，逐步推进社区消防工作由政府行政管理向社区高度自治模式的转变，促进社区消防安全。

社区消防建设标准包括如下几个方面。

一、完善三级组织网络

（1）以街道（镇）为单位，建立由街道（镇）分管领导任组长，公安派出所分管领导任副组长，综治、民政、安监、房管、公安消防、派出所等部门人员组成的社区消防工作领导小组。

（2）以居委会为单位，建立由居委会主任任站长，社区民警和居委会治保主任任副站长，社区消防管理员、业主委员会主任、物业管理企业负责人、社区单位负责人等为成员的社区消防工作站。

（3）以居民住宅小区为单位，建立由物业管理企业负责人任组长，小区保安队负责人任副组长，物业管理企业消防安全员、居民楼组长、保安队员、消防志愿者等为成员的居民住宅小区消防工作组。

二、实施“八个一”工程

（1）制定一个居民防火公约。主要内容：安全用火、用电、用气、用油，不乱扔烟蒂，保持公共走道畅通，爱护公共消防设施（防火公约可纳入居民公约）。

（2）设置一个消防宣传栏。在小区人员聚集场所或重点防火部位设固定的消防宣传栏（可纳入居民区宣传栏），其内容应当贴近居民防火实际。

（3）开设一个消防教育室。社区内应当设消防教育室（可与其他内容相结合），定期或不定期开展消防教育活动。

（4）设立一个灭火点。在社区公共部位或重要路段设置灭火点，配备相应的灭火器材，用于扑救初期火灾。

（5）订一个灭火逃生预案。针对社区内居住建筑的特点，制订灭火和应急疏散逃生预案，并经常开展演练。

（6）建立一支社区义务消防队。组建由物业管理企业、社区内单位职工组成的社区义务消防队，负责社区防火宣传、初期火灾扑救等。

（7）组建一支消防志愿者队伍。组建由退休（转业）军人、公安民警、单位安保人员及热心消防工作的群众组成的社区消防志愿者队伍，开展消防宣传、检查等活动。

（8）搞好一个消防日活动。原则上每月集中开展一次社区消防宣传、检查、灭火逃生演练等形式多样的消防活动。

三、健全消防管理机制

建立健全消防宣传教育制度、消防安全检查制度、火灾隐患整改制度、消防工作例会制度、弱势群体消防监护制度、灭火和应急疏散逃生演练制度、消防设施、器材维护保养制度和安全用火、用电、用气、用油制度等。

四、社区消防工作职责

（1）区消防工作领导小组工作职责；

（2）社区消防工作站工作职责；

（3）小区消防工作组工作职责；

（4）物业管理企业消防工作职责；

（5）社区消防管理员工作职责；

（6）消防志愿者工作职责等。

五、消防安全综合治理

开展老式居民住宅楼消防安全综合整治，为老式居民住宅楼增设简易水喷淋、逃生设施，改造老化电线、灶间，疏通楼梯、走道等，提升老式居民住宅楼抗御火灾的能力。

六、工作目标

达到“组织体系健全，责任主体明确；安全制度完善，检查整改到位；宣传教育经常，防范意识增强；防火条件改善，安全措施落实；设施器材完备，灭火准备充分”的五项工作目标。

用5年左右的时间，在本市基本建立“政府引导、社会支撑、群众参与”的社区消防工作格局，基本达到“组织网络健全、管理机制合理、硬件设施配套、防范意识增强”的要求，有效提升本市社区抗御火灾的能力，为上海建设成为现代化国际大都市和市民群众安居乐业提供有力的消防安全保障。

8.6 企业自主管理机制

《中华人民共和国消防法》和《机关、团体、企业、事业单位消防安全管理规定》明确了机关、团体及企事业单位作为消防安全主体的管理职责和法律责任。各单位应适应市场经济条件下消防管理从被动受管到主动行为的转变，认真依法履行消防安全职责，通过逐级落实的责任体系和自下而上的岗位行为保证，形成安全自治、隐患自纠、责任自负的自主管理机制。

上海市消防局依照国际ISO 9000系列标准模式，以国家和本市的消防法律、法规和技术标准、规范为依据，制定了机关、团体、企业、事业单位消防安全评价标准和管理评审细则，创建了消防安全评价体系。通过对单位的消防安全进行系统的、科学的评价，来发现单位消防工作方面的薄弱环节，针对不足采取有效的改进措施，从而实现消防安全工作的持续改进和完善，预防和控制火灾事故的发生，确保消防安全。

8.7 重大火灾隐患的排查整改

近年来，上海公安消防部门开展了以人员密集场所、地下空间、农贸市场、小化工企业、古建筑和建筑室内装修工程等为重点对象的消防安全检查，排查整改了一大批重大火灾隐患，降低了社会发生重特大恶性火灾事故的风险。但在专项整治过程中，不少单位由于各种主客观原因出现火灾隐患的回潮，消极等待、被动整改的情况时有发生。消防部门也存在整治突击性强、专项治理重复率高、监督人员疲于应付等问题，因此，重点火灾隐患的排摸整改应作为一项长效机制。各地区、各单位应结合实际，针对重点难点开展整治，从而有序地清除火灾隐患，减少火灾风险。

8.8 消防协会和行业管理

消防协会是依法登记的由消防科学技术工作者、消防专业工作者和消防科研、教学、企业以及消防重点单位等自愿参加组成的学术性、行业性、非营利性的社会团体。依法建立的各级消防协会在市公安消防机构及其他有关部门的指导下，依照协会章程开展消防学术交流、消防宣传教育和推广先进消防技术，在消防管理工作中发挥作用。

消防行业组织和消防中介机构是指在消防行政部门与企业、企业与社会、企业与企业之间发挥着服务、沟通、协调等作用的社会组织。随着社会经济和科学技术的不断发展，消防安全面临的新情况、新问题不断出现，针对这种形势，成立消防产业委员会和社会消防中介服务机构，从事消防产业的行业管理、建筑工程消防设计的技术咨询和技术审核、施工现场的消防技术指导、消防安全度的评估、重大火灾隐患整改方案的论证等消防技术服务，将为实现全社会消防安全管理目标发挥积极作用。

建立和推行消防职业资格制度，是适应市场经济需要，建立消防工作社会化机制的一项重要的基础性工作。《中华人民共和国行政许可法》第十二条明确将"提供公众服务并且直接关系到公共利益的职业、行业，需要确定具备特殊信誉、特殊条件或者特殊技能等资格、资质的事项"列入可以设定行政许可的事项。由此标志着我国职业资格制度正式纳入了法制化的轨道，同时也要求我们必须将消防工作多年推行的持证上岗制度进化到职业资格制度。

8.9 消防知识宣传

充分发挥宣传和教育部门的作用，动员社会的力量，利用影视、广播、报刊、网站、文艺、标语、板报等宣传媒体和载体以及"119消防日"等重大主题宣传日，深入开展以消防法律法规、消防设施器材使用方法、防火安全基本常识、初起火灾处置方法、火场逃生自救基本要领为主要内容的宣传教育，形成学校教育、社会宣传、舆论督导、家庭灌输、职业培训相结合的全方位阶梯形复合式的宣传教育模型，建立城市消防博物馆和民众消防体验馆，向社会开放消防站，力争宣传的普及率达到100%，以此促进市民防灾素质，提高抗灾技能。

8.10 消防教育培训

2003年3月，上海同济大学以委托培养的方式招收消防局20名工程技术人员为建筑和土木专业硕士研究生，此举开拓了消防技术人才高等教育培训的新途径。在委托地方大学培养消防工程管理人才的同时，应积极鼓励在职消防科技干部继续深造学习或进修专业，并规划在本市若干所高等院校设置消防工程管理专业，将消防教育纳入高等教育体系，不断充实社会消防科技人才队伍。通过长效的教育培训制度，提升上海消防科技人才素质。

上海消防学校承担全市消防职业技能等级培训的任务，通过开展消防职业技能培训，提高机关、团体、企事业单位消防安全自我管理的能力和水平，推动消防安全从业人员市场准入规范化进程。2003年，上海消防学校推出消防管理员、建（构）筑物消防员、危险化学品保管员3个消防专业（工种）共9个职业技能等级培训项目，培训各类消防安全管理和技能操作专业人员41505人。尽管培训人员的绝对数量可观，但在上海消防职业技能从业人员中，还有相当多的未经培训人员无证上岗，按照目前的培训速度，要达到较高的培训率需要很长的周期。因此，在今后的消防职业化培训中，规划建立多元化的社会消防培训机制，并利用城市宽带网络建设上海远程教育培训系统，提高社会消防教育培训效率。

8.11　消防保险

结合消防行政审批改革，逐步建立消防保险机制，运用市场运行机制来推动社会化消防工作的深入完善。近期，完成建立消防保险互动机制的调研、摸底等前期准备工作；中期，本市基本建立消防保险互动机制，逐步发挥保险行业在消防社会化工作中的作用。

8.12　防火技术发展

近20年来，世界发达国家为了本国利益和增强其技术和经济的竞争力，纷纷开始将现行“处方式”规范模式改革为以消防安全评估技术为支持的性能化建筑设计方法与“处方式”规范并存的模式。上海正逐步发展成为一个经济、金融、贸易、航运中心的国际大都市，建设中的公共建筑具有建筑体量大、功能复杂等特点。上海推进消防性能化工作是上海现代化、大型化城市建设的需要；是世界级、国际化城市管理的需要；是上海率先与国际先进技术接轨的需要；是上海合理制定预防建筑火灾措施的需要。上海消防性能化工作正在有计划、有步骤地推进之中。规划在近期起草《上海市消防安全性能化评估导则》，组建上海消防安全性能化咨询中介机构，举办上海消防性能化工作研讨会，制定《上海市消防性能化评估指南》。

同时，对影响本市消防工作的老式居民楼、高层建筑、人员密集的公众聚集场所、地下设施和空间、重大基础设施等重点难点问题进行专题研究，提出对策，推动火灾防范技术的进步。

随着上海经济和社会的不断发展，火灾原因越来越复杂。为提高火灾原因的分析查明率，缩短火灾原因调查的结案时间，要不断提高火灾原因分析调查的科技含量，建立镜像分析实验室，并在此基础上建立火灾原因分析实验室。

第九章　灭火救援组织体系

9.1　多元化消防组织

随着上海城市经济社会的快速发展，对消防安全的需求越来越高，对公安消防力量提出了新的要求。现有的公安消防力量受体制、编制的限制，无法满足当前社会对消防安全的需求，迫切需要建立地方、企业、民办、志愿、义务等多种形式的社会消防力量，来补充公安消防力量的不足。因此，不断建立比较完善的城市消防多元化消防力量，是城市社会经济发展的必然要求。

9.2　公安消防队伍

公安消防队伍是城市消防的主力军，主要承担防火灭火、抢险救援和反恐排爆任务，是灭火救援的主体力量。随着规划的实施，新建消防站不断增多，对公安消防人员的数量要求日趋增大，所以要积极争取编制，不断扩大公安消防力量，建设一支一流的公安消防队伍。

9.3　合同制消防队伍

合同制消防队伍是公安消防力量的有益补充，是随着上海城市社会经济发展应运而生的新型消防力量形式。合同制消防队伍由政府出资组建，人员主要来源于本市的社会青年，并由公安消防部门培训，和公安消防队伍一起承担灭火抢险救援等工作。要通过不断探索，积累经验，使合同制消防队伍不断走向正规化。合同制消防队伍人数在近期达到2000人，在中期达到3000人左右。

9.4 专职消防队伍

2003年对本市的专职消防队伍情况进行了普查，从普查情况来看，专职消防队伍数量呈下降趋势。1999年本市有235个专职消防队，2001年还有195个，到2003年只有151个。

专职消防队伍在防火灭火抢险救援等领域内的作用不容忽视。2003年的普查情况显示，2001年4月～2003年4月，全市151个专职消防队中共有64家单位的专职消防队除完成本单位防火灭火工作外，还积极参与到社会面的火灾扑救工作中。其中，参与火灾扑救236次，出车256辆次，出动人员2314人次，累计出动时间157.9h；参与抢险救援54次，出车61辆次，出动人员467人次，累计时间333h；参加到公安消防队驻防及重大活动驻防144次，出车151辆次，出动人员1299人次，累计652h。

专职消防队现在存在的问题：主要由于受经济效益、企业体制结构调整及主观消防意识削弱等原因的影响，专职消防队伍在不断减少；相关法律法规滞后，制约了专职消防队的健康发展；专职消防队伍的发展还很不平衡，有的单位不重视专职消防队的队伍建设和器材装备保障，队伍缺乏战斗力。为此，要加快制定和完善有关专职消防队的法律法规建设，以更好地适应社会主义市场经济条件下的专职消防队建设、管理和发展，更好地发挥专职消防队的作用。

9.5 城镇消防队伍

城镇消防队伍是地区消防的有生力量，是对公安消防力量不足的补充，主要承担着初期火灾的扑救工作。随着城乡一体化进程的加快，城镇规模也正在不断地发展，有限的公安消防队难以快速达到，实施早期控制。有些城镇发生火灾，最近的消防队赶到现场也要30min左右的行驶时间，小火变成大火，教训极为深刻。所以，要大力发展城镇消防队伍。近期，规划建立8～10个城镇消防队，城镇消防队人数达到200人左右。中期，在近期规划的基础上继续在符合要求的地区建设城镇消防队，不断增加城镇消防队伍人员。

9.6 义务消防队伍

企事业单位和社区应建立义务（志愿）消防队伍，企事业单位义务消防队员人数不应少于单位总人数的80%。

街道、镇设立社区消防工作领导小组，组长由街道、镇分管消防工作的领导担任，副组长由公安派出所分管消防工作的领导担任，成员由街道、镇综治办、民政、安监、房管等部门的负责人及区防火监督处联系参谋、派出所消防民警组成。

居民委员会设立社区义务消防站，站长由居民委员会主任担任，副站长由社区民警和居民委员会治保主任担任，成员由社区消防管理员、业主委员会主任、物业公司查险员及社保队长组成。

居民小区设立义务消防志愿者队伍，队长由业主委员会主任或物管企业负责人担任，副队长由社保队长担任，成员由各楼组长、小区内企事业单位负责人、社保队员、消防志愿者组成。消防志愿者可由退伍军人、公安民警、单位安全干部和热衷于消防工作的群众组成。

9.7 灭火指挥

《中华人民共和国消防法》规定现场灭火救援活动由公安消防部队统一组织指挥。消防指挥体系按灭火等级分总队、支队、中队三级，形成完整的消防指挥体系。灭火救援活动中，其他社会消防力量（合同制消防队、企业专职消防队、乡镇社区消防队、义务消防队）应受公安消防部队的统一调度指挥。

公安消防部队参加火灾以外的其他灾害和事故的抢险救援工作，在有关地方人民政府的统一指挥下实施。

9.8　城市灭火救援体系

城市灭火救援指挥体系是城市灾害应急联动体系的重要组成部分，为了保证灭火救援工作的顺利进行，提高灭火救援行动的效率，应加强建设和完善城市灭火救援指挥体系，提高快速反应能力。

9.9　区域灭火救援协作机制

随着长三角区域经济的发展和合作经济活动的建立，很有必要加强区域灭火救援的互援互助。上海消防应与长三角地区省市合作，建立全方位、多层次、宽领域的消防灭火救援协作机制，以构筑长三角地区一体化灾害防御体系，保障区域经济的发展。

第十章　近期建设

10.1　消防指挥中心和消防站建设

近期完成市119指挥中心和上海化学工业区消防支队部（区域级消防指挥中心）建设。重点建设中心城和重点工业区内的规划消防站，拟建设不少于30个消防站。具体站点为：复兴、恒丰、关港、徐镇、南站、打浦、延安、谈家渡、桃浦、中兴、提篮桥、凉城、城南、江湾城、顾村、罗泾、长兴、浦江镇、赛车场、花木、临沂、泰日、松一、仓桥、九亭、练塘、白鹤、枫泾、航头、芦一。

近中期实施消防综合训练基地建设。

10.2　消防水源建设

除继续加强市政消火栓建设外，在企业单位相对集中的区域，要严格按照国家消防技术规范和标准建设市政消防管网和消火栓系统，以保障这些地区企事业单位消防安全。对老城区消防供水管网年代久远、管径偏小、水蚀严重的，要抓紧改造。在无市政消防水源的市郊区域，应采取企业自建、联建消防水池，或在临近的河道岸边设置消防车通道和泊位等措施，确保消防用水。

10.3　消防车通道建设

拆除占用、堵塞消防车通道的各类违章建（构）筑物和路障，重点是卢湾、普陀、宝山、徐汇、长宁等区域内一些影响消防车通行的违章建（构）筑物和路障，同时辟通尽头路段，保障消防车临警能及时赶赴现场进行火灾扑救和抢险救援。

10.4　消防车辆配置

消防车辆装备的更新配置数量不应少于下列指标：

引进进口消防车27辆，其中水罐泡沫车13辆、抢险车8辆、大功率车1辆、云梯车5辆；更新常规国产消防车99辆，其中五十铃3.36轴距车9辆、五十铃短轴距车24辆、东风短轴距车29辆、五十铃泡沫水罐车22辆、东风153泡沫水罐车15辆。

10.5　个人防护装备

增加空气呼吸器、子母式声光呼救器、隔热服、防化服、抢险棉内衣等装备的配置数量，引进配置用于火情侦察的具有红外摄像、无线通话、照明、安全防护功能的消防员头盔，改进一线消防员战斗服和消防靴装备，着力提高个人防护装备的综合性能。

10.6　消防器材装备

提高先进装备覆盖面，加快研发和购置先进的水带线路器材、破拆工具、登高器材、照明工具、特种器材等。

提升装备科技含量，研制开发简便的气割器材、简便破拆工具组箱、新型二道分水，开发轻便高强度登高器材、多功能移动炮及多功能水枪，引进大功率供水泵车及远程水带车，开发配置火场综合指挥车和2台集装箱型大型火场保障车。

10.7 消防信息系统建设

依托公安专网实现市公安局、消防局、各支（大）队、防火处（科）全部联网，到2007年，网络覆盖率达100%。

建设以SDH为载体的消防三级网络，加速建立重点单位信息系统，建设好总队、支（大）队、中队三级视频会议系统，建设上海市消防远程教育培训网络系统，建好消防内部和外部网站。对现有的OA（办公）软件进一步更新升级，在此基础上全面启用消防办公自动化系统。统一开发消防综合业务管理信息系统软件。

10.8 消防指挥系统建设

建设有线指挥系统、无线指挥系统、车辆动态信息管理系统、地理信息系统、录音系统、电子灭火预案系统、图像传输系统和移动通信指挥部等子系统。

10.9 城市火灾自动报警系统建设

瞄准现代火灾报警技术发展方向，在本市高层公共建筑、超高层建筑、设有控制中心报警系统且建筑面积大于5000m^{2}的公共建筑、设有火灾自动报警系统的地下建筑以及易燃易爆等场所推广建设城市火灾报警联网系统，提升本市消防设施的科技含量。设有控制中心报警系统的单位，城市火灾报警联网系统的覆盖率到2004年年底达30%，到2005年年底达50%，到2006年年底达70%，到2007年年底达80%。

10.10 合同制消防队伍建设

探索多元化消防队伍建设的经验，组建合同制消防队伍，弥补公安消防力量的不足。到2004年年底招聘300人的合同制消防员，至2007年年底合同制消防队伍达到2000人。

10.11 社区消防设施建设

按照“组织网络健全、管理机制合理、硬件设施配套、防范意识增强”的要求，切实加强社区消防设施建设，增强社区防范火灾的能力，本市居委会消防建设达标率到2004年年底应达30%，到2005年年底应达55%，到2006年年底应达80%，到2007年年底应达90%。

10.12 企事业单位消防安全建设

借鉴国际通行规则，在本市重点单位中推广运用《消防安全评价体系》，进一步增强单位的消防安全管理责任主体意识，提升单位消防安全管理工作的水平。本市重点单位消防安全自我评价率到2004年年底应达10%，到2005年年底应达50%，到2006年年底应达80%，到2007年年底应达90%。

10.13 消防法制建设

提请市人大修订《上海市消防条例》和《上海市烟花爆竹安全管理条例》；修订《上海市水上消防监督管理办法》；制定《上海市消防组织条例》、《上海市地下空间消防安全管理规定》、《上海市社区消防安全管理办法》、《上海市建筑消防设施管理办法》和《消防技术服务组织管理规定》。

10.14 消防技术规范建设

修订《住宅设计标准》、《民用建筑水灭火系统设计规程》和《民用建筑防排烟技术规程》等地方技术标准；制定《大空间建筑设计防火规范》、《洁净厂房设计防火规范》、《隧道设计防火规范》和《电气设计防火规范》等技术规范。

10.15 近期建设投资估算

近期建设投资估算近15亿元。

第十一章 规划实施对策

11.1 机制建设

城市消防规划的编制实施是一项系统工程，《规划》提出建立领导协调、法规保障、推进责任、公众参与和资金保障等机制，目的是要整合各方力量，保障《规划》的顺利实施。

11.2 政府协调机制

《规划》的编制，事关本市改革开放、发展、稳定的大局，事关人民群众生命和财产的安全。从多年来消防建设的实践情况来看，政府加强领导、统筹协调是消防事业发展的根本保障。为此，《规划》提出，本市各级政府要从践行“执政为民”思想的高度，把消防规划的落实列入重要议事日程，加强组织领导，协调相关部门，推进《规划》的实施。

11.3 法规保障机制

社会主义市场经济实质上是法制经济，消防事业的发展，必须有法律作保障，消防规划的实施，也需要有相配套的法规作支撑。所以，《规划》强调，必须坚持政府对消防工作的领导，有关行政主管部门应总结消防规划实施的经验，将消防规划内容纳入消防法律法规体系，制定与《规划》项目实施相配套的技术标准和地方规范，依法保障《规划》的实施。

同时，为了防止规划实施的随意性，必须树立规划是法的观念。《规划》经批准后，必须严格执行，任何单位和个人都不得擅自调整规划内容。因社会经济发展需要确需调整的，须由市规划管理局和市消防局共同审核同意后，报请市政府审批。

11.4 推进责任机制

为使规划顺利实施，必须明确各相关部门的责任。因此，《规划》提出，本市各相关部门要切实履行职责，加强协作，积极参与消防规划的落实。市、区（县）规划建设行政主管部门在规划建设项目审批中，要按照消防规划的要求，保留消防站规划用地。各街道（镇）和居（村）委会要发动社区单位和居民加强社区消防设施的建设与管理。各企事业单位要树立消防安全责任主体意识，确保本单位的消防安全。公安消防部门要主动当好政府参谋，积极指导和督促各地区落实消防规划。

11.5 公众参与机制

人民群众是城市的建设者，也是城市的管理者，人民群众了解消防规划、支持消防规划，对《规划》实施具有重要意义。为此，《规划》提出，要通过各种载体，广泛宣传消防规划，推动社会公众参与消防规划的实施过程，让公众享有消防规划的知情权、参与权、监督权；逐步建立违反消防规划行为的举报和信息反馈制度，让全社会力量共同监督消防规划的实施。

11.6 土地资金保障机制

规划的实施，需要落实土地和资金，否则，规划只能是纸上谈兵。所以，《规划》强调，市、区两级政府及相关部门应当按消防规划落实消防建设用地和消防建设经费，逐年建设、改造、更新消防装备和消防基础设施，使消防规划落到实处。

五、上海市消防规划规划图纸

图9-1 上海市中心城总体规划——分区结构图

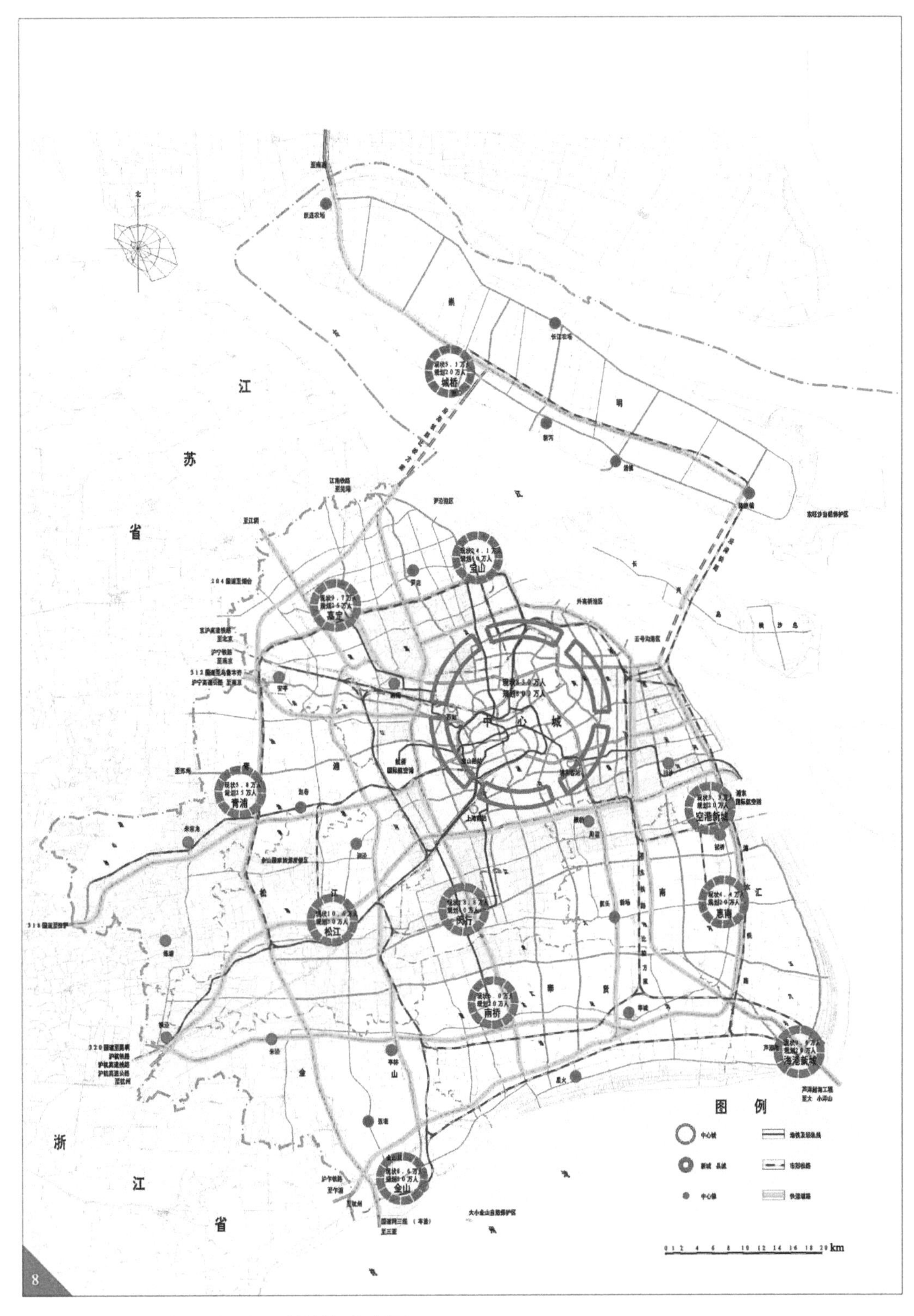

图9-2　上海市城市总体规划——城镇体系规划图

图9-3 上海市城市总体规划——工业布局图

图9-4　上海市城市总体规划——土地使用规划图

图9-5 上海市消防规划——中心城消防站布局图

图9-6 上海市消防规划——全市站点布局图（远期）

9.2　2010年上海世博会园区消防专项规划

一、2010年《上海世博会园区消防专项规划》文本

从1851年在英国伦敦举办的第一个真正的世界性博览会至今，世博会已拥有154年的发展历史，是各国人民相聚、相交、相知的盛会，是人类新思想、新概念得以萌生、发展并转化为现实生产力的重要场所。时至今日，世博会已成为展示世界各国社会、经济、文化、科技成就和发展前景的大型舞台，被誉为“经济、科技、文化领域内的奥林匹克盛会”。

成功的世博会首先是安全的世博会。近年来在城市发生的重大灾难性事件表明：城市安全与城市灾害问题对现代化大都市的威胁日趋突出，重大灾难性事件所造成的人员伤亡、经济损失和社会震荡也愈加严重。例如，1995年日本阪神大地震，死亡5438人，直接经济损失达1000亿美元；2002年美国“9·11”事件，不仅造成3000余人死亡，而且对美国的经济和社会留下了严重的创伤。在2010年上海世博会184天的举办期间，预计将有超过200个国家和地区的7000万人次游客出入，平均每天参观可达40万人次，最高峰的一天要达80万人次。上海是一个人口、建筑、财富高度集聚的特大型城市，致灾因素复杂，抗灾能力相对薄弱。世博会的举办，对上海市防灾安全保障体系和抗灾能力提出了新的挑战。

编制世博会消防规划，其基本目的在于针对世博会安全保卫的总体要求，通过分析世博会消防安全的主要特点，制定系统、完善的消防保卫措施，进而依托现代高新科学技术支撑，建立适合于火灾防范的结构布局形态，形成较优的消防安全环境，从而显著提高世博会火灾防治与灭火救援综合能力，为2010年“世博会”的成功举办及后续利用提供必备的防灾基础和安全技术支持。

一、指导思想

以科学发展观为指导，以《消防法》、《城市规划法》等法律、法规为依据，按照“起点高、立意深、体现上海特点”的要求，遵循“科学实用、技术先进、经济合理、分步实施”的原则，学习、吸收国外世博会的先进消防理念，结合世博会以及上海的未来对城市消防安全体系的需求，整合世博会地区消防安全资源，遵循可操作性原则，确定世博会消防系统的基本框架和布局，为建立与现代化国际大都市相适应的城市消防安全综合体系提供示范。

二、规划目标

按照上海市消防规划要求，世博会消防规划应纳入城市整体消防防御体系。根据世博会总体规划，完善世博园区消防安全布局；在世博会地区配置公安消防站、消防驻防点；配备防火检查和灭火救援消防装备；新建的各类场馆展厅等建筑应符合国家和本市的相关消防技术规范、标准；落实市政消防水源、消防通信和消防道路，建立与全市联网的火灾监控系统；设置应急避难场所和直升机临时起降点；编制系列化消防应急预案；制定世博会建设与管理的规范化消防技术标准；落实各项消防安全措施；开展相关消防安全专题研究。

三、规划原则

（1）紧密结合城市生态防灾宗旨，构建与世博园区生态管理相匹配的消防安全保障体系；

（2）先进的火灾防范技术手段和科学合理的消防规划设计思想相结合，体现科技世博理念；

（3）世博园区火灾防治有效性和整体经济效益的科学统一；

（4）突出以人为本，最大限度地确保世博会地区人员安全疏散；

（5）建立完善的世博园区灭火救援应急响应与综合处置体系；

（6）统筹考虑世博会期间以及与后续利用相衔接的消防基础设施工程建设。

四、规划范围

世博会分浦西及浦东会馆区，浦西为卢浦大桥、中山南二路、南浦大桥、黄浦江合围区；浦东为济阳路、浦东南路、南浦大桥、黄浦江合围区。

总用地面积为6.68km^2（红线范围用地为5.28km^2，另含1.4km^{2}的建设协调区）。

规划红线范围内，围栏区规划面积为3.22km^2，配套区规划面积为2.06km^2。核心保留区位于围栏区内，为1.3km^{2}左右，其中浦东部分约占0.9km^2。

五、规划年限

近期：至2010年；

后续利用第一阶段：至2020年。

六、规划方案

6.1 消防安全布局

6.1.1 依据世博会总体规划，按照场馆展示、商业娱乐、生活居住、办公研发、物流仓储和公共配套服务设施等各项功能合理划分消防分区，以有利于消防监督管理和消防资源配置。

6.1.2 在世博会地区总体布局中，必须将储存易燃易爆危险化学品的仓库设在世博园区以外的独立安全地区。

6.1.3 合理选择世博会地区液化石油气供应站的瓶库、汽车加油加气站和天然气调压站的位置，使之符合防火规范要求，并采取有效的消防措施，确保安全。合理选择输送甲、乙、丙类液体和可燃气体管道位置，严禁在输油、输送可燃气体的干管上修建任何建筑物、构筑物或堆放物资，管道和阀门井盖应有标志。

6.1.4 世博会地区地铁、隧道、地下街、地下停车场的规划建设应与其他基础设施建设有机结合，合理设置防火分隔、疏散通道、安全出口和报警、灭火、排烟等设施。

6.2 消防站点

6.2.1 规划原则

以世博会地区消防站和消防驻防点为第一救援力量，周边地区消防站为第一增援力量，其他区域消防站为第二增援力量。

6.2.2 消防救援力量分析

（1）现状：在世博会地区浦东区南侧的耀华路1号现有周渡消防站（属标准站），在浦西区东北侧的南车站路500号现有车站消防站（属标准站），另在卢浦大桥旁现有后滩水上消防站（属港务公安局）。

（2）规划：在近期内将在浦西的局门路东、中山南一路北新建打浦消防站（标准站），在浦东世博会地区内新建世博一、世博二两个消防站（其中一个为水陆消防站），搬迁周渡消防站。

6.2.3 消防站规划

在浦东新区区域世博村北侧新建世博一消防站，在规划磁悬浮南侧、西营路东侧新建世博二消防站。世博一、世博二消防站属标准加强站，规划用地面积均为4000m^2，建筑面积3500m^2。

6.2.4 消防驻防点规划

借鉴其他国家举办世博会的经验，根据世博会功能结构规划，在主题馆区、中国馆和国家自建馆区、演艺中心、会议中心和联合馆区、企业馆区和文化博览中心等区域设置4～5个消防驻防点（包括消防微型站和消防临时驻防点），使世博会地区最近的消防站点救援力量在1min内到达事发点，保护面积在1km^{2}左右。消防驻防点必须设有提供消防队员休息的场所、消防信息通信等设施。每个消防驻防点一般配置1～2辆消防车，第一辆为抢险救援主战车，第二辆可根据驻防点区域建筑设施特点配置相应类型的消防车辆。

6.2.5 空中消防救援力量规划

根据公安部消防局《公安消防部队航空救援队伍“十一五”建设发展规划及2020年远景目标》的规划要求，在2010年世博会举办时，本市应建设一座航空消防站，配置3架消防直升机。建议依托本市已有直升机机场建设航空消防站。在世博会地区的广场、绿化地带及部分有需求的建筑的屋顶设置直升机临时起降点。

6.3 消防装备

消防装备是世博会消防系统重要的组成部分，应以灭火救援中心工作为重心，全面加强灭火救援装备现代化建设，为圆满完成以执勤战备为中心的世博会消防安全保卫任务提供强有力的装备保障。

世博会消防装备根据所设置的消防站、消防驻防点和消防检查需要进行配置。

6.3.1 消防站

（1）世博一消防站（水陆消防站）：进口泡沫水罐车、进口压缩空气泡沫车、进口大功率30m曲臂泡沫车、进口42m曲臂云梯平台车、进口防化车、进口洗消车、进口照明车、进口排烟车、进口拖挂式装备车、消防艇、二类支队部业务车8辆、器材装备。

（2）世博二消防站（标准站）：进口泡沫水罐车、进口压缩空气泡沫车、进口大功率30m曲臂泡沫车、进口30m曲臂云梯平台车、进口抢险车、器材装备。

6.3.2 消防驻防点

（1）世博消防微型站：进口压缩空气泡沫车、进口大功率泡沫车、六轮压缩空气ATV车2辆、器材装备。

（2）世博消防临时站：进口压缩空气泡沫车。

6.3.3 消防检查装备

主要包括：通信和信息处理装备、检测装备、火灾原因调查装备、消防宣传教育装备和防护装备。

消防装备的配置详见附件一至附件三。

6.4 消防水源

6.4.1 市政消防管网

世博会地区市政消防给水管网应和本市消防供水管网环通，形成环网；园区内主干道消防供水管道的管径不应小于Dg500，次干道消防供水管道的管径不应小于Dg300，支路上的消防供水管道管径不应小于Dg200。

6.4.2 市政消火栓

市政消火栓的设置间距一般控制在100～120m，在场馆建筑集中区域的市政消火栓间距为80m，路幅宽度在24m及以上的道路应在道路两侧交叉处设置市政消火栓。

6.4.3 天然、人工水源

世博会场址内的河流、人工水池等可作为消防水源的，应设置可供消防车停靠和取水的设施。

6.5 消防道路

世博会地区的消防车道应环通，消防车道的宽度不应小于4m。建议在园区内主干道的中央留有禁止人员行走、宽度不小于4m的应急车辆通道，以确保在紧急情况下，救援车辆快速到达。

6.6 消防通信

世博会举办期间，世博会地区应建立公安、医疗、消防等集中的应急联动中心，统一协调处理世博会举办期间的突发事件。消防系统应成立世博会消防指挥分中心（分区）并应设置专门的通信网络，以便于统一管理、统一协调指挥，快速响应出动，及时救援。

应设置消防高空瞭望图像监控系统，对世博会地区实施全天候火灾监控。

6.7 建筑消防

6.7.1 地上建筑：

主题馆、国家馆、国际组织馆、中国地区馆、企业馆等建筑的耐火等级、建筑之间的防火间距、建筑物的占地面积和建筑内的防火分区面积、装修材料等应符合相关规范要求，并按规范、标准要求设置消防设施。

6.7.2 地下建筑：

（1）建筑防火设计：地下建筑的防火分区面积不应超过500m^2（设自动喷水灭火系统的可增加一倍）；必须设置足够多且位置合理的出入口，每个防火分区都应有两个安全出口，对于多层地下空间应设有让人员从地上直达最下层的通道。

（2）防排烟系统设计：地下建筑应设挡烟设施与储烟仓以限制烟气蔓延，并设机械排烟系统；地下建筑的楼梯间、走道应设正压送风系统，确保人员安全疏散。

（3）火灾探测与灭火系统设计：地下建筑应设自动喷水灭火系统；地下建筑设置火灾自动报警系统时，应选用耐潮湿、抗干扰性强的火灾探测器。

（4）事故照明及疏散诱导系统设计：地下建筑应加强设置事故照明灯具，并应有足够的疏散诱导灯指引通向安全门和出入口的方向，同时设置应急广播系统临时指挥人员合理疏散。

（5）使用管理：地下建筑内的装修材料应尽量采用不燃材料，尽量减少可燃物品的堆放，严禁存放易燃易爆物品。

6.7.3 历史保护建筑：

历史保护建筑的改建和扩建应符合国家和本市相关消防技术规范及标准要求。

6.7.4 各类建筑的火灾自动报警系统应与城市火灾自动报警信息系统联网。

6.7.5 对于无法满足建筑防火设计规范的各类建筑，应通过消防安全工程性能化评估方法进行论证。

6.8 应急避难场所

6.8.1 由于世博会举办期间参观访问人员众多，因此应考虑在世博会地区结合广场、绿地等设置8～10个应急避难场所，使人员到避难场所的距离在300m左右，以便在突发事件下，合理组织人员避难疏散及应急救援。

6.8.2 应急避难场所应设置简易消防设施以及疏散指示标志，并配置适当的生活保障物资。

6.9 消防应急预案

6.9.1 依据世博会“一主多辅”的总体空间格局，制定世博会地区消防应急预案。

6.9.2　世博园区内各展示场馆、商业娱乐中心、办公研发建筑、物流仓储设施等单位应分别制定消防应急预案。

6.10　消防安全管理措施

世博会消防安全管理措施主要包括：制定消防安全责任制、实施明火管理和制定单位消防安全制度。

6.10.1　制定消防安全责任制：世博园区内各单位应制定消防安全责任制。

6.10.2　实施明火管理：包括世博园区施工现场动火管理、餐饮场所明火管理以及其他场所明火管理。

6.10.3　制定单位消防安全制度：世博园区内相关单位所制定的消防安全制度应包括：消防安全教育、培训；防火巡查、检查；安全疏散设施管理；消防（控制室）值班；消防设施、器材维护管理；火灾隐患整改；用火、用电安全管理；易燃易爆危险物品和场所防火防爆；专职和义务消防队的组织管理；灭火和应急疏散预案演练；燃气和电气设备的检查和管理（包括防雷、防静电）以及消防安全工作考评和奖惩以及其他必要的消防安全内容。

6.11　消防安全宣传

在世博园区充分发挥宣传和教育部门的作用，利用影视、广播、报刊、网站、文艺、标语、板报等宣传媒体和载体，深入开展以消防法律法规、消防设施器材使用方法、防火安全基本常识、初起火灾处置方法、火场逃生自救基本要领为主要内容的宣传教育，形成学校教育、社会宣传、舆论督导、家庭灌输、职业培训相结合的全方位、阶梯形、复合式的宣传教育模型，以此促进世博会地区市民防灾素质，提高抗灾技能。

6.12　消防技术标准

针对世博会场馆建设和布展需求，加强消防行政法规和规章的建设，制定具有性能化特点的地方性消防技术规范，建立以国家消防法律法规为主体，地方消防法规为补充的世博会消防技术标准体系。

6.13　消防专题研究

在继承和发展上海消防已有成功经验、借鉴国内外消防先进理念和消防实践的基础上，通过对影响世博会消防安全水平的重大问题开展系统的专题研究，从而切实增强世博园区的消防综合管理水平，为世博会的成功举办创造良好的消防安全环境。

6.14　投资估算

世博会消防站点及消防装备建设投资估算近2.02亿元（详见附件一至附件三）。

附件一

世博会消防站点投资估算表

序号	站名	站级	用地面积（m^2）	项目建筑面积（m^2）
1	世博站1	标准站（支队部）	5000	3800
2	世博站2（周渡）	标准站	4000	2300
3	小型站1	小型站	1500	1200～1600
4	小型站2	小型站	1500	1200～1600

续表

序号	站名	站级	用地面积（m²）	项目建筑面积（m²）
5	临时站1	设置一个标准车库，一间休息场所，卫生间	—	150
6	临时站2		—	150
7	临时站3		—	150

注：1. 世博站2建设经费中不包括周渡消防站院内南艺印刷厂和家属楼的动迁补偿费用；
2. 此费用不包括土地“三通一平”费用。

附件二

世博会消防站点消防车辆装备配置方案

序号	拟建站名	站 级	拟配项目
1	世博一	标准站、水陆站、支队部	进口泡沫水罐车
			进口压缩空气泡沫车
			进口大功率30m曲臂泡沫车
			进口42m曲臂云梯平台车
			进口防化车
			进口洗消车
			进口照明车
			进口排烟车
			进口拖挂式装备车
			消防艇
			二类支队部业务车8辆
			器材装备
2	世博二	标准站	进口泡沫水罐车
			进口压缩空气泡沫车
			进口大功率30m曲臂泡沫车
			进口30m曲臂云梯平台车
			进口抢险车
			器材装备
3	世博微一	微型站	进口压缩空气泡沫车
			进口大功率泡沫车
			六轮压缩空气ATV车2辆
			器材装备

续表

序号	拟建站名	站 级	拟配项目
4	世博微二	微型站	进口压缩空气泡沫车
			进口大功率泡沫车
			六轮压缩空气ATV车2辆
			器材装备
5	世博临一	临时站	进口压缩空气泡沫车
6	世博临二	临时站	进口压缩空气泡沫车
7	世博临三	临时站	进口压缩空气泡沫车

注：1. 价格以万元计；
2. 以上价格为参考价格，进口车价格已包括关税；
3. 器材装备配置包括随车器材、个人防护装备及库存器材。

附件三

世博会消防检查装备清单

一、通信和信息处理装备配备要求

序号	装备名称	单位	数量	备注
1	台式计算机	套	25	每套中包括移动存储器1个
2	打印机	台	5	处理文稿宜选用激光打印机，处理图片宜选用彩色喷墨打印机
3	扫描仪	台	5	扫描尺寸不小于A4，光学分辨率不低于600dpi × 1200dpi
4	光盘刻录机	台	3	—
5	复印机	台	3	—
6	传真机	台	5	宜选用普通纸传真机
7	数字投影仪	套	3	宜选用LCD投影机，分辨率在SVGA级以上，亮度不低于1000ANSI流明
8	笔记本电脑	台	25	每台电脑配1个移动存储器
9	对讲机	对	25	功率不小于5W，通话距离不小于1000m
10	视盘播放设备	套	6	包括电视机、播放机等
11	数码照相机	架	25	不含宣传、火灾事故调查专用装备
12	录音笔	笔	25	—
13	数码摄像机	台	5	不含消防宣传专用装备
14	GPS定位仪	台	25	—

二、检测装备配备要求

序号	装备名称	单位	数量	备注
1	秒表	个	10	—
2	数字照度计	个	10	测量范围不小于200lx，精度±3%
3	数字声级计	个	10	测量范围30～130dB，精度±1.5dB
4	数字测距仪	个	10	测量范围不小于50m
5	卷尺	个	10	测量范围不小于30m
6	数字风速计	台	10	测量精度±3%
7	数字微压计	个	10	测量范围0～500Pa，精度±3%
8	消火栓测压接头	套	10	压力表测量范围0～1.0MPa，精度1.5级
9	超声波流量计	个	10	测量管径0～100mm，精度±1%
10	防火涂料测厚仪	个	10	主要用于检测钢结构防火涂层厚度，测量厚度1～20mm，精度0.1mm
11	喷水末端试水接头	个	10	压力测量范围0～0.6MPa，精度1.5级
12	点型感烟探测器功能试验器	个	10	—
13	点型感温探测器功能试验器	个	10	—
14	漏电电流检测仪	台	10	测量范围0～2A，精度0.1mA
15	红外测温仪	个	10	测量范围：-30～800℃，精度2%
16	红外热像仪	台	5	精度不小于0.5℃
17	便携式可燃气体检测仪	台	10	可检测一氧化碳、氢气、氨气、液化石油气、甲烷等可燃气体浓度，并发出声光报警
18	防爆静电电压表	个	10	测量范围：0～30kV，精度±10%
19	接地电阻测量仪	个	10	测量范围1～1000Ω
20	绝缘电阻测量仪	个	10	测量范围0～3000MΩ
21	数字万用表	个	10	—
22	钳型电流表	个	10	测量范围0～1000A
23	消防设施检测专用车	辆	2	装载本表检测设备

三、火灾原因调查装备配备要求

序号	装备名称	单位	数量	备 注
1	便携式气相色谱仪	台	2	检测油类和有机溶剂
2	便携式红外光谱仪	台	2	检测油类和有机溶剂
3	易燃液体探测仪	台	2	分辨率不大于1×10^{-6}
4	可燃气体探测仪	台	2	分辨率不大于1×10^{-6}
5	可燃气体检测管	盒	2	分辨率不大于50mg/m^3
6	薄层色谱分析装置	套	2	—
7	炭化深度测定仪	台	2	—
8	金属硬度检验仪	台	2	—
9	回弹仪	台	2	—
10	数字温度计	台	2	—
11	现场勘察灯	台	5	—
12	碘钨灯	台	5	—
13	电源线盘	盘	5	—
14	特斯拉计	台	5	分辨率不大于1高斯
15	金属探测器	台	5	—
16	静电电压表	台	5	—
17	便携式金相显微镜	套	2	—
18	体视显微镜	台	2	—
19	小型X光检测仪	台	2	—
20	现场勘察工具箱	套	2	包括清理、收集、标识、测量、绘图等工具
21	望远镜	台	5	—
22	物证保存袋	个	100	—
23	火灾现场勘察专用车	辆	2	装载火灾现场勘察装备

四、消防宣传教育装备配备要求

序号	装备名称	单位	数量	备注
1	数字电视摄像机	台	2	宜选用分辨率不小于850线
2	电视无线采访传声器	套	2	—
3	摄像机三脚架	个	2	—
4	录像带	盒	100	—
5	摄像机电池	块	10	—
6	电视新闻灯具	套	10	—
7	数字采访录音机	台	5	—
8	有线传声器	个	5	—
9	录音带	合	100	—
10	照相机	套	2	光学相机宜选用高速连拍不少于10张/s，45点区域自动对焦，最高快门速度1/8000s，镜头为：EF28—105FM、F/3.5—4.5；数码相机宜选用415万像素及以上，影像感应器，支持IBM Microdrive，支持IEEE1394接口以上标准
11	消防宣传设备专用车	辆	1	装载本表新闻采访设备
12	电视图像监视器	台	10	—
13	数字调音台	台	1	—
14	音频功率放大器	台	1	—
15	宣传资料	张	100万	—

五、防护装备配备要求

序号	装备名称	单位	数量	备注
1	消防头盔	顶	50	应符合《消防头盔》（GA 44—2004）的要求
2	消防手套	副	50	应符合《消防手套》（GA 7—2004）的要求。宣传教育专用车辆可不配
3	消防胶靴	双	50	应符合《消防灭火防护靴》（GA 6—2004）的要求。宣传教育专用车辆可不配
4	防毒面具	套	50	仅火场勘察专用车配备
5	毒性气体探测仪	台	10	仅火场勘察专用车配备。可探测CO、HCN、SO_2、NO_2、NH_3、HCl等毒性气体浓度，并发出声光报警
6	消防灭火防护服	套	50	应符合《消防灭火防护服》GA10的要求，且应注明“火场勘察”字样
7	急救药箱	只	10	应备医用口罩
8	防护眼镜	只	50	具有防红外线、紫外线、强光和冲击性能
9	防静电工作服	套	50	仅监督检查专用车配备，并满足外层具有阻燃性能，内层具有隔热、防水、防静电、透气等性能
10	测电笔	只	25	—
11	强光手电筒	只	25	—

二、2010年《上海世博会园区消防专项规划》相关规划图①

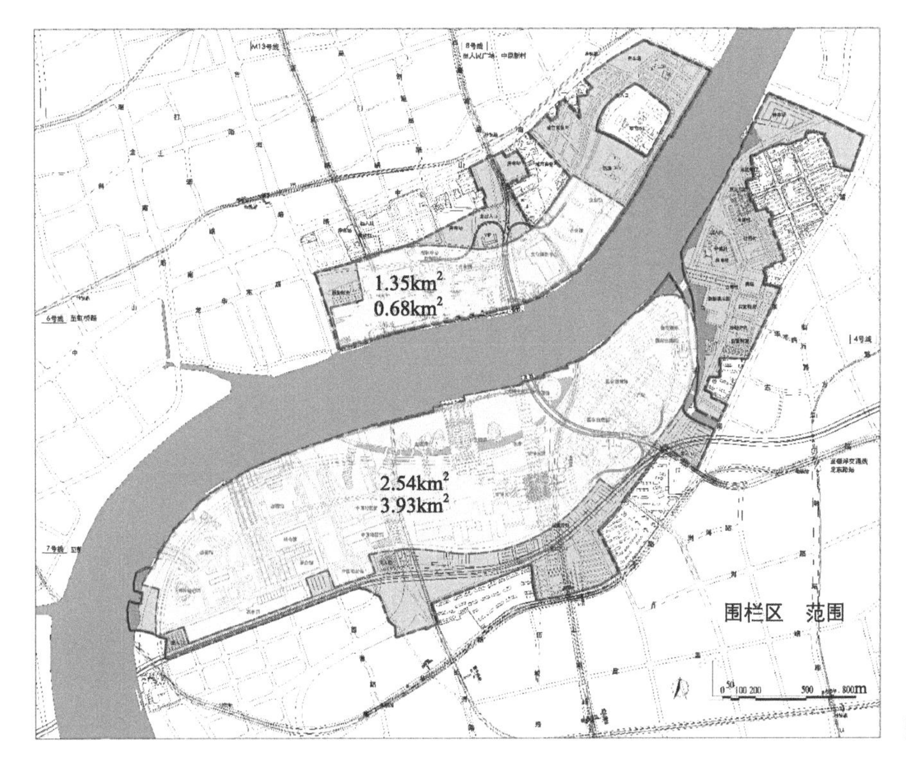

图9-7　上海世博会规划范围

图9-8　上海世博会“一主多辅”空间布局

① 本节图纸来源于《上海世博会园区消防专项规划》。

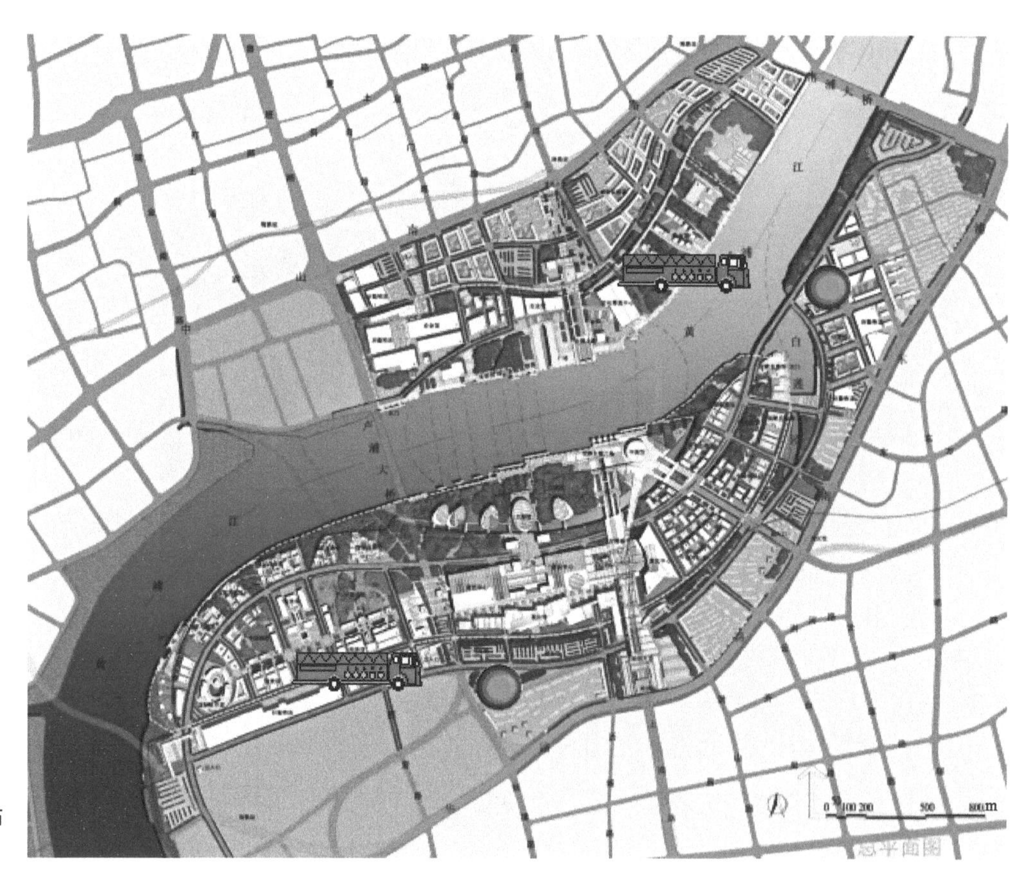

图9-9 上海世博会消防站规划图

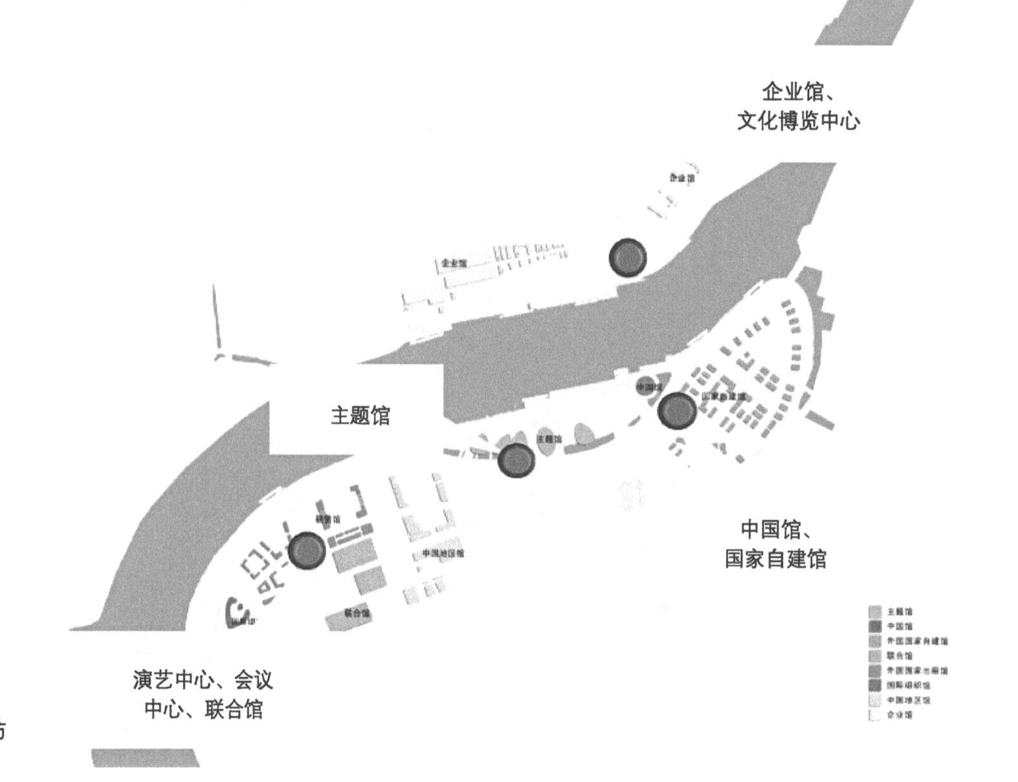

图9-10 上海世博会消防驻防点规划图

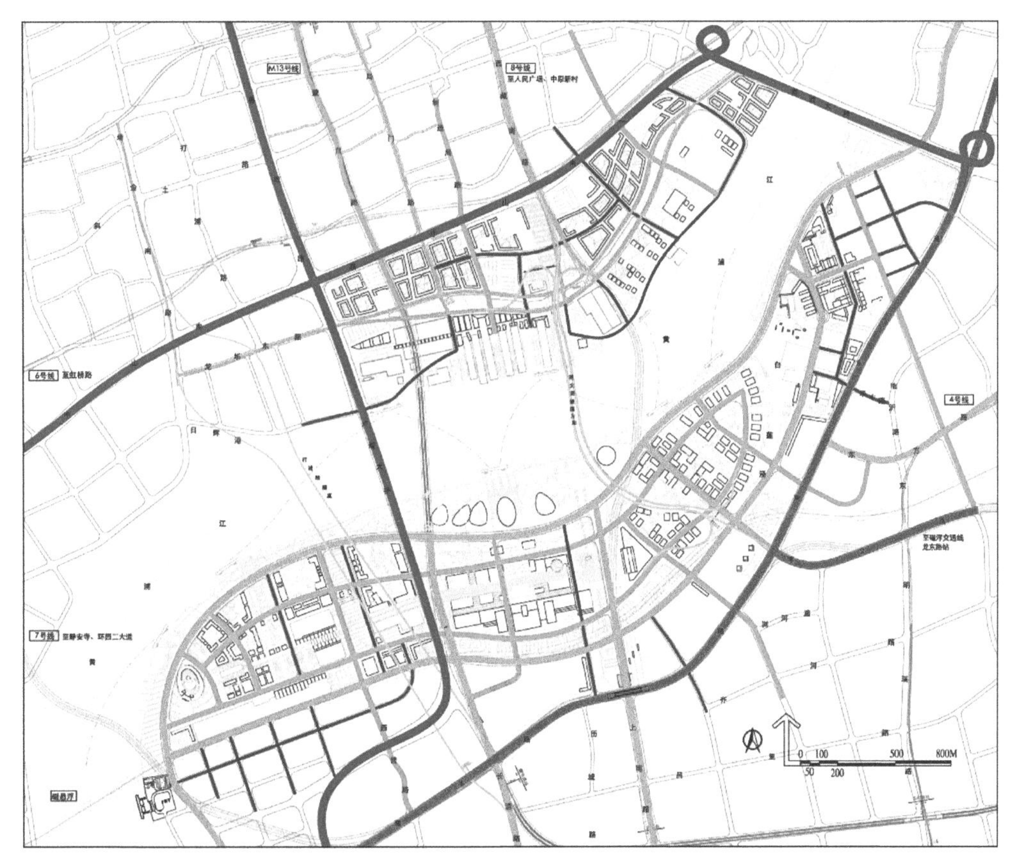

图9-11　上海世博会消防车通道规划图

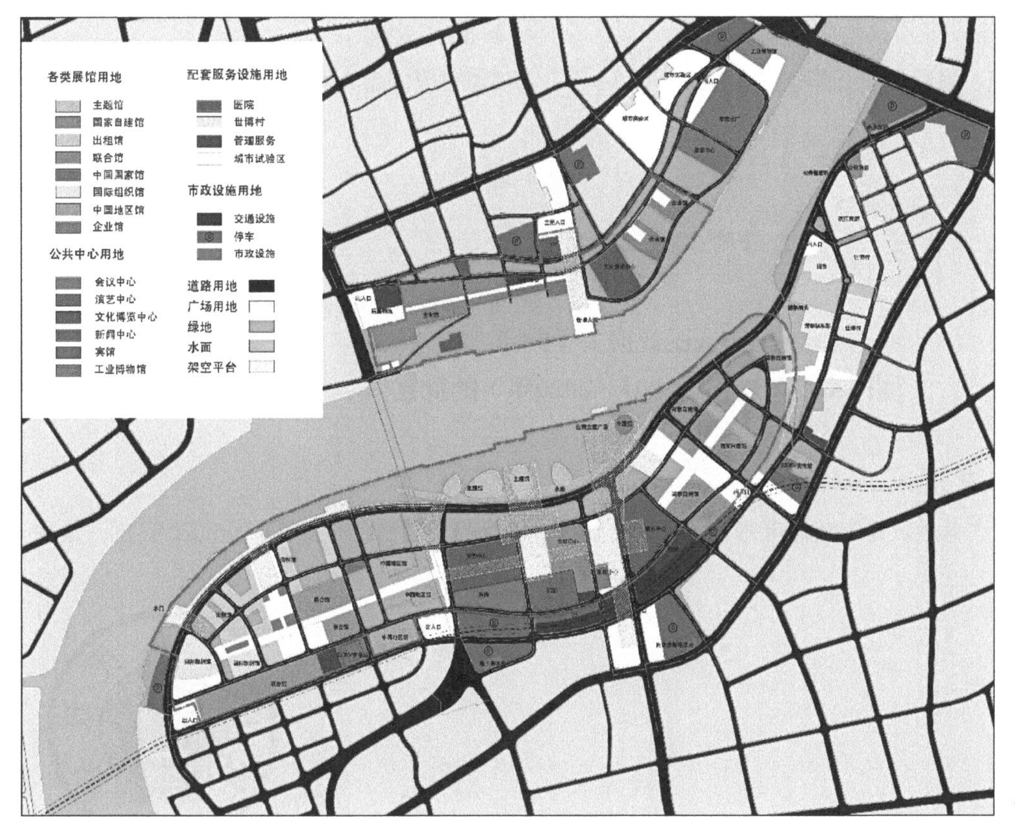

图9-12　上海世博会各类展馆与配套服务设施用地规划图

9.3 福建省厦门市消防规划（2004—2020年）

一、厦门市消防规划编制简介

1996年厦门市政府首次成立消防规划领导小组，对厦门市进行总体消防规划，并于1998年编制完成后批准实施。近年来，随着厦门加快海湾型城市建设新战略的实施，城市建设用地递增速度加快，城市建设的方向、时序发生了重大变化，原有消防规划已无法适应现有城市发展要求。2003年年底经厦门支队申请，厦门市政府同意根据城市总体规划调整情况，对1998年编制完成的消防规划进行修订，于2005年完成修编并批准实施。修订后的消防规划范围由原划定的227.4km^{2}扩大至全市陆域面积1565.09km^2，规划期限为2004～2020年，分为近、远期建设，共包括总则、城市消防发展目标、城市建设用地消防分类、城市消防安全布局、消防站布局规划、消防通道规划、消防供水规划、消防通信规划、消防与其他专项规划、综合消防体系与消防科技建设规划、消防分期建设规划、消防管理与实施措施、附则共十三部分内容。

厦门市邀请公安部上海消防研究所、厦门市城市规划设计研究院等单位共同参与编写。在规划的编制过程中，运用消防安全工程学的基本原理和方法，综合考虑城市功能区划、人口密度、火灾风险等不同特点，通过对城市各功能区的火灾风险综合分析确定各种可能因火灾所造成的风险指标，并根据不同的火灾风险指标选择相对应的第一出动响应时间。同时，结合交通道路、地形地貌等情况设定消防车行车速度指标，在此基础上利用公安部“十五”科技攻关课题“城市灭火救援力量优化布局方法与技术研究”成果对厦门市消防站规划布局进行了优化设计，首次在国内采用了计算机离散定位分配模型，利用集合覆盖法及最大覆盖法对城市消防站规划布局进行优化分析。从本质上看，它的主要思想是通过对城市火灾风险的综合评估，针对城市不同功能分区的不同消防安全要求提出相应的设计指标，而不是简单地采用同样的特定设计指标来进行设计。这不仅有利于我国在现阶段对土地资源和建设资金的合理利用，同时也有利于合理分配消防扑救力量，进一步整合装备，提高部队的消防作战能力。

二、福建省厦门市人民政府文件

厦门市人民政府文件

夏府〔2005〕344号

厦门市人民政府关于同意
厦门市消防规划（2004—2020年）的批复

市规划局、市公安消防支队：

厦规〔2005〕215号文收悉。经市政府研究，同意你局报送的《厦门市消防规划（2004—2020年）》，请按此方案抓紧组织实施。

特此批复。

二〇〇五年一月十四日

主题词：规划 消防 批复

抄送：市委办公厅、市人大常委会办公厅、市政协办公厅、市纪委办公厅。

厦门市人民政府办公厅 2005年11月17日印发

三、《厦门市消防规划（2004—2020年）》文本

一、总 则

第一条 为了建立厦门城市消防安全体系，提高城市整体防灾抗灾能力，防止和减少火灾的发生，提高社会救援能力，特编制厦门市消防规划（下称本规划）。本规划为《厦门市城市总体规划》的重要组成部分。

第二条 本规划的依据主要有：《中华人民共和国消防法》、《中华人民共和国城市规划法》、《消防改革与发展纲要》、《福建省消防安全工作“十一五”发展规划》、《城市消防规划编制要点》、《城市消防站建设标准》、《厦门市消防条例》、《厦门市城市总体规划》、各分区规划以及其他有关消防技术标准等。

第三条 规划原则：

（1）全面贯彻“预防为主、防消结合”的消防工作方针。

（2）从实际出发，立足于城市的现状特点和消防工作的现实情况，以建设港口风景旅游城市为目标，编制高起点和高标准的城市消防规划，逐步形成高标准的城市消防体系。

（3）积极推进消防工作的社会化，积极推进公众参与。

（4）近远期相结合，分阶段实施，提高规划的可操作性。

第四条 本次规划的范围为厦门市行政管辖区域，总面积1565.09km^2。

第五条 本次规划的期限：2004～2020年，其中规划近期2004～2010年；远期2011～2020年。

第六条 本规划由规划文本（含附图、地块图则）、规划说明和基础资料汇编三部分组成。其中，规划文本和规划说明具有同等法律效力。

第七条 凡在规划区范围内从事与城市消防安全有关的规划编制、管理和建设活动，均应执行本规划。

第八条 本规划由厦门市人民政府组织实施，厦门市规划局依法按照本规划进行规划管理，厦门市公安消防监督机构依法实施监督管理。

二、城市消防发展目标

第九条 近期严格遵循国家现行的有关法律、法规和技术规范的规定，从实际出发，依据城市总体规划，与城市其他专项规划相互协调，统一规划，合理布局，逐步建立起消防法制健全、宣传教育普及、监督管理有效、技术装备良好、体制合理、队伍强大、训练有素、保障有力、适应厦门城市经济发展的城市消防安全体系。

远期进一步完善各方面工作，实现消防队伍和设施向多功能发展，建成适应厦门港口风景旅游城市的发展战略目标、具有全国先进水平的城市消防安全体系，为建立接近世界发达国家水平的高标准的城市消防安全体系创造条件。

三、城市建设用地消防分类

第十条 根据厦门城市用地性质、布局结构、火灾危险性和消防重点保护的需要，对城市各类用地进行消防分类，将规划城市建设用地划分为三类，作为城市消防设施建设规划的依据之一。

第十一条 一类重点消防安全保护区指对城市的经济社会文化发展具有特殊重要性，消防安全要求高的城市建设用地。主要包括城市中心商业区（富山—厦禾、中山路、莲坂等）、市级行政办公区、城市交通枢纽、主要风景名胜区、高崎国际机场、危险品仓储区、海沧南部化工工业区等。

第十二条 二类重点消防安全保护区指对城市的经济社会文化发展具有重要作用，消防安全要求高于城市一般消防保护区的城市建设用地。主要包括城市副中心、次中心、一般工业区（杏林、同安城南、火炬等）、仓储物流园区（本岛北部、海沧、前场等）、文教区（集美、厦大等）、旧城保护区、城市周边山林风景点等。

第十三条 城市重点消防安全保护区以外的城市建设用地为一般消防安全地区。

第十四条 根据中华人民共和国公安部第61号令，划定消防安全重点单位，并根据建设情况，逐年具体确定。

四、城市消防安全布局

第十五条 规划的易燃易爆危险物品仓储区和生产区位于岛外，新建仓储区及生产区应布置在城市边缘远离城镇和人口聚居地的独立安全地区，其具体选址定点和建设过程必须严格执行国家有关消防技术规范的规定。

第十六条 逐步搬迁本岛范围内的易燃易爆危险品仓库及易燃易爆危险品生产企业。近期予以保留并应对其周边用地予以严格控制，且不再扩大规模，逐步减少其储存的易燃易爆危险品数量，远期尽量创造条件搬迁至岛外。

第十七条 规划建设的天然气输送管网、储气设施、调压站、气化站应按国家有关消防技术规范和《厦门市城市燃气规划》的要求纳入城市规划管理和防火审核。

第十八条 加油、加气站的整改和新建应严格按照《厦门市公共加油站布局规划》进行。加油站的站级以二、三级站为主，城市市区内禁止设置一级站。

第十九条 取消对易燃易爆危险物品的分散储存，加强城市储存、供给易燃易爆危险物品单位的消防安全管理，提高社会化服务水平。

第二十条 易燃易爆危险物品专用码头规划设置在海沧港区9～12号泊位。

第二十一条 城市易燃易爆危险物品仓库区集中建设于海沧新安村的山坳地，另在翔安马巷北部控制一个易燃易爆危险物品周转仓库。

第二十二条 城市新建建筑以一、二级耐火等级为主，控制三级耐火等级建筑，严格限制四级耐火等级建筑。

第二十三条 城市根据厦门市总体规划对工业区布局的安排，逐步改造搬迁老城区中与居住区混杂的中小型工厂。对目前存在较多的简易搭盖生产区应尽快拆除，实现厂房规范化。

第二十四条 老城区及居住区内耐火等级低、相互毗连的建筑密集区近期内采用防火分隔，提高建筑耐火性能，开辟消防通道和其他消防措施，改善消防安全条件。远期纳入旧城改造规划。

第二十五条 城市中结合公共绿地、建筑低密度区、防护绿带、城市广场、学校操场等形成避难、疏散系统，利用道路、广场、绿化带、河、渠等作为消防安全分隔，减少火灾、自然灾害及其引发的次生灾害。

五、消防站布局规划

第二十六条　消防站的总体布局原则主要有：分级设置的原则、均衡布局与重点保护相结合的原则和可达性原则。

第二十七条　标准站责任区面积4～7km^2，个别标准站结合道路交通及用地的实际情况，责任区面积可考虑不超过10km^2。小型站责任区面积控制在4km^{2}以内。重点消防安全保护区内，消防车辆应在接警5min内到达火场。

第二十八条　规划陆上消防站的用地面积：标准站按2400～4500m^2、特勤站按5000～8000m^2、小型站按400～1400m^{2}控制用地。

第二十九条　消防站的建筑面积指标应符合下列规定：标准型普通消防站 1600～2300m^2、小型普通消防站 350～1000m^2、特勤消防站 2600～3500m^2。

第三十条　对于用地特别困难的旧城区，小型站可结合其他设施合并设置，训练可就近使用其他标准站的场地。站点级别及装备应与责任区灭火、抢险救灾的特点相适应。

第三十一条　厦门现有消防站16座（含机场消防站），规划新增42座，共计58座。其中：特勤站7座、普通站45座、小型站1座、水陆综合消防站2座、水上消防站2座、空救站1座。

第三十二条　本岛（含鼓浪屿）现有站点10个，新增站点8个，共设18个站（其中：普通站12座、特勤站3座、水上消防站2座、空救站1座）。

第三十三条　海沧现有站点2个，新增站点9个，共设11个站（其中：普通站9座、特勤站1座、水陆综合站1座）。

第三十四条　集美现有站点2个，新增站点9个，共设11个站（其中：普通站9座、特勤站1座、小型站1座）。

第三十五条　同安现有站点1个，新增站点8个，共设9个站（其中：普通站8座、特勤站1座）。

第三十六条　翔安现有站点1个，新增站点8个，共设9个站（其中：普通站7座、特勤站1座、水陆综合站1座）。

第三十七条　规划将隶属港务局的东渡水上专职消防站，升为水上消防站，并根据总体规划在全市的港口布局及各海域的火灾危险性程度，分别在海沧港、五通港、刘五店设立水上消防站，其中海沧、刘五店为水陆综合站。

第三十八条　水上消防站的主管部门为港务局，各消防站的装备及人员配备应严格按国家有关规范进行，以满足海岸和水上消防的需要，消防码头可结合海港码头建设。

第三十九条　规划设置航空消防站，建议利用环岛路与县黄路交叉口处的交通部现有飞行设施，与高崎国际机场结合建设、合并建设。

第四十条　规划重点按照“四网两化”的基本要求建设森林防火体系：即系统建设通信指挥网、隔离带网、预测预报网、瞭望观测网，做到扑火器具现代化、扑火队伍专业化。要求各区依托于武装部、预备役民兵建设应急队伍，岛内每区10人左右、岛外每区30人左右为宜。在主要山林区设置灭火器具存放点。

第四十一条　规划拟在湖滨北路消防支队现址建设以消防任务为主、兼有其他抢险救援多种功能的消防指挥中心。加快厦门市消防训练中心（海沧）的建设。

第四十二条　规划与枋湖消防站合建后勤保障基地，并结合山地、绿地建设消防地下车库，保证战时仍能正常投入城市救灾抢险。

六、消防通道规划

第四十三条 根据厦门城市的发展要求和规划用地布局，规划城市消防通道体系划分为：区域消防通道、区间消防通道和区内消防通道三个等级。道路的宽度、限高和道路的设置应满足消防车辆通行和灭火作战的要求。

第四十四条 规划厦门“海湾型”城市快速路网骨架以放射主线为主，环形联络线为辅，以此作为区域消防通道的主体部分。

第四十五条 城市区间消防通道为各消防责任区之间的联系通道，主要由城市各组团内的主干路组成。规划道路宽度30～60m。

第四十六条 区内消防通道又称街区消防通道，是消防负责区内部的消防通道，由城市支路、小区路、组团路及单位内部路组成，是消防通道体系中基本的组成部分。

第四十七条 加强城市消防通道建设，近期按规划打通城市旧区、城乡结合部和外围地区的消防通道，包括机场南路、仙岳路、文兴路（浦南）、高殿二号路、湖里大道东段、海沧大道、水浏线、集美大道、学城路（杏北路延伸段）、灌新路等。

第四十八条 街区内尽端式消防通道应设置回车道或面积不小于18m×18m的回车场。每个用地地块至少有两条消防通道通过。旧城区街道结合旧城改造拓宽道路，使街区及街区间的道路形成环状。

第四十九条 消防通道应尽量顺直、短捷，与河流、铁路交叉时应增设桥梁，保证消防通道畅通。消防通道建成后，不得随意挖掘和占用。必须临时挖掘或占用的，应及时向公安消防部门告知。

第五十条 规划将同三高速公路、福泉厦漳诏高速公路、海沧高速公路连接线西段和穿越厦门市境的324国道确定为危险品通道。

第五十一条 规划在城市次干路及次干路以上的道路中设置紧急状态专用车道，平时与其他车道同时使用，遇有紧急状态时通过加强交通管理，以专供消防车、救护车、110警车、救灾车、抢险车等使用。

七、消防供水规划

第五十二条 厦门市消防管网系统现状及规划依托城市供水系统，根据给水总体规划，在规划期内（2020年）厦门将保留杏林水厂、梅山水厂、莲坂水厂；新建马銮水厂、后溪水厂、同安水厂；扩建天马水厂、高殿水厂。各水厂通过环状供水管网连通，整体上形成城市环状供水管网。

第五十三条 根据实际情况，因地制宜地将景观水体、天然水体等作为备用水源，在这些水体周边设消防车道、码头及消防取水口，提高消防给水的可靠性。随着厦门中水利用系统的建设，中水管网也可以作为消防水源之一。

第五十四条 规划期内厦门市各给水系统同时发生火灾次数均按照3次，每次用水量为100L/s考虑，发生火灾时管网接口最小自由水头为10m。

第五十五条 市政道路、小区的室外消火栓布置均应严格按照有关消防规范建设。近期对现状数量不足或破损部分进行补建、维修，重点加强对旧城区、乡镇地区的市政消火栓的建设和维护。

八、消防通信规划

第五十六条 充分利用有线和无线两种通信手段，建设迅速、准确、可靠、灵活、方便、实用的现代化通信系统。

第五十七条　根据厦门城市电信发展规划，消防有线通信方面重点加强光纤线路的建设。

第五十八条　规划以无线同播网为主发展消防无线通信系统。规划保留原来的六个基站，增加马巷、集美、杏林、海沧等四个基站。

第五十九条　每个消防站及支队均设基地台，每个消防车配备车载台，特勤人员及副班长以上人手一个手持台，使用十六个信道，实现指挥中心与中队及车载台、指挥人员之间、指挥员与战斗员之间无线通信三级网的组成。

第六十条　调整和增加高空监控摄像站点。厦门岛外兼顾消防站的责任区划分，设置高空监控摄像站点，每个监控摄像站点视线距离大约1.5～2.0km。岛内则主要根据区域建筑物的密度，高层建筑分布情况设置高空监控摄像站点。

第六十一条　加强厦门消防指挥中心及其他设施建设。地理信息系统应随着建设的发展不断更新，补充相应的燃气、消防给水、电力等有关信息数据；补充完善各类火灾特性数据库、易燃易爆危险物品数据库、灭火救援战术技术数据库、灭火救援作战数据库的内容；与电信部门协商采用七号信令中继入网，以提高消防接处警指挥灭火的可靠性及快速性。

九、消防与其他专项规划

第六十二条　厦门市电力网规划将由4座500kV变电站、2座大型发电厂、37座220kV变电站、100座110kV变电站等组成一个可靠、安全、自动运行的供电网络。10kV开关站将以N供一备方式运行，10kV变电所尽可能形成环网。

第六十三条　消防指挥中心、各消防站、城市水厂、电力调度室、供气调度室、医疗急救中心、交通指挥中心及环保、气象、路灯、地震的值班室与重点防火单位等均应双电源供电。

第六十四条　严格执行《供配电系统设计规范》（GB 50052—1995）的规定，确保一、二类负荷的供电可靠性，尤其要确保各类消防供电的可靠性。高层建筑、地下建筑特别要可靠供电。保证建筑物内部在火灾时能可靠启用消防设备有效灭火。

第六十五条　大型公共建筑和重要场所的高低压电气设备严禁采用可燃油装置。高压架空线路与易燃易爆场所及建筑物之间，电力电缆地下通道与煤气管、热力管之间必须按规范留足安全距离，在交叉时必须加强保护措施。

第六十六条　城市消防站建设中应按有关规定和抗震的需要，配备必要的抢险救灾装备，并强化训练工作。

第六十七条　城市消防安全工作应与人防等防灾工作相结合，争取将地震或战争灾害及其引起的二次灾害控制和减少到最低程度。

十、综合消防体系与消防科技建设规划

第六十八条　市、区、街道、镇应建立相应的防火安全委员会，各企事业单位应建立防火安全领导小组。

第六十九条　大力发展地方、民间消防力量。当地政府要因地制宜地采取各种方式分步建立地方消防队，健全消防联防组织。形成以现役消防部队为主力、多种专、兼职消防队伍为补充的城市消防力量格局；和以乡镇专、兼职消防队为骨干、农村义务消防队为基础的农村消防力量布局。生产规模大、火灾危险性大的企业，

应逐步建立专职消防队。公安消防部门要加强对地方、民间消防队伍的业务指导。

第七十条 逐步完善消防教育培训体制。要把消防教育纳入教育发展规划，建立消防职业学校和消防培训中心，使各类消防人才的拥有量与消防事业的发展基本适应。

第七十一条 加强消防科学技术研究，不断提高消防设施和装备的科技含量，鼓励采用先进的消防技术。

第七十二条 在发生地震、特大化学品事故、风灾、雨灾、台风等灾害时，消防及相关部门应有统一指挥，联合行动，建立综合抢险救灾体系。

十一、消防分期建设规划

第七十三条 加强对易燃易爆危险物品的全程监控，建设岛外易燃易爆危险物品仓库，严格控制存放点与周边建筑的安全距离。

第七十四条 整合现状工业区，加强生活配套设施的集中建设，改变生产、生活混杂的现象。

第七十五条 加快旧城改造、旧村改造的步伐，加强对城乡结合部的综合治理，大力宣传消防安全基本常识。从严、大力整顿“三合一”建筑，消除重大火灾隐患。

第七十六条 规划、城市综合执法、环保部门应制定相应的规章制度，严格控制沿街店面的建设。逐步清除住宅楼顶、消防通道的违章搭盖，保证人行消防疏散通道的畅通。

第七十七条 加强防火、灭火器材、装备建设，重点针对旧城、化工区、高层建筑、森林防火等问题；提高消防监督技术装备水平，到2007年，各级公安消防机构消防监督技术装备全部达到《消防监督技术装备配备》（GA 502—2004）标准要求；增加消防部队器材装备的数量和种类，提高现代化水平和科技含量，到2010年，消防车等执勤装备、抢险救援器材以及消防员个人防护装备建设的达标率达100%。

第七十八条 近期加快海沧训练中心的建设，促进枋湖后勤保障基地的建设。

第七十九条 促进乡镇地区向城市转化，加强市政消火栓、通信等设施的建设和维护（包括灌口、东孚、大同、马巷、西柯等），到2010年，全市市政消火栓等城市公共消防设施全部达到国家标准。

第八十条 完善现状城区设施，包括已转变为城市道路的原有公路的市政管线的敷设（如海沧马青路、翁角路等），加强消防通信技术装备、地理信息系统、数据库资料等方面的建设。

第八十一条 按规划打通城市旧区、城乡结合部和外围地区的消防通道，包括机场南路、仙岳路、文兴路（浦南）、高殿2号路、湖里大道东段、海沧大道、水浏线、集美大道、学城路（杏北路延伸段）、灌新路等。

第八十二条 近期新建1-15枋湖消防站、3-09灌南消防站、4-07潘涂消防站、5-04翔安后莲消防站、2-04海沧南部工业区消防站，到2010年形成布局合理、符合国家标准的城市消防体系。

第八十三条 加强消防宣传教育培训。积极开展消防社会化教育，普及防灾救灾知识，提高全社会的消防安全素质，到2010年，全市95%的学校开设消防知识教育课程，城市居民的消防知识普及率达到95% 以上。

第八十四条 远景厦门城市消防设施建设和消防工作将在2020年的基础上进一步完善，坚持同步配套新建设地区的消防设施。

十二、消防管理与实施措施

第八十五条 城市各级政府和各部门、各单位的领导应从根本上落实“预防为主、防消结合”的消防工作方针，加强消防宣传，提高防火警惕性和自觉性，提高安全技能。

第八十六条　市政、自来水、电信等部门和单位要加强对城市公共消防设施的建设、管理和维护，保证其有效、好用；消防监督机构负责对城市公共消防设施的验收和使用。

第八十七条　每年度城市公共消防设施建设规划应纳入城市基础设施建设计划，城市消防规划建设与其他市政设施统一规划、统一设计、统一建设。

第八十八条　按照本市的经济增长比例，逐步加大城市建设维护费中消防投资的比例，不断增加对公共消防设施和消防装备的投入；建立消防基金，多渠道解决经费不足的问题，保证消防规划的落实。

第八十九条　建立相互制约的、完善的社会防范机制，更好地发挥保险的作用。

第九十条　加强消防监督管理，依照消防法规，对城市消防管理事宜进行消防监察、督导，使消防管理走上严格管理、科学管理、依法管理的轨道。明确和落实计划、城建、财政、规划、公安消防机构等政府主管部门在建设城市公共消防设施工作中的责任。

第九十一条　加强消防规划的实施立法，逐步完善保障消防规划实施的行政规章和行政措施，建立有序的管理体系；违反消防规划和有消防违法行为的，应按有关法律法规进行查处。

第九十二条　消防规划要坚持统一规划、分期建设的原则，正确处理好新区开发与旧区改造的关系。

第九十三条　为了更好地实施消防规划建设，在编制本市的各分区规划时，应明确说明本规划的相关内容的具体安排（落实到大地块）；在编制控制性详细规划时，应准确界定（坐标控制）本规划相关内容的位置、规模及相关建设要求，力争同步规划、同步设计、同步实施。

十三、附　则

第九十四条　本文本由厦门市规划局负责解释。

第九十五条　本文本自批准之日起生效。

四、《厦门市消防规划（2004—2020年）》文本说明

第一章　规划背景

一、海湾型城市发展战略的需要

2002年年底，厦门市提出加快海湾型城市建设的新战略，城市建设在方向、时序上发生了重大变化。

建设海湾型城市是厦门城市形态、城市发展阶段和城市功能的综合。在空间形态上，以厦门岛为中心，以海湾为背景，沿东、西海域周边展开布局，形成“一环数片、众星拱月”的城市格局和“城在海上、海在城中”的城市景观。在发展方向上，把城市建设的重点从岛内转向岛外海湾地区，加大岛外的开发力度，促进厦门城市由海岛向海湾演化拓展。厦门城市功能定位是依托港口、滨海景观和文教资源优势，建设我国东南沿海重要的中心城市和港口及风景旅游城市。

建设海湾型城市的根本任务是跨出岛内、走向海湾，通过城市空间的扩充，实现产业布局的调整、经济结构的优化和经济总量的扩张，增强厦门城市的综合竞争力，更好地发挥经济特区的示范、辐射和带动作用。

随着“海湾型城市”这一战略目标的提出，厦门市岛外地区业已成为城市建设的重点地区，近年来，城市建设用地以每年约10km^{2}的速度递增，其中大部分在岛外，这对城市消防工作提出了新的要求。

二、城市总体规划修编的需要

2003年，随着全市行政区划、战略目标的调整，全市产业空间布局随之发生相应调整。与此同时，厦门市城市总体规划、厦门市土地利用总体规划也正在编制当中，但由于不同规划工作着眼点的不同，上述两项规划尚难以具体指导全市的消防工作，急需以上述两项规划为基础，有一个全市域的专项规划，分期、有序地开展消防设施建设，建立城市消防安全体系。

三、消防法规规范体系建设的需要

《中华人民共和国消防法》已于1998年4月颁布，在此前后已有《城镇公安消防站消防车辆配备标准》、《消防站建筑设计标准》、《高层民用建筑设计防火规范》、《城市消防站建设标准》、《城市消防规划编制要点》、《消防改革与发展纲要》等一系列法规、标准颁布，为消防规划的编制提供了充分的依据。鉴于总体规划修编接近完成，对1997年编制的原《厦门市消防规划》作相应调整势在必行。

四、近期建设控制与引导的需要

城市经济社会的持续发展，城市建设规模和力度的不断加大，对城市消防工作产生了越来越高的要求，整体规划尤显重要。尤其对于近期可以预见的消防建设需求，迫切需要与总体规划、城市消防规划协调，从宏观上对其进行综合的战略指导，从微观上保证其建设的可行性与合理性。

第二章 厦门消防整体现状

经过新中国成立50多年，尤其是特区成立20多年来的建设，厦门市消防工作取得了突出的成绩，安全保障体系逐步建成。但是在城市高速拓展的今天，消防工作仍然不断面对新的、严峻的问题，近年各种火灾不断。仅从1997年到2003年7月，厦门市共发生火灾2200起，烧死29人，烧伤89人，直接经济损失3493万元，火灾起数呈明显递增之势。

现状厦门市现有1个消防指挥中心，15个消防中队，1个消防训练中心（在建），另有8个企业专职消防队，4个志愿消防队。虽然厦门消防站的建设在全国范围内属于较好水平，但现有消防站数量与现行国家规范还有差距，尤其岛外的数量严重不足，消防站担负的灭火任务过重；现有的消防装备与所承担的迅速增加的社会抢险救援任务不匹配，并且公安消防人员编制不足。

消防安全布局方面的主要问题有：消防安全重点单位众多、旧街坊区建筑耐火等级低而人口高度密集、高层建筑大量增加而相应的城市消防设施配置滞后、“城中村”问题以及城市的迅速发展带来新的城市安全布局问题等。

消防供水方面，本岛现状有自来水厂两座，除旧城区及城中村外，给水管网大多比较完善，大部分区域供水水压在0.25MPa以上。新区市政消火栓数量基本能按规划布置，消火栓的完好率达到98%以上，但这一数据在旧城区相对较低（如主要为旧城区的1中队辖区内消火栓的完好率为82.6%），并且市政消火栓的数量由于通道不畅、维修保养不到位等种种原因严重不足。本岛消火栓总的完好率仅为84.3%。

岛外地区现状较大自来水厂有四座，各镇一般均有小水厂，杏林水厂、集美新区供水管网比较完善，基本形成环状供水系统，但市政消火栓数量及完好率仍不令人满意，岛外村镇及城市建设用地超过130km^2，但消火栓仅有915个，总的完好率为89.2%。同安大同、马巷近年加大了给水管网及市政消火栓的建设，但距消防规范差距仍大。其余各镇小水厂给水管网及市政消火栓的现状更令人担忧，管网呈枝状布置，市政消火栓很少。同时，随着城市建设的发展，一些原有公路已转变为城市道路，但却未设市政消火栓（如海沧马青路、翁角路等）。

厦门消防通信指挥系统于1998年建成投入使用，使厦门消防通信进入国内领先水平。全市目前共有10条报警专线，十几个高空图像监控点，同时拥有无线集群网和无线同播网。但是对照有关规范，仍应不断加强消防通信技术装备、地理信息系统、数据库资料等方面的建设。

消防通道建设近几年中得到很大重视，交通建设投资大幅度增加，使厦门市的道路各项指标有较大增加，大大改善了道路交通状况。厦门的路网密度大部分能达到国家标准。但仍存在一些问题，如老城区道路条件差、缺乏消防通道，城乡结合部和农村的许多道路无法通行消防车辆、消防通道被占用等。

消防监督管理方面，近年来虽然消防宣传、教育培训力度在不断加大，但许多市民，尤其是农村地区的人们消防安全意识比较淡薄，消防知识不够普及，城市建设中还存在违反有关消防规范的现象。如现有的消防设施检修制度落实不够，消防设施的维修与保护不力，甚至拆除、破坏等。

第三章 规划目标、原则、范围及依据

一、规划目标

近期严格遵循国家现行的有关法律、法规和技术规范的规定，从实际出发，依据城市总体规划，与城市其他专项规划相互协调，统一规划，合理布局，逐步建立起消防法制健全、宣传教育普及、监督管理有效、基础设施完善、技术装备良好、体制合理、队伍强大、训练有素、保障有力、适应厦门城市经济发展和城市建设特点的城市消防安全体系。

远期进一步完善各方面工作，建成适应厦门港口风景旅游城市的发展战略目标，具有全国先进水平的城市消防安全体系，并为建立接近世界发达国家水平的高标准的城市消防安全体系创造条件。实现消防队伍和设施向多功能发展，使之成为厦门市防火、灭火和紧急处置各种灾害事故、抢险救援的重要力量。

二、指导思想

全面分析现状问题，提出有针对性的、切实可行的对策，着重解决历史遗留问题、瓶颈问题，解决旧账，避免欠新账，严格依据城市总体规划，合理编制专项规划，使之适应城市的发展，综合提高消防队伍的战斗能力。

三、规划原则

（1）全面贯彻“预防为主，防消结合”的消防工作方针，做好消防队伍和设施的规划建设。

（2）规划既要从实际出发，立足于城市的现状特点和消防工作的现实情况，提高规划的针对性；同时又要以建设港口风景旅游城市为目标，编制高起点和高标准的城市消防规划，提高规划的科学性和前瞻性。

（3）积极推进消防工作的社会化，积极推进公众参与，提高规划的社会性。

（4）近远期相结合，分阶段实施，提高规划的可操作性。

四、规划范围、期限

规划范围：厦门市消防规划的规划范围为厦门市行政管辖区域，总面积1565.09km^2。

规划期限：近期：2004～2010年；

远期：2011～2020年。

五、规划依据

（1）《中华人民共和国消防法》，1998年9月。

（2）《厦门市城市总体规划》，厦门市城市规划设计研究院，2004年。

（3）《中华人民共和国城市规划法》，1990年4月。

（4）《消防改革与发展纲要》，国务院，1995年1月。

（5）《城市消防规划编制要点》（公消［1998］164号）。

（6）《城市消防站建设标准》（建标152—2011），1998年。

（7）《福建省消防条例》。

（8）《危险化学品安全管理条例》，国务院，2002年。

（9）《福建省消防安全工作"十一五"发展规划》。

（10）《厦门市消防规划》，重庆规划院厦门分院，1997年。

（11）《厦门市同安分区规划》。

（12）《厦门市集美分区规划》。

（13）《厦门市翔安分区规划》。

（14）《厦门市湖里分区规划》。

（15）《厦门市海沧总体规划》。

（16）各片区的控制性详细规划。

（17）各市政专项规划（港口、燃气、供水、电力电信、交通、人防等）。

（18）厦门市2004～2020年消防站优化布局咨询报告（公安部上海消防研究所，2005年4月）。

六、相关的标准与规范

（1）《城镇消防站布置与技术装备配备标准》。

（2）《城镇公安消防站车辆配备标准》，公安部。

（3）《建筑设计防火规范》（GBJ 16—1987），2001年版。

（4）《高层民用建筑设计防火规范》（GB 50045—1995），2001年版。

（5）《城镇燃气设计规范》（GB 50028—1993），2002年版。

（6）《石油库设计规范》（GB 50074—2002）。

（7）《城镇消防站布局与技术装备配备标准》。

（8）《城镇公安消防队消防通讯标准》，公安部。

（9）《城市消防站建设标准》，1998年。

（10）《消防通信指挥系统设计规范》（GB 50313—2000）。

（11）《城市消防通信指挥系统设计规范》，公安部消防局。

第四章 城市消防安全布局规划

城市消防安全布局是贯彻消防工作以"预防为主"的关键所在，是决定消防工作大环境好坏的重要因素，是消防安全的基础。因此，城市消防安全布局是城市消防规划的重点之一。

消防规划应根据《厦门市城市总体规划》，统一规划布置各类城市建设用地，做好消防站点、道路、给水、通信、供电、防爆、防火间距等规划布局。

一、城市消防安全要求

1）必须将生产、储存易燃易爆危险物品的工厂、仓库相对集中设置在城市边缘的独立安全地区，并与人员密集的公共建筑保持规定的防火安全距离。

2）改造旧城区，对严重影响城市消防安全的工厂、仓库，必须纳入城市近期改造规划范畴，有计划、有步骤地采取限期迁移或改变生产性质等措施，消除不安全因素。

3）应按防火规范要求合理选择液化天然气的门站、混气站、储存站，液化石油气气化站、加气站、供应站的瓶库、油库及汽车加油站等易燃易爆设施的位置，按防火规范的要求，采取有效的消防措施，确保安全。

4）装运易燃易爆危险物品的专用车站、码头必须布置在城市或港区的独立安全地带。

5）城区内新建的各种建筑，一般应达到一、二级耐火等级，控制三级耐火建筑，严格限制四级耐火建筑。

6）城市中具有不同消防要求的功能区必须相对独立，分开设置，有利于消防灭火工作的展开，避免相互干扰。

7）城市中原有的耐火等级低的砖木、泥木结构，相互毗连的建筑密集区必须纳入城市近期改造规划。积极采取防火分隔，提高耐火性能，开辟防火间距和消防通道等措施，逐步改善消防安全条件。

8）对位于城市旧城区，严重影响城市消防安全的易燃、易爆单位，采取近远期治理相结合的办法：

（1）近期以控制规模、技术改造、转产转向为主，远期创造条件搬迁；

（2）对规划外迁的项目其规划用地周边应严格控制安全间距，在安全范围内不得再建造建筑物；

（3）已在安全范围内的建筑要限期予以拆除；

（4）对于危害大的单位，应限期改造或搬迁，消除不安全因素。

9）城市各种地下设施的消防安全建设必须和其他建设有机结合，合理设置防火分隔、疏散通道、安全出口和报警、灭火、排烟等设施。

二、城市消防安全布局现状问题

厦门市现状消防安全布局方面存在的问题主要有以下几点。

1. 工业区安全问题多

一是现状工业区分布零散，使用易燃易爆危险物品的企业多，但全市仅仅岛内有易燃易爆危险物品仓库（且该点已不宜），易燃易爆危险物品的生产、运输、使用缺乏统一控制。二是许多地区工业、居住混杂（尤其是城乡结合部），工业区缺乏统一建设的生活区、学校，带来大量的社会问题和安全隐患。三是岛外工业区企业消防给水问题严重。

2. 厦门旧街坊区人口高度密集，建筑耐火等级低

现状本岛旧城中未改造的街坊区面积大（如百家村、中华街区、厦港片等），低层旧住宅毗邻、建筑密度高、耐火等级低，容易失火并蔓延扩大。同时，旧街坊区人口密度高、流动人口多，消防设施陈旧失修，一旦发生火灾，人员不易疏散，消防车难以及时靠近施救，危险性大。

3. 城市的迅速发展带来新的城市安全布局问题

由于城市迅速发展，城市建设用地不断扩大，一些原来远离城市或设在城市边缘的易燃易爆设施，现在已经处于人口密集的市区内，一旦发生火灾或爆炸，将造成巨大的损失。

4. 现状部分加油布点问题

由于历史原因，一些早期批准的加油站、设施达不到规范要求，和周围城市住宅、公建用地的防护间距不足，对城市消防安全构成威胁。

5. “城中村”地区安全隐患多

“城中村”普遍存在房屋密集、外来人口多、消防隐患多等问题（无消防通道、缺少水源、简易搭盖多、随意架设电线），急需妥善解决。

6. “三合一”建筑的安全隐患

“三合一”建筑在农村、近郊区仍然有不少，安全隐患大，急需解决。

7. 沿街店面、私房出租、社会办学带来的安全隐患

三、城市消防安全保护区规划

根据厦门城市用地性质、布局结构、火灾危险性和消防重点保护的需要对城市各类用地进行消防分类，将规划城市建设用地划分为一级重点消防安全保护区、二级重点消防安全保护区和一般消防保护区。

确定消防重点安全保护区的依据是地区发生火灾时的火灾危险性、火灾可能造成的损失程度、火灾可能造成的伤亡程度及火灾的影响程度。

3.1 城市空间布局

3.1.1 城市空间结构

根据新一轮《厦门市城市总体规划》，厦门市将形成“一心两环、一主四辅八片”海岛与海湾组团组合式的空间布局结构（表1）。

一心：本岛。

两环：环西海域的“两湾三区”和环东海域及同安湾的“东部地区”。

一主（城）：本岛（含鼓浪屿）。

四辅（城）：海沧辅城、集美辅城、同安辅城、翔安辅城。

八片（区）：海沧辅城的海沧、马銮片区；

集美辅城的杏林、集美片区；

同安辅城的大同、西柯片区；

翔安辅城的马巷、新店片区。

3.1.2 片区主导功能

本岛主城——本岛片区：政治、经济、文化、居住、物流、高科技。

鼓 浪 屿：风景、旅游、文化。

海沧辅城——海沧片区：港口、工业、居住。

马銮片区：高科技、物流、旅游、居住。

集美辅城——杏林片区：工业、居住。

集美片区：教育、旅游、居住。

同安辅城——大同片区：工业、居住、旅游。

西柯片区：工业、居住。

翔安辅城——马巷片区：商贸、工业、居住。

新店片区：港口、物流、高科技、工业、居住。

3.2 城市主要功能区规划布局

3.2.1 工业区规划布局

（1）根据厦门城市现有工业用地的分布，必须在满足城市经济发展要求的同时，按工业生产火灾危险程度和卫生类别，进行工业用地布局调整，以保障城市消防安全。

（2）工业用地依托城市对外公路、港口和城市交通性道路布局，有良好的消防安全通道。工业用地要集中在城市用地组团的一侧或边缘发展，并与城市公共中心区、居民生活区、文教区有安全防护绿带分隔。

（3）市、区、镇级工业区应集中成片设置，确保用地的集中紧凑布局和城市消防的要求，避免工业污染。

（4）应有为工业区统一规划配套的生活区，避免工业区内混杂的宿舍。

整合后主要工业区布局（方案） 表1

区	个数	规范后的工业区称谓	规划规模（km^2）	主要工业行业	备注
本岛	3	厦门火炬高技术产业开发区	10.0	电子信息、生物科技、新能源新材料	含一区多园
		含：路桥高科技园	—	计算机及周边设备	—
		北大生物园	—	生物药物、基因工程	—
		留学人员创业园	—	高新技术孵化器	—
		厦门软件园	—	软件孵化器	—
		火炬翔安科技园	—	电子、精密仪器、生物制药等	翔安区
		同集高科技园	—	电子、生物	同安区
		航空工业区	1.6	飞机维修及其他临空型产业	—
		钟宅科技园	2.0	高技术制造业的基地，或科技孵化园区	—
集美	3	集美北部工业区	4.1	电子、机械、软件及产学研基地	—
		杏林工业区	8.0	机械、纺织、建材、化工	—
		厦门（灌口）机电工业区	9.0	机械	—
海沧	4	东孚工业区	8	—	—
		新阳工业区	9.0	新型建材、精细化工和机械电子	—
		南部工业区	16.4	石化基地	—
		出口加工区	2.5	电子、精密仪器、生物制药等	—
同安	4	厦门（洪塘）石材工业区	3.0	石材	名称已规范
		厦门市轻工（食品）工业区	7.0	食品、饮料	名称已规范
		城南工业区	6.0	机械、食品、纺织等轻加工	—
		城北工业区	1.5	轻工	—
翔安	2	银鹭食品工业区	2.0	食品	名称已规范
		内厝工业区	2.0	建材、制鞋等轻加工	—

3.2.2 仓储区规划布局

根据储存货物的类型、用途及其火灾的危险性，将仓储用地分为普通仓库和危险品仓库。

1. 普通仓库

普通仓库应靠近水源，有消防用水的保证，满足消防用水量的需要。

厦门市的仓储主要结合物流园区设置，规划形成四片：

（1）结合东渡港区（海运）和厦门高崎国际航空港（空运）建设，于厦门本岛北部形成综合仓储物流中心，总用地规模约为8km^2。

（2）在海沧港区形成港口仓储物流中心，总用地规模约为3.6km^2。

（3）结合规划建设的前场铁路货站，于马銮湾北部形成铁路仓储物流中心，总用地规模约为3.5km^2。

（4）保留现状本岛园山仓储区，总用地规模约为0.63km^2。

另外，在大同、洪塘、马巷、后溪各有部分仓储用地。

规划远景（2020年以后）结合刘五店港区建设，于翔安形成港口仓储物流中心，总用地规模约为4km^2。

2. 易燃易爆危险物品仓库

易燃易爆危险物品仓库应布置在城市建设用地外围或边缘的独立地段，与周围建筑物有一定的安全距离地带，并注意与使用单位所在位置方向一致，避免运输时穿越城市。

燃料及易燃材料仓库，应满足防火要求，布置在城市外围独立地段，并且在城市主导风向的下风向或侧风向。

石油库宜布置在城区郊外的独立地段，并应在常年主导风的下风向或侧风向。

规划设置以下仓储区：

（1）城市易燃易爆危险物品仓库区：现状厦门市危险物品仓库有：厦门医药采购供应站（东坪山危品库）、厦门五金交电化工公司（东坪山危品库）、厦门化工轻工材料公司（内涵口危品库）、厦门佳明储运有限公司（临时危品库）、厦门高港工贸有限公司（厦门高崎港区），规模小、分布零散，已经不能满足需要。根据总体规划的要求，将城市危险品仓库区集中建设于海沧新安村的山坳地。另在翔安马巷北部控制一个易燃易爆危险物品周转仓库。鉴于目前岛内仍然需要一个临时危品库，建议在高殿附近择址建设，现状岛内其他危险品仓库逐步搬出。

（2）油库。保留现状博坦油库、嵩屿油库、湖里寨上石湖山鹭甬油库、厦门高崎国际机场中航油航空油库、刘五店油库。

3.2.3 居住区规划布局

（1）根据城市总体规划的整体布局和消防工作的要求，厦门市的住宅区应统一规划、合理布局、因地制宜、综合开发、配套建设。

（2）新区建设和旧城改造并举，严格控制零星住宅建设。

（3）按3万~5万人的规模设置居住区。

（4）住宅区内的消防设施、疏散通道、设施装修、电器安装必须符合消防技术规范和标准。其建筑设计必须符合《建筑设计防火规范》。

（5）市场建设中要留有足够的消防通道，严格消防管理，提高防火能力。

3.3　城市消防安全保护区规划

基于城市规划的整体布局，本次规划将城市规划区划分为以下三类。

3.3.1　一级重点消防安全保护区

对城市的经济、社会、文化发展具有特殊重要性，消防安全要求高的城市建设用地。

主要包括城市中心商业区（富山—厦禾、中山路、莲坂等）、市级行政办公区（滨北）、城市交通枢纽（后溪、梧村火车站、长途汽车站及广场）、主要风景名胜区、高崎国际机场、危险品仓储区、海沧南部化工工业区等。

3.3.2　二级重点消防安全保护区

二级重点消防安全保护区对城市的经济、社会、文化发展具有重要作用，消防安全要求高于城市一般消防安全保护区的城市建设用地。

主要包括城市副中心、次中心、旧城保护区、一般工业区、仓储物流园区、文教区、城市周边山林风景点等。

3.3.3　一般消防安全保护区

城市重点消防安全保护区以外的城市建设用地为一般消防安全地区。

四、城市消防重点保护单位

根据中华人民共和国公安部第61号令，下列范围的单位是消防安全重点单位，实行严格管理：

（1）商场（市场）、宾馆（饭店）、体育场（馆）、会堂、公共娱乐场所等公众聚集场所；

（2）医院、养老院、寄宿制的学校托儿所、幼儿园；

（3）国家机关；

（4）广播电台、电视台和邮政、通信枢纽；

（5）客运车站、码头、民用机场；

（6）公共图书馆、展览馆、博物馆、档案馆以及具有火灾危险性的文物保护单位；

（7）发电厂（站）和电网经营企业；

（8）易燃易爆危险物品的生产、充装、储存、供应、销售单位；

（9）服装、制鞋等劳动密集型生产、加工企业；

（10）重要的科研单位；

（11）其他发生火灾可能性较大以及一旦发生火灾可能造成重大人身伤亡或者财产损失的单位。

高层办公楼（写字楼）、高层公寓楼等高层公共建筑，城市地下铁道、地下观光隧道等地下公共建筑和城市重要的交通隧道，粮、棉、木材、百货等物资集中的大型仓库和堆场，国家和省级等重点工程的施工现场，应当按照对消防安全重点单位的要求，实行严格管理。

城市消防重点保护单位应根据建设情况逐年具体确定。

五、易燃易爆设施规划

5.1　城市易燃易爆设施现状

厦门市现有主要易燃易爆设施单位约302处（加油站112个，工厂90家，危险品仓库5座，油库13个，液化气点71处，液化气储配站、灌瓶站、气源厂等11处）。

厦门市大型的易燃易爆设施主要分布在厦门岛西北部石湖山、海沧的东南部及同安刘五店。厦门岛一些中、小型易燃易爆设施单位，主要分布于城区边沿、西部沿海地区，以及东坪山、御屏山附近。此外，灌口坑内有一个鹭航液化气储配站（库容量495m³）；同安205省道上有同安液化气贮罐站（库容量200m³）。

近年来，随着城市建设规模不断扩大，一些易燃易爆设施已位于城市中心位置，如位于御屏山、东坪山的308油库等；有的已成为城市边缘的危险区，如石湖山人称“黑三角”的地带，已离湖里建成区很近。这些单位一旦发生火灾或爆炸，将严重威胁城市人民的生命财产安全。

5.2 存在的主要问题

（1）大型储油设施和危险品仓库原选址时较远离城市，但由于对社会发展和经济快速增长估计不足，现已成为城市边缘危险区。例如，石湖山“黑三角”的鹭甬石湖山油库、煤气厂气柜和煤气公司液化气储配站，属厦门市的三大危险品库区之一，原选址时位于厦门岛西北角，远离城市，然而随着厦门经济特区的飞速建设，厦门的城市范围已扩大至库区边缘，成为城市的重大火灾隐患。

（2）一些易燃易爆设施分布于城区范围内，与城市其他设施没有足够的防火分隔，有的与居民区混杂，没有安全防护距离，有的甚至没有消防车通道和可靠的消防水源，是城市火灾的主要隐患之一，应严格控制其发展，改变用途逐步搬迁改造（如308油库）。

（3）加油站布点多建设较乱，一些城市加油站与周围建筑安全距离不符合规范要求，火灾隐患大。

（4）城市石油液化气瓶销售点多，往往设置在居民区内部，有的销售点安全条件差，管理不力。

（5）危险品运输线路混杂，因为没有对危险品的运输线路加以限制，给城市安全造成很大威胁。

（6）易燃易爆设施及重点消防单位消防设施缺损现象存在。

（7）部分易燃易爆单位电气线路安装、使用不符合规范，给防火安全埋下了隐患。

5.3 规划原则

（1）对布局不合理的现有易燃易爆危险品生产储存单位，采取远、近期治理相结合的办法，近期以控制规模、技术改造、转产转向、加强防火监督为主，远期创造条件搬迁。

（2）对于危害大的单位，应限期改造或搬迁，消除不安全因素。

（3）新建的易燃易爆危险品生产储存单位，在选址定点工作中应严格遵照“设在城市边缘的独立安全地区，并与人员密集的公共建筑保持规定的防火安全距离”的原则，妥善进行选址。

（4）城市应相对集中设置若干易燃易爆危险品库区，提高社会化服务水平，减少火灾隐患。

5.4 加油、加气站规划布局

根据《厦门市加油加气站规划》，规划提出下列要求：

（1）市内加油、加气站应根据用地现状，结合路网规划，考虑到远景车辆的增长做到均衡分布，以形成一个完善的加油、加气服务网。一般在大型汽车停车场、城市出入口、主要干道及车辆经过或汇集较多的地方。

（2）加油、加气站布局必须具备合理的服务半径，加油、加气站每百公里高速公路不多于2处4座，国省道6对12座，县道5～7座，规划市区的加油、加气站之间的间距原则上不小于2km。

（3）站点的布局必须与城市规划的土地利用相协调，根据地块用地功能及人口、车辆规模，合理地布设站址。

（4）加油、加气站布局应以不影响城市交通为前提，保证良好的通视条件，以免车辆出入妨碍交通，并使车辆在100m以外就能看见，及早做好准备，加油、加气站的出入口宜设在次干道，但不宜设于干道交叉口处。

（5）加油、加气站的整改和新建应严格按照《厦门市公共加油站布局规划》进行。加油站的站级以二、三级站为主，城市市区内禁止设置一级站。

规划的两座天然气门站技术参数一览表　　表2

项目		后溪门站	翔安门站
最小进站温度（℃）		15	15
最大进站压力（MPa）		4.0	4.0
设计规模	年输气量（万m^3/年）	21583	6432
	计算月高峰日输气量（m^3/日）	709610	220484
	小时输气量（m^3/h）	73617	20243
进站流量（m^3/h）		50066	14247
门站占地面积（hm^2）		2	2
配套分输站占地面积（hm^2）		1	1

5.5　危险品仓库、油库规划布局

根据总体规划的要求，将城市危险品仓库区集中建设于海沧新安村的山坳地，另在翔安马巷北部控制一个易燃易爆危险物品周转仓库。建议在高殿附近择址建设岛内临时危险品仓库，满足现状需要。现状岛内其他危险品仓库逐步搬出。

易燃易爆危险物品专用码头拟设于海沧9～12号泊位。

保留现状博坦油库、嵩屿油库、湖里寨上石湖山鹭甬油库、厦门高崎国际机场中航油航空油库。东渡油库、308油库、冷冻厂油库等考虑逐步搬迁。规划要求取消对易燃易爆危险物品的分散储存，加强城市储存、供给易燃易爆危险物品单位的消防安全管理，提高社会化服务水平。

5.6　燃气规划

1. 燃气现状

厦门市共有7家燃气企业，分别为市燃气总公司（储罐总量为4900m^3）、鹭航油气有限公司（410m^3）、同安液化石油气公司（210m^3）、同安金裕盛液化气有限公司（200m^3）、杏泰液化气公司（100m^3）、集顺液化气公司（650m^3）、华达石化工程有限公司（年供气达6500t）。厦门全年销售液化石油气5万t，瓶装气用户209043户，空混气用户129854户，中压管道185km，低压管道402km，岛内共建成两座中压调压站（莲前和江头），31座中低压调压站，392个调压箱和5800个用户调压器，2座汽车加气站。全市有15个瓶组气化站，6座储罐站，1座储配站，4座气源厂：岛内有蔡塘气源厂，石湖山气源厂；岛外有集美气源厂，新阳气源厂。

现状主干管*DN*500空混气管道从石湖山气源厂—疏港路—湖滨南路—福厦路—石湖山气源厂，构成一个大环网，石湖山气源厂主供气给厦门岛铁路以西用户；蔡塘气源厂主供气给厦门岛铁路以东用户；集美气源厂主供气给集美区；新阳气源厂主供气给马銮、海沧。

2. 燃气规划

（1）液化气与空气按体积比1∶1的比例混合而构成的空混气是目前厦门岛内的管道气。非管道燃气用户采用瓶装液化气或瓶组气化供气。随着城市的建设发展，瓶装气用户转为管道燃气用户成为必然趋势。

（2）福建省天然气供应LNG工程，计划于2007年建成，接收站建于莆田秀屿，设计年供气250万t。一期长输干线向北至福州，南至厦门，全长311.9km，远期向北延伸至宁德、温州，向南至广东潮汕地区。所以，厦门2007年起管道天然气将逐步取代液化气、空混气而成为厦门的主要燃气气源。为此，厦门规划了2座天然气门站（表2）、1座天然气电厂、2座天然气分输站、1座天然气末站。

规划建设岛内、集美、杏林、海沧、同安、孚莲路、三荣陶瓷等共7座高中压调压站，占地2500～3200m²/处（表3）。

规划的7座高中压调压站一览表　　表3

站名	占地面积（m²）	最大进站压力（MPa）	出站压力（MPa）		设计最大流量（m³/h）
			远期	近期	
岛内	37500	1.6	0.20	0.20	50000
集美	3200	4.0	0.4/至岛内1.6	0.2/至岛内1.6	60000
杏林	2880	4.0	0.40	0.20	10000
海沧	3200	4.0	0.40	0.20	10000
同安	3200	4.0	0.40	0.20	20000
孚莲路	3200	4.0	0.4/至海沧0.8	0.2/至海沧0.8	20000
三荣陶瓷	3000	4.0	0.4	0.2	5000

（3）燃气管位原则上位于道路的东侧或南侧地下，净覆土埋深车行道下0.9m，人行道下0.8m，压力为气源厂或调压站（中、远期一些气源厂可改造为天然气区域调压站）出站中压B管直接至小区用户楼前，经调压柜或调压箱、用户调压器调为低压2kPa后进居民用户表、灶。

（4）天然气高压4MPa管离高速公路的路边间距应大于10m、离铁路的路边间距应大于25m，与建筑物外墙的净距大于30m，次高压A管与建物外墙净距大于6.5m。一级管道距军施、危险品库应大于200m，离居民区、村镇、重要公建应大于75m。钢管材质应满足国标要求（四级地区管壁加厚）。地下燃气管道与建（构）筑物的水平最小净距要求见表4。

地下燃气管道与建（构）筑物的水平最小净距一览表（m）　　表4

项目		高压		中压		次高压	
		B	A	B	A	B	A
建筑物	基础	—		1.0	1.5	—	—
	外墙面出地面处	16	30	—	—	4.5	6.5
给水管		>1.5		0.5	0.5	1.0	1.5
污水、雨水排水管		>2.0		1.2	1.2	1.5	2.0
电力电缆	直埋	>1.5		0.5	0.5	1.0	1.5
	在导管内			1.0	1.0	1.0	1.5
通信电缆	直埋	>1.5		0.5	0.5	1.0	1.5
	在导管内			1.0	1.0	1.0	1.5
电杆（塔）的基础（≤35kV）		>1.0		1.0	1.0	1.0	1.0
铁路路堤坡脚		6.0	8.0	5.0	5.0	5.0	5.0
街树（树中心）		>1.2		0.75	0.75	1.2	1.2

（5）天然气爆炸极限5.37%～14.29%，属甲类危险物品，在储存、输配、用气各环节都必须按规范执行，确保防火安全。各场站站内设自控系统一套（SCADA系统），监测监控进出站天然气的压力、温度、流量，显示主要阀门的开启状态、泄漏报警等，具有向调度中心发送和接收数据信息的功能。

（6）组建安全防火委员会，下设：义务消防队、器材组、救护组、治安组。在消防部门指导下，制定消防方案，定期组织消防演习。人员要合格上岗，实行规程操作、防火责任制。

（7）输气干管采用优质防腐材料和牺牲阳极保护。采用高质量阀门及附件，减少漏气可能性。采用专用设备如检漏车、检漏仪等进行巡检，及时处理隐患。横穿公路、铁路设护管保护。依规范要求，8～32km设置分段阀门。

（8）市政供水门站压力应大于0.25MPa。消防用水量为15L/s，火灾延续时间按2h考虑。储罐区消防用水量为3.5L/s，火灾延续时间为3h。石湖山高中压调压站内建消防水池、消防水泵房。门站电气负荷为二级，双回路电源取自市电10kV的不同母线段。消防系统供电电源为双回路，互为备投热备用方式。站内“第二类”防雷建筑物的接地电阻要求不大于10Ω。“预防为主，防消结合”，配备推车式和手提式灭火器，以便灵活有效地扑灭初期火灾。

（9）标志桩、揭示板、警戒位做到明显和清楚。燃气泄漏着火，应能立即切断气源，提高设备自动化水平。

5.7　工厂生产及其他

在老城区中与居住区混杂的中小型工厂，与周围设施无防火分隔，无安全距离，应根据厦门市总体规划对工业区布局的安排，逐步改造搬迁。对目前存在较多的简易搭盖生产区应尽快拆除，实现厂房规范化。

由于通用厂房按丙类生产厂房设计、审批，不具备甲、乙类生产的条件，故对目前通用厂房中普遍存在的甲、乙、丙、丁类生产混于一体的现象应引起足够重视，规划建议将甲、乙类生产从通用厂房中分离出来，结合厦门城市总体规划选择适宜地块设置独立的生产区，配套独立的危险品周转库。

城市新建建筑以一、二级耐火等级为主，限制三级建筑，禁止四级建筑。对成片开发区的消防通道、消防供水管网、加压站、室外消火栓，应严格按有关规范规定，统一规划设计，同步建设。

第五章　消防站布局规划

一、消防站布局规划原则

城市公安消防站担负着城市灭火的主要职责，为了充分发挥消防队伍出动迅速和人员技能、器材装备方面的优势，更好地为经济建设和社会发展服务，国家要求消防队伍除承担防火监督和灭火任务外，还要积极参加其他灾害事故的抢险救援，向多功能发展。因此，必须高度重视消防站的合理布局和配套建设（特别是基础装备的配备），确保城市消防安全。

本规划结合现有消防站布局状况，提出城市消防站总体布局原则如下：

（1）分级设置的原则：

根据厦门海湾型城市的发展布局及城市总体规划的要求，对应各个城区的不同规模与特点，结合城市内的行政区划分，设置多层次的消防站布局体系。

（2）均衡布局与重点保护相结合的原则：

结合城市重点消防安全地区和易燃易爆设施的分布，站址布局疏密有致，均衡布局与重点保护相结合；根据新区旧区的不同情况分别进行布置，新区以标准型普通消防站（以下简称标准站）为主，旧区可考虑增设小型普通消防站（以下简称小型站），每个行政区至少设置一个特勤站。

（3）可达性原则：

站址选择尽可能位于消防责任区的中部，主次干路附近，有利交通，方便出动；消防责任区的划分应考虑到区内交通的可达性，尽量不跨越铁路线。

（4）标准站责任区面积4～7km^2，个别标准站结合道路交通及用地的实际情况，责任区面积可考虑不超过10km^2。小型站责任区面积控制在4km^{2}以内。重点消防安全保护区内，消防车辆应在接警后5min内到达火场。

（5）根据厦门市消防部队承担任务的要求，规划陆上消防站的用地面积：标准站按2800～4500m^2、特勤站按5000～8000m^2、小型站按400～1400m^{2}控制用地（消防站的建筑面积指标应符合下列规定：标准型普通消防站1600～2300m^2、小型普通消防站350～1000m^2、特勤消防站2600～3500m^2）。

（6）对于用地特别困难的旧城区，小型站可结合其他设施合并设置，训练可就近使用其他标准站的场地。

（7）站点级别及装备应与责任区灭火、抢险救灾的特点相适应。

（8）统一规划，分期实施，远、近期结合。

二、现状消防站主要问题分析

（1）现有消防站数量与现行国家规范还有差距，尤其岛外的数量严重不足，消防站担负的灭火任务过重。全市有13个站的责任区面积过大，特别是岛外的消防站辖区远远超过规范规定的4～7km^2，同安区和翔安区均仅有一个消防站，消防站与责任区内大部分地区的距离远远超过规定的5min行车路程，不能有效地保障责任区消防安全。

产生以上问题的主要原因：一是消防站的建设未与城市的拓展同步建设；二是消防人员编制不足使消防站的成立受限；三是资金不足。

（2）岛内部分消防站的占地面积和建筑面积达不到规范要求，尤其是一中队、三中队和四中队，缺乏标准的训练场地和设施，应考虑按有关规定进行适当改造或提供相应的训练场地。

（3）现有的消防装备与所承担的迅速增加的社会抢险救援任务还有差距，不能完全适应城市的消防安全要求，尤其是旧城区和高层密集区等。

（4）特种消防车辆装备还不完善，难以适应城市中越来越多的灭火和救援需要。

（5）全市仅有三个特勤中队，难以按规定时间到达出事地点，特别是距离岛外的同安和翔安两个区路程远，出行时间长。

（6）由于早期缺乏城市消防规划的指导，过去建设的一些消防站位置受到城市建设发展的影响，消防车出行路线不畅（如三中队等），不利于充分有效地发挥消防站的扑救能力。应适当调整周边用地或对交通进行相应管制，保证出行畅通。

（7）公安消防人员不足，造成一些中队人员过少，而担负的任务又重，执勤力量明显不足。

（8）缺乏一个扑救突发性的大火而必需的后勤保障中心（基地）。

三、消防站规划布局

1. 总量控制

保留现有15座职业消防站及机场消防站，规划新增42座，共计58座（详见表5）。

规划消防站点统计　表5

站点编号		站点名称	站点类型	用地面积（m^2）	责任区面积（hm^2）	备注
岛内	1-01	思明一中队	普通站	1488	695	已建
	1-02	鼓浪屿四中队	普通站	630	178	已建
	1-03	三中队	普通站	4031	371	已建
	1-04	六中队	普通站	6520	476	已建
	1-05	九中队	特勤站	19000	1110	已建
	1-06	七中队	特勤站	3358	590	已建
	1-07	十四中队	普通站	13315	1009	已建
	1-08	黄厝消防站	普通站	3200	738	未建
	1-09	东渡码头水上消防站	水上消防站	3200	—	未建
	1-10	湖里五中队	普通站	6960	601	已建
	1-11	小东山消防站	普通站	3908	514	未建
	1-12	枋湖消防站	特勤站	12532	535	未建
	1-13	航空工业区消防站	普通站	3513	693	未建
	1-14	航空港消防站	普通站	—	1000	已建
	1-15	空救站	空救站	2400	—	未建
	1-16	八中队	普通站	12836	643	已建
	1-17	钟宅消防站	普通站	2400	334	未建
	1-18	五通消防站	水上消防站	3200	—	未建
同安	4-01	同安十二中队	普通站	—	793	已建
	4-02	洪塘消防站	普通站	3200	269	未建
	4-03	祥桥消防站	普通站	3200	478	未建
	4-04	新民消防站	普通站	3200	644	未建
	4-05	阳翟消防站	普通站	3200	564	未建
	4-06	西柯消防站	普通站	3200	803	未建
	4-07	潘涂消防站	特勤站	13915	445	未建
	4-08	同集消防站	普通站	3200	827	未建
	4-09	城东消防站	普通站	3200	416	未建
海沧	2-01	海沧十中队	普通站	11774	812	已建
	2-02	培训中心消防站	普通站	3200	1139	未建
	2-03	港区消防站	水陆综合站	6173	1314	未建

续表

站点编号		站点名称	站点类型	用地面积（m^2）	责任区面积（hm^2）	备注
海沧	2-04	南部工业区站	普通站	6002	1031	未建
	2-05	鳌冠消防站	普通站	3200	1277	未建
	2-06	新阳十五中队	普通站	6946	683	已建
	2-07	新阳西消防站	特勤站	8000	719	未建
	2-08	第一农场站	普通站	3200	690	未建
	2-09	马銮消防站	普通站	3200	636	未建
	2-10	东孚消防站	普通站	3818	683	未建
	2-11	青礁消防站	普通站	3200	—	未建
集美	3-01	杏林二中队	特勤站	8983	723	已建
	3-02	杏东消防站	普通站	3200	730	未建
	3-03	杏北消防站	普通站	3200	779	未建
	3-04	西亭消防站	普通站	4540	532	未建
	3-05	大学城消防站	普通站	4053	663	未建
	3-06	天马消防站	普通站	3200	643	未建
	3-07	集美十一中队	普通站	10124	605	已建
	3-08	学村消防站	小型站	800	580	未建
	3-09	灌南消防站	普通站	3200	528	未建
	3-10	灌北消防站	普通站	3200	634	未建
	3-11	后溪消防站	普通站	3200	710	未建
翔安	5-01	马巷十三中队	普通站	44811	1204	已建
	5-02	黎安消防站	普通站	6000	914	未建
	5-03	西亭消防站	普通站	4799	545	未建
	5-04	火炬消防站	普通站	4996	1052	未建
	5-05	新店消防站	特勤站	10000	1117	未建
	5-06	澳头消防站	水陆综合站	6000	—	未建
	5-07	大嶝消防站	普通站	3200	713	未建
	5-08	新圩消防站	普通站	3217	516	未建
	5-09	内厝消防站	普通站	2500	417	未建

其中：特勤站7座，普通站45座，小型站1座，水陆综合消防站2座，水上消防站2座，空救站1座。

（1）本岛：现有站点10个，新增站点8个，共设18个站（其中：普通站12座、特勤站3座、水上消防站2座、空救站1座）。

（2）海沧：现有站点2个，新增站点9个，共设11个站（其中：普通站9座、特勤站1座、水陆综合站1座）。

（3）集美：现有站点2个，新增站点9个，共设11个站（其中：普通站9座、特勤站1座、小型站1座）。

（4）同安：现有站点1个，新增站点8个，共设9个站（其中：普通站8座、特勤站1座）。

（5）翔安：现有站点1个，新增站点8个，共设9个站（其中：普通站7座、特勤站1座、水陆综合站1座）。

2. 水上消防站

根据《城市消防规划管理规定》第十四条："物资集中、运输量大、火灾危险性大的沿海、内河城市，应当建设水上消防站。"厦门属临海城市，拥有省内最大的港口，为了满足海岸和水上防火需要，应设置相应数量的水上消防站。

规划将隶属港务局的东渡水上专职消防站，升为水上消防站，并根据总体规划在全市的港口布局及各海域的火灾危险性程度，分别在海沧港、五通港、刘五店设立水上消防站，其中海沧、刘五店为水上陆上综合站。水上消防站的管理部门为港务局，各消防站的装备及人员配备应严格按国家有关规范进行，以满足海岸和水上消防的需要。消防码头可结合海港码头建设，以减少经费投入。

3. 空救消防站

由于厦门经济特区发展速度快，高层建筑数量多，已建成的高层建筑已有490幢，其中超高层（100m以上）有23幢，而目前最高的云梯车也只有54m，一旦高层建筑发生火灾，在展开地面扑救的同时，空中救援力量就显得十分重要。此外，若发生城市大火，地面消防指挥人员无法准确了解城市大火的情况，就需要利用消防直升机从空中进行侦察，指挥救护和灭火战斗。因此，为适应厦门城市发展特点，满足作为大型海港风景城市的战略性发展要求，科学保障城市安全，规划设置航空消防站，建议利用环岛路与县黄路交叉口处的交通部现有飞行设施，与高崎国际机场结合建设、合并建设。

各类消防站配备的消防车辆品种及数量（一）　表6

消防站类别 / 品种	普通消防站		特勤消防站
	标准型普通消防站	小型普通消防站	
水罐消防车	1	1	1
水罐或泵浦消防车	1	1	1
水罐或泡沫、干粉消防车	1	—	1
举高消防车	1*	—	1
抢险救援消防车	1*	—	1
排烟消防车	—	—	1*
照明消防车	—	—	1*
器材消防车或供水消防车	—	—	1

注：表中标准型普通消防站带"*"车种，车辆总数为4辆时选一辆；特勤消防站，车辆总数为7辆时，在带"*"号的车种中选一辆。

各类消防站配备的消防车辆品种及数量（二） 表7

技术性能＼消防站类别		普通消防站				特勤消防站	
		标准型普通消防站		小型普通消防站			
发动机最大功率（kW）		118		118		191	
最大装载质量（kg）		8000		8000		12000	
水罐消防车出水性能	出口压力（MPa）	1	1.8	1	1.8	1	1.8
	流量（L/s）	40	20	40	20	60	30
水罐消防车出泡沫性能（类）		A、B		A、B		A、B	
举高消防车额定工作高度（m）		30		—		50	
抢险救援消防车	最大起吊质量（kg）	3000		—		3000	
	最大牵引质量（kg）	10000		—		10000	

第六章 消防装备及其他消防设施规划

一、消防车辆装备规划

1.1 各类消防站车辆配备要求

1）普通消防站装备的配备应适应扑救本责任区内一般火灾和抢险救援的需要，特勤消防站的装备配备应适应扑救与处置特种火灾和灾害事故的需要。

2）消防站消防车辆的配备，应符合下列规定：

（1）配备的消防车辆品种及数量，宜符合表6的规定。

（2）主要消防车辆的技术性能不应低于表7的规定。

3）旧城队伍可考虑配置摩托车载脉冲高压水枪。

1.2 各类消防责任区（城市用地）消防车辆配备要求

（1）出警频繁的消防站，应增配中高型高低压泵或中低压泵水罐消防车，并相应增配中型供水或重型供水消防车。

（2）责任区水源有保障的，可配备中型泵浦消防车，道路狭窄的可配备轻型泵浦消防车。

（3）责任区缺水或市政消防供水系统较差的，应增配重（中）型供水消防车或重型水罐消防车。

（4）责任区内有油类、化工类生产、仓储、运输单位的，应配备重型泡沫消防车或干粉—泡沫联用消防车。

（5）责任区内有大、中型地下设施的，应配备高倍泡沫消防车或排烟消防车。

（6）责任区内有大、中型电业设施或易形成重大高压喷溢类火灾的，应配备中型或重型干粉消防车。

（7）责任区内有储气罐区的应配备举高喷射消防车，并相应配备泡沫消防车和泡沫液罐装消防车。

（8）责任区内多层建筑集聚、有一定数量30m（含）以下高层建筑的，应配备30m以上云梯或登高平台消防车；责任区内30m（不含）以上高层建筑集聚数量多的，应配备50m以上云梯或登高平台消防车。

二、消防人员配备

我国目前的公安消防队伍人员编制受到严格的限制，应发展多种形式的消防队伍，多渠道增加消防队伍人员力量。根据《福建省消防安全工作“十一五”发展规划》，厦门市应积极推广建立政府合同制消防队，城市社区义务消防队建队率达100%，形成以现役消防部队为主力、多种专、兼职消防队伍为补充的城市消防力量格局；乡镇专、兼职或义务消防队建队率达100%，形成以乡镇专、兼职消防队为骨干、农村义务消防队为基础的农村消防力量布局（表8～表10）。

消防站灭火器材配备标准　　表8

消防站类别	普通消防站	
	标准型	小型
机动消防泵（含浮泵）	2台	1台
移动式水带卷盘或水带槽	2个	1个
移动式消防炮	1个	—
A、B类比例混合器、泡沫液桶、空气泡沫枪	2套	1套
消火栓扳手、水枪、水带、分水器、接口、包布、护桥等常规器材工具	按所配车辆技术标准要求配备	

消防站一个班次执勤人员和其他人员配备数量（人）　　表9

消防站类别	普通消防站	
	标准型	小型
人数	30～40	15

注：表中标准型普通消防站指标配4辆车时取下限，配5辆车时取上限。

消防站消防人员防护器材配备品种数量　　表10

消防站类别	普通消防站	
	标准型	小型
消防战斗服	每人1套	每人1套
消防手套	每人2双	每人2双
消防战斗靴	每人2双	每人2双
消防防化服	4套	—
消防隔热服	每班4套	每班4套
消防避火服	2套	—
面罩外（内）置式消防头盔	每人1顶	每人1顶
安全带、钩、腰斧、导向绳等	每人1套	每人1套
防毒面具（含呼吸过滤罐）	每人1个	每人1个
正压式空气呼吸器	每班4具	每班4具
空气呼吸器充气机和检验仪	—	—
消防员紧急呼救器	每班4个	每班3个
绝缘手套和绝缘胶靴	每班2套	每班1套

注：寒冷地区的消防个人防护器材应考虑防寒需要。

三、其他主要消防设施规划

3.1 森林防火

厦门市现有林地491.3km²，马尾松等针叶树种占70%左右，林下地表植被也易燃，另有园地235.8km²，森林防火任务重大。目前，本岛有17人编制的护林大队，岛外仅同安建有10余人的专业化森林防火消防队伍，配置有风力灭火机、背负式水枪、灭火弹、铁扫帚、柴刀、油锯等。其他各区力量薄弱。

规划重点按照“四网两化”的基本要求建设森林防火体系：即系统建设通信指挥网、隔离带网、预测预报网、瞭望观测网，做到扑火器具现代化、扑火队伍专业化。要求各区依托于武装部、预备役民兵建设应急队伍，以岛内每区10人左右、岛外每区30人左右为宜。在主要山林区设置灭火器具存放点。

鉴于森林防火与城市消防的管理部门不同，建议由林业部门牵头，编制详细的森林防火规划。

3.2 指挥中心

规划拟在湖滨北路消防支队现址，建设以消防任务为主、兼有其他抢险救援多种功能的消防指挥中心。

3.3 训练中心

厦门市消防支队正在海沧马青路与海四路交叉口新建消防训练中心，用以干部培训、轮训、新兵培训、驾驶员培训、各种火场及特殊火灾扑救演练等各类内部训练。同时，还可作为社会消防培训的基地，举办企业专职消防员、保卫干部、企事业单位领导、职工培训等各类社会消防安全培训，使社会培训规范化，远期可发展为综合训练中心，建立厦门市消防职业学校。

3.4 后勤保障基地

厦门市拥有全省最大的机场、港口，最大的贮油罐区和最高的高层，为适应厦门市现代化的城市发展目标所要求的高标准消防安全体系，保障重点消防地区消防所必需的大量灭火装备，规划与枋湖消防站合建后勤保障基地，并结合山地、绿地建设消防地下车库，保证战时仍能正常投入城市救灾抢险，形成强有力的后盾。

3.5 基层队伍建设

根据国务院《消防改革与发展纲要》、《福建省消防安全工作“十一五”发展规划》的有关精神，乡镇专、兼职或义务消防队建队率2010年将达100%。对现状消防站责任区覆盖不到的建制镇，规划按普通站控制用地，近期可先按小型站要求配置，以负责本镇域范围内的防火、灭火工作。其组织形式、经费来源、人员装备及消防站的建设根据各镇具体情况设置。

规划在嵩屿电厂、油库区、大型工业区等单位建立专职消防站。其他有条件的单位鼓励建设专职消防队伍。

各种类型的专职消防队伍统一由各级公安部门领导，其业务由公安消防部门负责领导，统一调度。

第七章 消防通道规划

城市消防通道主要依靠城市道路网系统，应结合城市规划和旧城改造，尽早实现干道网络化，打通旧城区的消防通道。根据厦门城市的发展要求和规划用地布局，规划城市消防通道体系划分为：区域消防通道、区间消防通道和区内消防通道三个等级。

区域消防通道是指城市与城市外围、城市内部各组团之间的联系通道；区间消防通道是指各消防责任区之间的联系通道；区内消防通道是指消防责任区内部街区的消防通道。

城市消防通道体系中为危险品的运输设置危险品通道。

一、区域消防通道规划

对应于城市布局形态及“一主四辅”的结构特征，规划厦门“海湾型”城市快速路网骨架以放射主线为主，环形联络线为辅，形成“一环、三射”城市快速路系统。在消防规划中，以城市快速路网作为区域消防通道的主体部分。同时，结合环东、西海域多组团布局的特点和组团联系通道的制约因素，在合理组织主干路道路网基础上，提升关键主干路的结构及功能等级，此一级主干道也作为区域消防通道。

1. 放射主线

以厦门本岛仙岳路、机场路“十字形”快速路为基础，依托跨海通道规划三条放射干线，分别在城市扩展的不同方向与区域快速交通走廊相衔接。以厦门本岛为中心，顺时针“一射”为西线；“二射”为中线；“三射”为东线。

“一射”之西线——以海沧大桥为通道，向西经蔡尖尾山隧道，沿孚莲路衔接同三线区域交通走廊，主要承接本岛与海沧、新阳、东孚的快速交通联系，是本岛西向的城市主要进出口道路。

“二射”之中线——以集美大桥为通道，向北衔接同三线区域交通走廊，服务本岛与集美、规划大学城、铁路客站、同安等快速交通联系，以集美二桥为通道，服务本岛与杏林、前场货运快速交通联系，是本岛北向主要的城市进出口道路。

“三射”之东线——依托新建东通道，向东、向北穿越规划的翔安新区，与同三线区域交通走廊衔接，主要承接本岛与翔安区的快速交通联系，是本岛东向的城市主要进出口道路。

2. 环形联络线

“一环”——环湾线：形成联系岛外东、西海域间的快速干线，连接翔安区、同安区、西柯、集美区杏林湾文教区、海沧区、新阳，为岛外各城市组团功能联系提供快速交通服务，并为“海湾型”城市结构的一体化提供便捷高效的交通服务；环湾线东与南安衔接，西连漳州招银开发区，成为环厦门湾区域城市群的重要通道。

3. 其他地区性快速道路

主要在快速路主构架系统下，根据土地利用和交通需求特征，规划增加快速路的衔接线路，以提高交通服务水平。仙岳路以北的环路部分作为机场、港口和铁路物流的集疏运快速通道，是岛内三条放射干线和跨海通道的联络线。集灌路东连高集海堤，西接高速公路，主要为杏林对外交通服务，也是杏林组团与本岛和对外交通的主要通道。马青路东接海沧大桥，西接319国道，与海沧港集疏运快速联络线共同构成海沧区南部海沧组团的集疏运快速通道。同安、翔安联络通道，西接中部放射干线，东接东部放射干线，与东部环形联络线相衔接；刘五店规划港区集散通道。

4. 一级主干道

由于厦门的“海湾型”城市特征，组团间受自然条件及市政走廊分隔，为保证组团间联系顺畅，提高部分主干道的交通服务水平，一级主干道的功能是作为快速路的补充，同快速路网络共同形成城市的骨架道路系统。规划的一级主干道主要为联系相邻组团，缓解组团间断面快速路通道不足的压力，同时为消防提供便捷的通道。

二、区间消防通道规划

城市区间消防通道为各消防责任区之间的联系通道，主要由城市各组团内的主干路组成。规划道路宽度 30 ~ 60m。

1. 厦门本岛

规划厦门本岛主干路共25条（除去一级主干路），主干路红线40～60m，车道数4～6个，主干路间距1000～1200m，道路总长89054m，主干路路网密度1.44km/km^2。

2. 海沧组团

规划海沧组团主干路有11条，主干路宽度40～60m左右，车道数4～6个，主干路间距1000～1200m，主干路网密度1.17km/km^2。

3. 集美组团

集美组团形成25条规划主干路，主干路宽度30～50m左右，车道数4～6个，主干路间距1000～1200m，主干路网密度1.84km/km^2。

4. 同安组团

同安组团形成20条规划主干路，主干路宽度40～60m左右，主干路间距1000～1200m，主干路网密度1.44km/km^2。

5. 翔安组团

翔安组团形成相对独立的方格网状主干路系统，形成20条规划主干路，主干路宽度40～60m左右，主干路间距1000～1200m，主干路网密度2.03km/km^2。

三、区内消防通道规划

（1）区内消防通道又称街区消防通道，是消防负责区内部的消防通道，由城市支路、小区路、组团路及单位内部路组成，是消防通道体系中基本的组成部分。

（2）当建筑物沿街部分长度超过150m或总长度超过220m时，应设置穿过建筑物的消防车道。人为设置的障碍必须拆除，以确保通道畅通。

（3）沿街建筑应设连接街道和内院的通道，其间距不大于80m（可结合楼梯间设置）。建筑物内开设的消防车道，净空和净宽均应大于或等于4m。

（4）街区内尽端式消防通道应设置回车道或面积不小于18m×18m的回车场。每个用地地块至少有两条消防通道通过。旧城区街道结合旧城改造拓宽道路，使街区及街区间的道路形成环状。

（5）利用城市公交专用道、自行车道、人行道作为消防紧急通道，确保火灾时专供消防车、抢险车通行。城市道路规划中应考虑城市抗震救灾及消防的要求。

（6）规划设置取水平台或取水口的水源地，应同时设置通向取水点的消防车通道，每处不得少于两条。

（7）厂区、仓库区内，大型公共建筑、高层建筑周边应设置消防通道，消防通道可利用交通道路。高层建筑应设置环形消防车道或沿建筑物两长边设置宽度不小于6m的通道。超过3000座的体育馆、超过2000座的会堂、占地面积超过3000m^{2}的展览馆、博物馆、商场，应设环形消防车道。

（8）消防通道应尽量顺直、短捷，与河流、铁路交叉时应增设桥梁，保证消防通道畅通。

（9）采取措施提高城市交叉口的通行能力。

（10）消防通道建成后，不得随意挖掘和占用。必须临时挖掘或占用的，应及时告知公安消防部门。

四、危险品通道规划

城市的危险品通道以不穿越规划城市建设用地为原则，同时考虑主要的危险品仓库区及易燃易爆的工业、市政设施集中分布区域，根据《福建高速公路网建设规划》中规划的"三纵四横"高速公路主骨架，将同三高速公路、福泉厦漳诏高速公路、海沧高速公路连接线西段及穿越厦门市境的324国道确定为危险品通道。

五、紧急状态专用车道规划

为保证在出现火警或其他紧急情况时，消防车及其他救急车辆顺利通过城市干道网络进入事故现场，规划考虑在城市次干路及次干路以上的道路中设置紧急状态专用车道，平时与其他车道同时使用，遇有紧急状态时通过加强交通管理，留出来专供消防车、救护车、110警车、救灾车、抢险车等使用。

厦门市水厂建设一览表　表11

方式	水厂	最高日供水量（万m^3）	平均日供水量（万m^3）	平均日取水量（万m^3）	水源
新建	马銮水厂	50	33.3	35.0	北引、特供
	后溪水厂	25	21	22	龙津溪—石兜系统
	同安水厂	30	25	26.7	莲花水库
保留	杏林水厂	16	13.3	14.0	北引、特供
	梅山水厂	4	3.3	3.5	汀溪水库
	莲坂水厂	5	4.2	4.4	北引
扩建	天马水厂	12	10.0	10.5	龙津溪—石兜系统
	高殿水厂	60	50	52.5	北引、特供
合计	—	207	172.7	181.2	—

厦门市现状消火栓建设一览表　表12

行政区	已建消火栓数量（座）	完好率	现状道路长度（km）	应建消火栓数量（座）	应补消火栓数量（座）
本岛	1759	85%	347	2800	1041
海沧区	464	92%	79	650	186
集美区	344	88%	114	900	556
同安区	79	76%	76	625	546
翔安区	38	76%	40	330	292
合计	2684	—	656	5305	2621

第八章　消防供水规划

一、供水水源规划

厦门市消防管网系统现状及规划依托城市供水系统，根据给水总体规划，在规划期内厦门将新建、扩建、保留表11所示水厂，这些水厂为城市提供生活、工业服务的同时，也为城市消防系统提供水源保障。

除了以上水厂作为消防水源外，还应根据实际情况，因地制宜地将景观水体、天然水体等作为备用水源，在这些水体周边设消防车道、码头及消防取水口，提高消防给水的可靠性。

随着厦门中水利用系统的建设，中水管网也可以作为消防水源之一。

二、供水水压及管网规划

按《城市给水工程规划规范》，城市配水管网的供水水压宜满足用户接管点处服务水头28m的要求。根据给水总体规划，由于地势的因素，对于管网末梢少数用户接管点处服务水头最低可降为20m，造成的生活、消防水压不足自行解决；个别区域整体地势较高或供水管网太长，为了避免区内大多数用户自行设置加压系统，由市政统一规划、建设加压泵站，如现状的洪文给水泵站、火炬高科技泵站，及规划的翔安泵站、西柯泵站等。

城市给水管网的设计是以最高日最高时的供水流量作为确定管径的依据，并用最不利点设计消防流量进行校核，在进行消防事故校核时，按照一般做法市政采用低压消防系统。

根据《建筑设计防火规范》(GBJ 16—1987，2001年版)，规划期内厦门岛内及岛外各给水系统同时发生火灾次数均按照3次计，火灾每次用水量为100L/s，发生火灾时管网接口最小自由水头为10m。

三、市政消火栓规划

市政（室外）消火栓的建设主要包括两个方面：

1）对现状数量不足或破损部分进行补建、维修。

根据现状调查，厦门各个行政区道路市政消火栓完好率为76%～92%，根据现状道路长度，按照每120m设置一座消火栓的标准，现状消火栓数量与应建数量相比存在较大差距，具体详见表12。

2）新建市政道路、小区的市政、室外消火栓布置均应严格根据有关消防规范，避免再欠新账。室外消火栓的主要布置原则如下：

（1）当道路宽度超过60m时，宜在道路两侧布置。道路交叉口位置宜设置室外消火栓。

（2）室外消火栓距路边超过2m，距建筑物外墙不小于5m。

（3）市政及室外消火栓的布置间距不超过120m，保护半径不超过150m。

（4）油罐储罐区、石油气储罐区的消火栓应设置在防火堤外。

（5）地上式消火栓应有直径150或100mm和两个直径为65mm的栓口。

（6）地下式消火栓应有100mm和直径为65mm的栓口各一个，并有明显标志。

（7）市政消火栓的规格应严格统一，便于维护及更换。

第九章 消防通信规划

消防通信系统是城市消防系统的重要组成部分，有“神经系统”之称。在城市火灾报警、受理火警、调度指挥灭火力量和各项抢险救灾工作中，通信系统应能达到迅速、准确、可靠、灵活、方便、实用的要求。

一、消防有线通信系统

根据厦门城市电信发展规划，今后逐步做到光纤到大楼、到小区、到路边。从消防指挥中心到各大队、中队及所有消防站都要求有光纤1路、119线2对；到机场、港口码头、火车站、长途汽车站、林业公安、燃气、电力、供水、医疗急救、交通管理、环保、气象、地震、部队等都要求有光纤线路；到福建省消防总队也应有光纤线路（表13）。

厦门消防有线通信站点表　　表13

站点编号		站点名称	站点类型	光纤线(条)	119线(对)	备注
岛内	1-01	思明一中队	普通站	1	2	已有119线1对
	1-02	鼓浪屿四中队	普通站	1	2	已有119线1对
	1-03	三中队	普通站	1	2	—
	1-04	六中队	普通站	1	2	已有119线1对
	1-05	九中队	特勤站	1	2	双绞线
	1-06	七中队	特勤站	1	2	—
	1-07	十四中队	普通站	1	2	—
	1-08	黄厝消防站	普通站	—	—	未建
	1-09	东渡码头水上消防站	水上消防站	1	2	未建
	1-10	湖里五中队	普通站	1	2	已有119线1对
	1-11	小东山消防站	普通站	1	2	未建
	1-12	枋湖消防站	特勤站	1	2	未建
	1-13	航空工业区消防站	普通站	1	2	未建
	1-14	航空港消防站	普通站	1	2	未建
	1-15	空救站	空救站	1	2	未建
	1-16	八中队	普通站	1	2	—
	1-17	钟宅消防站	普通站	1	2	未建
	1-18	五通消防站	水上消防站	1	2	未建
同安	4-01	同安十二中队	普通站	1	2	已有119线1对
	4-02	洪塘消防站	普通站	1	2	未建
	4-03	祥桥消防站	普通站	1	2	未建
	4-04	新民消防站	普通站	1	2	未建
	4-05	阳翟消防站	普通站	1	2	未建
	4-06	西柯消防站	普通站	1	2	未建
	4-07	潘涂消防站	特勤站	1	2	未建
	4-08	同集消防站	普通站	1	2	未建
	4-09	城东消防站	普通站	1	2	未建

续表

站点编号		站点名称	站点类型	光纤线(条)	119线(对)	备注
海沧	2-01	海沧十中队	普通站	1	2	已有119线1对
	2-02	培训中心消防站	普通站	1	2	未建
	2-03	港区消防站	水陆综合站	1	2	未建
	2-04	南部工业区站	普通站	1	2	未建
	2-05	鳌冠消防站	普通站	1	2	未建
	2-06	新阳十五中队	普通站	1	2	—
	2-07	新阳西消防站	特勤站	1	2	未建
	2-08	第一农场站	普通站	1	2	未建
	2-09	马銮消防站	普通站	1	2	未建
	2-10	东孚消防站	普通站	1	2	未建
	2-11	青礁消防站	普通站	1	2	未建
集美	3-01	杏林二中队	特勤站	1	2	已有119线1对
	3-02	杏东消防站	普通站	1	2	未建
	3-03	杏北消防站	普通站	1	2	未建
	3-04	西亭消防站	普通站	1	2	未建
	3-05	大学城消防站	普通站	1	2	未建
	3-06	天马消防站	普通站	1	2	未建
	3-07	集美十一中队	普通站	1	2	已有119线1对
	3-08	学村消防站	普通站	1	2	未建
	3-09	灌南消防站	普通站	1	2	未建
	3-10	灌北消防站	普通站	1	2	未建
	3-11	后溪消防站	普通站	1	2	未建
翔安	5-01	马巷十三中队	特勤站	1	2	已有119线1对
	5-02	黎安消防站	普通站	1	2	未建
	5-03	西亭消防站	普通站	1	2	未建
	5-04	后莲消防站	普通站	1	1	未建
	5-05	新店消防站	普通站	1	1	未建
	5-06	澳头消防站	水陆综合站	1	1	未建

续表

站点编号		站点名称	站点类型	光纤线（条）	119线（对）	备注
翔安	5-07	大嶝消防站	普通站	1	1	未建
	5-08	新圩消防站	普通站	—	—	未建
	5-09	内厝消防站	普通站	—	—	未建
各有关专业部门、重要政府部门、要害单位、重要建筑物		环保	—	1	1	
		交警110	—	1	1	
		医疗急救中心	—	1	1	
		供水	—	1	1	
		电力	—	1	1	
		燃气	—	1	1	
		厦门机场	—	1	1	
		港口码头	—	1	1	
		火车站	—	1	1	
		长途汽车站	—	1	1	
		林业公安	—	1	1	
		重要政府部门	—	1	1	
		要害单位	—	1	1	
		重要建筑物	—	1	1	

从消防指挥中心到各地高层建筑上的监控摄像机也应有光纤线路。

所有这些线路除了能进行语音通话外，还支持图像数字传输。为可靠起见，有线通信站点应直接与附近电信母局连接，鼓浪屿、新圩、大嶝可与附近模块局连接。

二、高空图像监控摄像系统

厦门市不设置人工高空瞭望塔。

由于近些年来厦门岛内兴建了不少高层、超高层建筑，部分高空监控摄像站点的视线受到影响，加上厦门的建设开始大规模向岛外发展，为了有效准确监控火情，在全市范围内应调整和增加高空监控摄像站点。

厦门岛外按地块规划性质，考虑到公建性的建筑物一般比较高，又处于某个区域的中心地带，兼顾消防站的责任区划分，设置高空监控摄像站点。每个监控摄像站点视线距离大约1.5～2.0km。岛内则主要根据区域建筑物的密度、高层建筑分布情况设置高空监控摄像站点（表14）。

从消防指挥中心到各地高层建筑上的监控摄像机也应有光纤线路，监控摄像机的火情图像信号可以传输到指挥中心。

三、消防无线通信系统

目前，厦门市消防无线通信系统以公安集群网为主，无线同播网作为补充。根据多年的实战及演习实践经验，今后应以无线同播网为主发展消防无线通信系统。

本次规划除保留原来的六个基站外，再增加马巷、集美、杏林、海沧等四个基站，原来的公路局科技大厦站还是链路基站。

每个消防站及支队均设基地台、每个消防车配备车载台、特勤人员及副班长以上人手一个手持台，使用十六个信道，实现指挥中心与中队及车载台、指挥人员之间、指挥员与战斗员之间无线通信三级网的形成（图1、表15）。

厦门高空监控摄像站点表 表14

序号	监控站点位置	类别	所属消防站	备注	序号	监控站点位置	类别	所属消防站	备注
1	大嶝岛	公建	5-07	规划	18	同集高科技区	工业	4-07	规划
2	翔安东园	公建	5-06	规划	19	同集高科技区	公建	4-08	规划
3	翔安东园	公建	5-06	规划	20	西柯工业园	工业	4-06	规划
4	翔安新圩	公建	5-08	规划	21	集美北部工业园	公建	3-06	规划
5	翔安马巷	公建	5-01	规划	22	集美大学综合楼	学校	3-07	规划
6	翔安马巷	公建	—	规划	23	集美北部工业园	公建	3-07	规划
7	翔安马巷	公建	—	规划	24	集美大学城	公建	3-04	规划
8	翔安	公建	5-04	规划	25	集美北部生活区	公建	3-05	规划
9	翔安	公建	—	规划	26	灌口	公建	3-09	规划
10	翔安	工业	—	规划	27	灌口	公建	3-10	规划
11	同安五显	公建	4-01	规划	28	灌口	公建	3-09	规划
12	同安大同	公建	4-01	规划	29	杏北生活区	公建	3-03	规划
13	同安大同	公建	4-02	规划	30	杏北生活区	公建	3-03	规划
14	同安大同	公建	4-04	规划	31	杏林杏西邮电楼	公建	3-01	已建
15	同安大同	公建	4-05	规划	32	杏林杏东	公建	3-02	规划
16	同集高科技区	公建	4-06	规划	33	杏林杏南	公建	3-01	规划
17	同集高科技区	公建	4-06	规划	34	东孚	公建	2-10	规划

续表

序号	监控站点位置	类别	所属消防站	备注	序号	监控站点位置	类别	所属消防站	备注
35	马銮湾	公建	2-08	规划	56	金雁酒店	—	1-06	规划
36	马銮湾	公建	2-09	规划	57	国贸大厦	—	1-05	已建两个
37	马銮湾	工业	2-07	规划	58	莲花大厦	—	1-05	规划
38	新阳邮电楼	公建	2-06	已建	59	中闽大厦	—	1-06	规划
39	海沧鳌冠	居住	2-05	规划	60	国检大厦	—	1-06	规划
40	海沧石塘邮电楼	公建	2-05	已建	61	体育东村	—	1-06	规划
41	海沧	公建	2-04	规划	62	京闽中心	—	1-06	规划
42	海沧石甲头	公建	2-03	规划	63	市公路局大厦	—	1-05	已建两个
43	嵩屿	公建	2-02	规划	64	湖里公园通信塔	—	1-11	规划
44	海沧大道	公建	2-01	规划	65	黄金大厦	—	1-10	规划
45	海沧镇	居住	2-11	规划	66	金龙大厦	—	1-15	规划
46	鹭大移动通信塔	—	1-01	已建	67	保税区大厦	—	1-10	规划
47	国际大厦	—	1-03	规划	68	货运中心	—	1-16	规划
48	建行大厦	—	1-03	规划	69	航空宾馆	—	1-17	规划
49	市公安局大楼	—	1-04	已建	70	艾德花园	—	1-14	规划
50	白鹭宾馆	—	1-07	规划	71	县后邮电楼	—	1-13	规划
51	华侨城	—	1-10	规划	72	明发大酒店	—	1-07	已建两个
52	金秋豪园	—	1-06	规划	73	联丰大厦	—	1-10	规划
53	闽南大厦	—	1-06	规划	74	国贸汇景	—	1-10	规划
54	卢山大厦	—	1-04	规划	75	黄厝微波塔	—	1-11	规划
55	帝豪大厦	—	1-04	规划	76	曾厝垵	—	1-11	规划

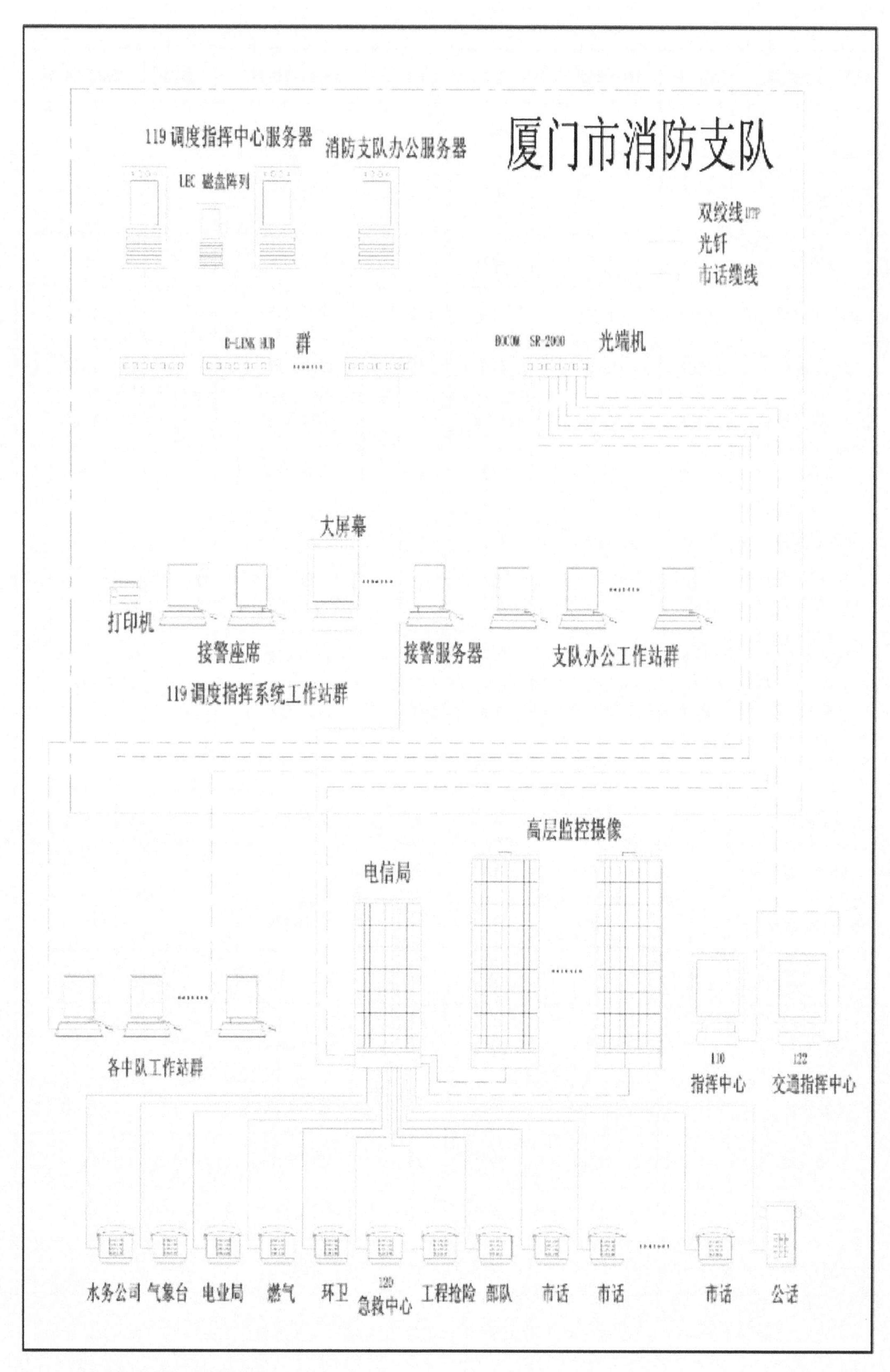

图1 厦门市消防通信网络示意图

厦门消防无线通信联络表　表15

序号	基站	站点编号	基地台	备注
1	国际银行大厦站	1-01	思明一中队	
2		1-02	鼓浪屿四中队	
3		1-03	三中队	
4		1-12	东渡码头水上消防站	
5	环岛路站（曾山哨所）	1-04	六中队	
6		1-11	黄厝消防站	
7	公路局科技大厦站	1-06	九中队	
8		1-07	七中队	
9		1-13	湖里五中队	
10		1-14	小东山消防站	
11		1-15	枋湖消防站	
12		1-16	航空工业区消防站	
13		1-19	八中队	
14		1-17	航空港消防站	
15		1-18	空救站	
16		1-20	钟宅消防站	
17		1-21	五通消防站	
18	海沧大道	2-01	海沧十中队	
19		2-02	培训中心消防站	
20		2-03	港区消防站	
21		2-04	南部工业区消防站	
22		2-11	青礁消防站	
23	杏林金融大厦	2-05	鳌冠消防站	
24		2-06	新阳十五中队	
25		2-07	新阳西消防站	
26		2-08	第一农场消防站	
27		2-09	马銮消防站	
28		2-10	东孚消防站	
29		3-01	杏林二中队	

续表

序号	基站	站点编号	基地台	备注
30	杏林金融大厦	3-02	杏东消防站	
31		3-03	杏北消防站	
32		3-09	灌南消防站	
33		3-10	灌北消防站	
34	集美站	3-04	西亭消防站	
35		3-05	大学城消防站	
36		3-06	天马消防站	
37		3-07	集美十一中队	
38		3-08	学村消防站	
39		3-12	后溪消防站	
40	同安建行大厦站	4-01	同安十二中队	
41		4-02	洪塘消防站	
42		4-03	祥桥消防站	
43		4-04	新民消防站	
44		4-05	阳翟消防站	
45		4-06	西柯消防站	
46		4-07	潘涂消防站	
47		4-08	同集消防站	
48		4-09	城东消防站	
49	马巷	5-01	马巷十三中队	
50		5-02	黎安消防站	
51		5-03	西亭消防站	
52		5-04	后莲消防站	
53		5-05	新店消防站	
54		5-06	澳头消防站	
55		5-07	大嶝消防站	
56		5-08	新圩消防站	
57		5-09	内厝消防站	

第十章 消防与其他专项规划

一、城市消防与电力

1.1 厦门市电力现状

（1）厦门市电力网系统由一座500kV的厦门变电站（750MVA，位于同安湖井）、9座220kV的变电站（梧棍、李林、鼎美、锦园、钟山、东渡、厦禾、半兰山、安兜，共2340MVA）、22座110kV的变电站（马巷、梅山、叶厝、高埔、碑头、新阳、贞庵、嘉园、华荣、西郭、前埔、龙山、将军祠、枋湖、曾厝安、高殿、县后、江头、鸿山、湖滨南、官任、莲坂，共1682MVA）、6座35kV的变电站（新玗、洪塘、新店、大嶝、内厝、莲花，共104.6MVA）、嵩屿电厂（2×30万kW）、杏林电厂（2×25MW+2×6MW）、永昌电厂（4×11.5MW）及500、220、110、35、10kV的高压线路（架空线与电缆线路）组成，10kV变电所至220kV变电站均有两路电源，其中部分110kV变电站有三路电源。2003年厦门市负荷121.4万kW，年供电量超过60亿kWh。

（2）厦门消防指挥中心的电源由市电网（10kV）供电，另外还有自备柴油发电机及8h容量的不间断电源（UPS）。各中队、支队的通信电源也由市电网供电，也备有UPS。

（3）厦门旧城区及“城中村”还有不少老房子，普遍存在导线截面小、用电线路杂乱的问题。这些年，家用电器增加很快，线路老化、保护开关老旧不灵，不但对人身安全构成威胁，也是火灾隐患。

1.2 厦门市电力规划

（1）厦门市电力网规划将由4座500kV的变电站、2座大型发电厂、29座220kV的变电站、100多座110kV的变电站等组成一个可靠、安全、自动运行的供电网络。10kV开关站将由N供一备方式运行，10kV变电所尽可能形成环网。

（2）消防指挥中心、各消防站、城市水厂、电力调度室、供气调度室、医疗急救中心、交通指挥中心及环保、气象、路灯、地震的值班室与重点防火单位等均应双电源供电。

（3）建筑业要严格执行《供配电系统设计规范》（GB 50052—1995）的规定，确保一、二类负荷的供电可靠性，尤其要确保各类消防供电的可靠性。高层建筑、地下建筑特别要可靠供电，保证建筑物内部在火灾时能可靠启用消防设备有效灭火。

（4）大型公共建筑和重要场所的高低压电气设备严禁采用可燃油装置。高压架空线路与易燃易爆场所及建筑物之间，电力电缆地下通道与煤气管、热力管之间必须按规范留足安全距离，在交叉时必须加强保护措施。

民防工程现状一览表（m^2） 表16

序号	名称	工程面积	工程类型		
			坑道	地道	结建地下室
	全市	463559.88	179282	38971	245307
1	开元区	263714.6	65997	22148	175570
2	思明区	123276.6	92773	8078	22426
3	鼓浪屿区	19935	13704	6231	—
4	湖里区	51349.28	6340	—	45009

续表

序号	名称	工程面积	工程类型		
			坑道	地道	结建地下室
5	同安区	—	—	—	—
6	集美区	510	—	510	—
7	杏林区	4306.4	—	2004	2302.4
8	海沧区	468	468	—	—

注：结建地下室面积统计至2000年。

厦门市民防指挥工程建设一览表 表17

项目名称	有效面积（m^2）	内部人员数（人）	车辆数（辆）	备注
市级民防指挥工程	3660	220	10	扩建、改造
思明区指挥工程	2540	140	8	改造
湖里区指挥工程	2540	180	8	新建
海沧分区指挥工程	2540	180	8	新建
翔安分区指挥工程	2540	140	8	新建
集美分区指挥工程	2540	140	8	新建
同安分区指挥工程	2540	140	8	新建
合计	23120			

二、城市消防与抗震

（1）1990年以后，厦门市开始执行《建筑抗震设计规范》，明确一般建筑工程按地震基本烈度Ⅶ度设防。

（2）逐步提高城市的综合抗震能力，最大限度地减轻地震灾害，保障地震时人民生命财产的安全和城市的正常运转，在城市遭到地震烈度Ⅶ度影响时，要害系统不遭到损坏，住宅建筑基本保持完好，人员无重大伤亡，重要工业企业能正常或很快恢复生产，社会秩序基本稳定，人民生活基本正常。当遭到地震烈度Ⅶ度影响时，也不致出现重要房屋倒塌和大批人员伤亡，使灾情能够得到及时、有效的控制，各项救灾工作能有序地展开，并较快地恢复社会正常生活和生产秩序。

（3）依据消防规范、法规中的要求，对现有的易燃易爆设施进行布局调整，对新建易燃易爆单位，在选址定点工作中，应严格按照“设在城市边缘的独立安全地区，并与人员密集的公共建筑保持规定的防火安全距离的原则”，妥善选址，以避免震灾发生时产生严重的城市火灾等次生灾害。

（4）根据建设港口风景旅游城市的目标，城市应具有一定的避震抗震能力，城市消防队伍应成为紧急处置各种灾害事故、抢险救援的一支重要力量。城市消防站建设中应按有关规定和抗震的需要，配备必要的抢险救灾装备，并强化训练工作。

（5）城市供水、供电、供气、通信、交通、急救等城市防灾生命线工程设施，和消防供水、通信、消防通道等城市公共消防设施，应按抗震和抢险救灾的需要进行规划、设计和建设，除自身安全防护外，应保证救灾能力和作用。

三、城市消防与人防、地下空间利用

（1）厦门市分为两大类防护分区：核心防护区、周边防护区。核心防护区为厦门本岛；周边防护区为围绕本岛的四个分区：集美区、翔安区、海沧区、同安区。

（2）厦门市级重要防护目标为：高集海堤、厦门大桥、海沧大桥、机场、东渡港、嵩屿电厂、油库、石湖山立交桥、市邮电局、广播大楼、高殿水厂、厦禾变电站、市府大楼、市级指挥所等。

各区主要防护目标：

除了市级重要防护目标外，厦门岛内的主要防护目标还有：火车站、莲坂水厂、电力调度中心、半兰山变电站、液化气储罐站、空混气气化站、轮渡码头、自来水加压站、过海输水管、海底电缆。

集美区的主要防护目标为：区政府、自来水厂、变电站、邮电局、杏林电厂、气化站、火车站。

海沧区的主要防护目标为：区行政中心、海沧大桥、港区、排头码头、马銮水厂、三座220kV变电站（南部工业区、钟山、新阳）、海沧空混气气源厂、新阳空混气气源厂、海沧邮电分局、202电台。

翔安、同安区的主要防护目标为：区政府、两个220kV变电站、两个水厂、三个邮电局、一个空混气站和新规划火车站。

（3）结合城市交通、轨道交通的建设，修建人防疏散干道。结合城市广场、绿地建设，修建人员掩蔽工程或地下停车场，结合城市建设和防护需要，要求给水、排水、煤气、电信及电力管线基本埋入地下，做好重要目标的防护和易燃易爆危险物品的管理，有计划地对已建工程进行加固改造，提高工程完好率。

（4）人防工程建设必须和城市建设有机结合，广泛利用城市地下空间，同时消防设施建设及时跟上，使之战时有一定的防护功能。

（5）城市消防安全工作应与人防等防灾工作相结合，争取将地震或战争灾害及其引起的二次灾害控制和减少到最低程度。

（6）人防工程和各种地下工程应按《人民防空工程设计防火规范》设置和完善各项消防设施，确保消防安全（表16、表17）。

第十一章　综合消防体系与消防科技建设规划

一、综合消防体系规划

1.1　消防组织机构的设置

（1）市、区、街道、乡镇应建立相应的防火安全委员会，各企事业单位应建立防火安全领导小组。

（2）市、区级防火安全委员会应由政府的一名领导兼任委员会工作，吸收计委、城建、财政、农林、政法和保险公司等有关主管部门负责同志参加，还应吸纳一定数量的有关专家参加委员会工作。企事业单位的防火安全领导小组由单位行政领导任主任，吸收生产、技安、工会、保卫等科室负责人参加。

（3）城市公安消防监督机关负责了解、掌握和处理有关防火的日常工作。

1.2　消防队伍建设

（1）加强兵役制消防队伍建设。消防队伍要不断提高干部、战士的业务素质，对特殊岗位和工种人员必须按有关规定按照现代化火灾扑救的要求，积极制订灭火预案，加强灭火技能训练，建立特勤、专勤队伍。

（2）大力发展地方、民间消防力量。当地政府要因地制宜地采取各种方式分步建立地方消防队，健全消防联防组织。形成以现役消防部队为主力、多种专、兼职消防队伍为补充的城市消防力量格局，和以乡镇专、兼职消防队为骨干、农村义务消防队为基础的农村消防力量布局。生产规模大、火灾危险性大的企业，应逐步建立专职消防队。公安消防部门要加强对地方、民间消防队伍的业务指导。

（3）向多功能发展。消防队伍除承担防火监督和灭火任务外，还要积极参加其他灾害事故的抢险救援。

1.3 火灾预防

（1）积极推进消防工作的社会化。各部门、各行业、各单位以及每个社会成员都要增强消防法制观念，提高消防安全意识，每个社会成员都要把预防火灾作为应尽的义务，积极参与消防安全活动和火灾扑救工作。

（2）加强企业防火工作。各类企业都必须遵守消防法规和安全操作规程，加强消防安全培训，做到持证上岗。

（3）重视公共场所的火灾预防。宾馆、饭店、商场、影剧院、歌舞厅等公共场所要严格按消防法规要求执行，制定并实施消防安全管理制度。消防主管部门要加强对公共场所消防安全的监督，以确保公共场所的安全。

（4）抓好高层建筑和地下工程防火。高层建筑和地下工程的消防安全要立足于自防自救。要严格控制高层建筑和地下工程项目的设计审核和竣工验收。

1.4 消防教育宣传规划

（1）逐步完善消防教育培训体制。要把消防教育纳入教育发展规划，建立消防职业学校和消防培训中心，使各类消防人才的拥有量与消防事业的发展基本适应。

（2）建立健全职工消防安全培训制度。各行各业和各有关单位要把消防培训纳入职工培训之中。

（3）消防教育要纳入院校教育之中。各高等、中等院校要在新学期开学时，对在校学生进行必要的消防知识的教育，中小学要结合课堂教学和学校各项教育活动，对学生进行安全知识教育和消防教育。

（4）大力开展消防宣传活动。新闻、宣传、文化等部门要重视消防宣传工作，利用群众喜闻乐见的形式和报纸、广播等新闻宣传工具，积极配合消防部门开展消防法规宣传，普及消防知识，报道防火灭火经验和典型案例，通报火灾形式。

1.5 综合抢险救灾体系

在发生地震、特大危险物品事故、风灾、雨灾、台风等灾害时，消防及相关部门应统一指挥，联合行动，建立综合抢险救灾体系。

体系的具体运行机制有待相关部门协调后制定。

二、消防科技建设规划

随着城市经济建设的快速发展，城市建设用地面积的不断扩大，火灾隐患和发生火灾的概率不断增加，城市消防工作必将面临严峻的挑战。加强消防科学技术研究，不断提高消防设施和装备的科技含量，鼓励采用先进的消防技术，对于有效地预防和扑救火灾，提高抗御火灾的能力，具有十分重要的意义。

2.1 火险隐患论证和火灾原因鉴定

设置火因鉴定室，配备火因鉴定技术人员，配备防火检查设备、火场勘察仪器，对电器、建筑、纺织品等火灾原因进行技术鉴定，对公共场所、化工企业、易燃易爆等危险场所重大火险作技术论证，为排除火险提供科学依据。

2.2　消防产品质量检查

配备专职消防产品质监人员，配置一定的检测设备，以加强对建筑工程消防器材设备的检测以及消防产品生产企业产品质量的监督与管理。

2.3　特种火场灭火技术装备

随着城市建设的不断发展，高层建筑、地下工程、电厂、油库、医药工程、精细化工等易燃易爆危险品企业等各种火险隐患将逐渐增多，公安消防机构应注重研究此类特种火场灭火的技术与规律，并总结经验，制定特种火场的作战方案。配置特种火场火灾扑救装备和个人防护设备，满足特种火场灭火的需要。

第十二章　消防分期建设规划

一、近期总体目标

从2005年起，通过努力，使全市消防法制体系得到健全、消防安全责任制得到落实、公共消防设施和消防装备建设不断增强、消防部队灭火和抢险救援能力不断加强、社会消防安全防控体系进一步完善、社会消防安全素质全面提高，逐步完善与经济特区社会经济发展相适应的消防安全保障体系，消防安全形势得到进一步好转，群死群伤重特大恶性火灾事故得到有效遏制，努力营造安定、稳定的社会环境和安居乐业的生活环境。

二、近期改善措施

（1）加强对易燃易爆危险物品的全程监控，建设岛外危险品仓库，严格控制存放点与周边建筑的安全距离。

（2）整合现状工业区，加强生活配套设施的集中建设，改变生产、生活混杂的现象。

（3）加快旧城改造、旧村改造的步伐，加强对城乡结合部的综合治理，大力宣传消防安全基本常识。

（4）从严大力整顿“三合一”建筑，消除重大火灾隐患。

（5）规划、城市综合执法、环保部门应制定相应的规章制度，严格控制沿街店面的建设。

（6）逐步清除住宅楼顶、消防通道的违章搭盖，保证人行消防疏散通道的畅通。

三、近期建设内容

（1）加强防火、灭火器材装备建设，重点针对旧城、化工区、高层建筑、森林防火等问题。提高消防监督技术装备水平，到2007年，各级公安消防机构消防监督技术装备全部达到《消防监督技术装备配备》（GA 502—2004）标准要求；增加消防部队器材装备的数量和种类，提高现代化水平和科技含量，到2010年，消防车等执勤装备、抢险救援器材以及消防员个人防护装备建设的达标率达100%。

（2）加快海沧训练中心的建设，尽快投入使用；促进枋湖后勤保障基地的建设。

（3）严格按照相关要求，完善消防给水、通信等设施建设。一方面，通过城市化进程促进乡镇地区向城市转化，加强市政消火栓、通信等设施的建设和维护（包括灌口、东孚、大同、马巷、西柯等），到2010年，全市市政消火栓等城市公共消防设施全部达到国家标准；另一方面，完善现状城区设施，包括已转变为城市道路的原有公路的市政管线的敷设（如海沧马青路、翁角路等），加强消防通信技术装备、地理信息系统、数据库资料等的建设。

（4）按规划打通城市旧区、城乡结合部和外围地区的消防通道，包括机场南路、仙岳路、文兴路（浦南）、高殿2号路、湖里大道东段、海沧大道、水浏线、集美大道、学城路（杏北路延伸段）、灌新路等。

（5）建设海沧新安易燃易爆危险物品仓库区，着手搬迁现状岛内东坪山危品库、东渡油库、308油库、冷冻厂油库等。

（6）近期新建1-15枋湖消防站、3-09灌南消防站、4-07潘涂消防站、5-04翔安后莲消防站、2-04海沧南部工业区消防站，到2010年形成布局合理、符合国家标准的城市消防体系。

（7）加强消防宣传教育培训。积极开展消防社会化教育，普及防灾救灾知识，提高全社会的消防安全素质，到2010年，全市95%的学校开设消防知识教育课程，城市居民的消防知识普及率达到95%以上。

（8）发展多种形式的消防队伍，及时健全相应的法律、法规。社区消防作为下一步的建设重点，应与物业、保安人员结合起来；大型商场、大量人流集散点应有专职或兼职的训练有素的消防人员，近期应加大对相关人员的培训力量。

四、消防建设投资估算及资金来源

1）消防指挥中心及其他消防设施的建设投资依据实际情况进行测算。

2）消防站投资估算：

（1）应依据国家现行的有关规定，按照消防站的分类所规定的建设规模、建设标准和人员、装备标准确定。

（2）消防站建筑安装投资可参照表18确定。

消防站建筑工程投资估算指标 表18

消防站类型		估算指标（元/m²）
普通消防站	标准型普通消防站	1600～1800
	小型普通消防站	1400～1500
特勤消防站		1800～2100

注：1. 表中投资估算指标是参照1996年北京地区价格确定的，使用地应按当年及建设期末与1996年北京地区价差进行调整。
2. 本指标为消防建筑、安装工程投资。不包括征地费、城市各种配套设施费、土地前期开发费、土地平整费、基础处理费和红线以内的围墙、道路、管线等室外工程及消防训练塔和场地的建设投资。

（3）消防站车辆装备和各类器材的投资，应根据其配备的标准，参照表19，按实际价格确定。

消防站车辆、装备和各种器材投资估算指标 表19

消防站类型		车辆投资（万元）	装备、器材投资（万元）
普通消防站	标准型普通消防站	650～850	150～190
	小型普通消防站	120～140	50～70
特勤消防站		800～1100	250～250

注：1. 表中指标是依据本建设标准的配备要求，按照1998年国内消防车辆和装备器材的价格编制的。
2. 表中所确定的投资不含灭火剂的费用和通信器材的投资。
3. 通信器材的投资按现行《城市消防通信指挥系统设计规范》的有关规定确定。

3）消防建设资金多渠道、多元化筹集，以政府筹集为主。

五、远景消防规划展望

（1）根据城市总体规划，2050年厦门城市社会经济的主要发展指标将达到发达国家水平，城市经济繁荣、旅游发达、产业布局和结构进一步优化，建成生态环境良好、设施完善的现代化国际港口风景旅游城市。

（2）远景厦门城市消防设施建设和消防工作将在2020年的基础上进一步完善，坚持同步配套新建设地区的消防设施。

第十三章　消防管理与实施措施

一、消防管理措施

（1）城市各级政府和各部门、各单位的领导应从根本上落实“预防为主、防消结合”的消防工作方针，加强消防宣传，提高防火警惕性和自觉性，提高安全技能。

（2）市政、自来水、电信等部门和单位要加强对城市公共消防设施的建设、管理和维护，保证其有效、好用；消防监督机构负责对城市公共消防设施的验收和使用。

（3）每年度城市公共消防设施建设规划应纳入城市基础设施建设计划，城市消防规划建设与其他市政设施统一规划、统一设计、统一建设。

（4）按照本市的经济增长比例，逐步加大城市建设维护费中消防投资的比例，不断增加对公共消防设施和消防装备的投入；建立消防基金，多渠道解决经费不足的问题，保证消防规划的落实。

（5）建立相互制约的、完善的社会防范机制，更好地发挥保险的作用。

（6）加强消防监督管理，依照消防法规，对城市消防管理事宜进行消防监察、督导，使消防管理走上严格管理、科学管理、依法管理的轨道。明确和落实计划、城建、财政、规划、公安消防机构等政府主管部门在建设城市公共消防设施工作中的责任。

（7）开展消防专项治理，消除消防火险隐患。对重大的火险源要依法运用经济和行政手段限期治理。对复杂的老大难问题，要经过科学论证加以解决。

二、规划实施措施

（1）加强消防规划的实施立法，逐步完善保障消防规划实施的行政规章和行政措施，建立有序的管理体系；违反消防规划和有消防违法行为的，应按有关法律、法规进行查处。

（2）本专项规划经厦门市人民政府批准后，具有法律效力，任何单位和个人无权随意改变。若城市消防工作出现原则性变化，要调整城市消防规划的，需经原审查机关批准后方可有效。

（3）要严格执行国家有关消防规划建设的法律、法令和技术规范、标准，认真贯彻执行公安部、建设部、国家计委、财政部制定的《城市消防规划建设管理规定》。

（4）消防规划要坚持统一规划、分期建设的原则，正确处理好新区开发与旧区改造的关系。

（5）为了更好地实施消防规划建设，在编制本市的各分区规划时，应明确说明本规划相关内容的具体安排（落实到大地块）；在编制控制性详细规划时，应准确界定（坐标控制）本规划相关内容的位置、规模及相关建设要求，力争同步规划、同步设计、同步实施。

9.4 广东省小城镇消防规划——以“广东省广州市番禺区沙湾镇消防规划”为例

一、广东省广州市番禺区沙湾镇消防规划文本

第一章 总 则

第一条 为了加强沙湾镇的消防规划管理，促进城市消防基础设施建设，保障城市消防安全，根据《中华人民共和国消防法》、《中华人民共和国城市规划法》等法律、法规的规定，结合沙湾实际，编制《广州市番禺区沙湾镇消防规划》（以下称本规划）。

第二条 本规划是沙湾镇总体规划的重要组成部分，是总体规划中一项重要的专项规划。

第三条 沙湾镇行政区域内的一切国家机关、社会团体、企业、事业单位、居（村）民委员会（以下简称单位）、个体工商户和个人应遵循本规划。在规划区范围内进行与城市消防安全有关的各项规划编制、规划管理和建设活动，均应执行本规划。

第四条 本规划主要依据：

《中华人民共和国消防法》（国发［1998］4号）；

《中华人民共和国城市规划法》（1989年）；

《城市规划编制办法实施细则》（1995年）；

《广东省实施〈中华人民共和国消防法〉办法》（1999年）；

《城市消防规划编制要点》（公消［1998］164号）；

《城市消防站建设标准》（建标［1998］207号）；

《消防通信指挥系统设计规范》（GB 50313—2000）；

《高层民用建筑设计防火规范》（GB 50045—1995）（2001年版）；

《建筑设计防火规范》（GBJ 16—1987）（2001年版）；

《村镇建筑设计防火规范》（GBJ 39—1990）；

《沙湾镇总体规划（2003—2010年）》；

《消防改革与发展纲要》（国办发［1995］11号）；

《关于“十五”期间消防工作发展的指导意见》（国发［2001］16号）；

《城镇消防站布局与技术装备配备标准》（GNJ 1—1982）；

《城市消防规划建设管理规定》（国发1989）；

《古建筑消防管理规则》（文物字［81］251号）；

《机关、团体、企业、事业单位消防安全管理规定》（公安部61号令）；

《城镇公安消防站车辆配备标准》（［1987］公（消）字53号）；

《城镇公安消防部队消防通信装备配备标准》（［1987］公（消）字53号）；

《城市消防规划编制技术规定》（YGJ—01—2000）（广东省城乡规划设计研究院）。

第五条 本规划遵循以下原则：

（1）遵循和执行“预防为主，防消结合”的消防工作方针。

（2）立足于沙湾的实际情况与沙湾作为广州市番禺区副中心的新型城市对消防安全的高标准要求。

（3）强化消防监督管理的力度，广泛、深入宣传和动员全社会参与消防规划和建设，使消防工作社会化，创造良好的消防安全环境。

（4）注重城市综合防灾、减灾，并使消防队伍向多功能方向发展。

（5）坚持规划的近、远期相结合，分期、分批实施，同时注重规划的可操作性，并与番禺片区规划、沙湾镇总体规划、其他专项规划和详细规划（如旧城改造规划）中有关消防内容相互衔接。

第六条　本规划期限：2003～2010年，近期至2005年。

第七条　本规划范围：与沙湾镇总体规划范围相一致。

规划用地：52.51km^2。

规划人口：24万人（其中暂住人口10万人）。

第八条　规划目标：

（1）近期以《消防改革与发展纲要》、《广东省实施〈中华人民共和国消防法〉办法》和有关消防规范、规定要求为目标，力争在三年内（规划近期）使沙湾消防建设有较大改观和发展，达到国内镇级先进水平，具有示范性作用。

（2）逐步建立起消防法制健全、宣传教育普及、监督管理有效、基础设施完善、技术装备良好、体制合理、队伍强大、训练有素、保障有力且与沙湾城市建设和经济发展相适应的城市消防安全体系。

（3）实现消防队伍和设施向多功能发展，并使之成为沙湾防火、灭火和在处置各类突发性灾害事故中充当抢险救援主力的有生力量。

（4）提高市民防灾、减灾、避灾的意识，最大限度地减少火灾损失。

（5）远期建成具有全国先进水平的消防安全保障体系，达到中等发达国家城市消防和综合抗灾救灾水平。

第九条　本规划的重点：改善城市消防安全布局，消除和减少重大火灾隐患；具体落实消防站建设用地并严格控制；加强消防供水、消防通信和消防通道建设；制定消防站等公共消防设施按年度建设计划，主要是近期建设规划，以适应沙湾公共消防设施建设的需要。

第十条　本规划由《沙湾城市消防规划文本》、规划图纸和附件组成。附件包括《规划说明书》、《现状存在问题及消防改造措施》和《基础资料汇编及现状分析报告》。

第二章　城市消防安全布局规划

第十一条　城市消防安全布局原则

（1）城市总体功能分区消防安全布局原则：在城市总体布局中，必须将生产易燃易爆化学物品的工厂、仓库设在城市边缘的独立安全地区，并与人员密集的公共建筑保持规定的防火安全距离，对布局不合理的城中村、旧城区，对严重影响城市消防安全的工厂、仓库，必须纳入近期改造规划，有计划、有步骤地采取限期迁移或改变生产使用性质等措施，消除不安全因素。

（2）危险品站库消防安全布局原则：在城市规划中，应合理选择液化石油气供应基地、储配站、气化站、瓶装供应站、天然气调压站和汽车加油、加气站的位置，使其符合防火规范要求，确保安全。

（3）危险品转运设施消防安全布局原则：装运易燃易爆化学物品的专用车站、码头必须设置在城市或港区的独立安全地段，且与其他物品码头之间的距离与主航道之间的距离均应有严格的规定。

（4）城市建筑消防安全布局原则：建筑物应按一级、二级耐火等级要求建设。城市中原有耐火等级低、相互毗连的建筑密集区或大面积旧城区，必须纳入城市近期改造规划，逐步改善消防安全条件。

（5）地下空间安全布局原则：地下交通隧道、地下街道、地下停车场的规划建设与城市其他建设应有机地结合起来，合理设置防火分隔、疏散通道、安全出口和报警、灭火、排烟等设施，安全出口必须满足紧急疏散的需要，并应直接通到地面安全地点。

（6）物流、人流中心消防安全布局原则：城市设置物流中心、集贸市场和营业摊点时，应确定其设置地点和范围，不得堵塞消防车通道和影响消火栓的使用，在人流集中的地点如公交车站、公路客运站、货运中心等，应考虑设置方便旅客等候和快速疏散的广场和通道。

第十二条　工业区消防安全布局规划

（1）将消防安全与经济、环境要求相结合，确立合理的布局，实现全沙湾工业的产业升级，建立良好的工业消防安全体系。

（2）工业在城市中的布置要综合考虑雷暴、风向、地形、周边环境等多方面的影响。

（3）按性质不同组成工业区，明确功能分区，避免出现工业、商业、居住混杂的局面，工业区与居民区之间要有一定的防护距离，以阻止火灾的蔓延。

规划将工业用地整合为四大工业园，即古龙工业园、福龙工业园、陈涌—蚬涌工业园及草河工业园，并对产业结构进行优化，逐步向现代化工业转变。撤销原南村工业园与位于紫坭、三善的工业区。

古龙工业园：现代产业园。逐步改造现有火灾危险性和危害性较大的化工、电镀、木业等工业企业，进行产业升级。对园区统一规划建设道路和各种市政设施，按标准配置消火栓等消防设施。

福龙工业园：现代产业园。在逐步改造现有火灾危险性和危害性较大企业的同时接受原南村工业园的工业转移。建设和管理中必须加强消防审查和监管力度，按标准设置各种消防设施。

陈涌—蚬涌工业园：传统工业园。须进一步打通消防通道，保证消防车通道畅通和人员、货物的消防疏散场地的设置，增加停车场地，完善相应的消防设施。

草河工业园：传统工业园。须进一步打通消防通道，保证消防车通道畅通和人员、货物的消防疏散场地的设置，增加停车场地，完善相应的消防设施。

第十三条　仓储区消防安全布局规划

完善仓储区消防安全设施，落实库区与周边地区的消防安全距离及防火分隔，保证消防车通道畅通和人员、货物的消防疏散场地的设置：根据仓库类型、火灾危险性，结合城市规划布局，对各类仓储区进行功能调整，不同类型的物资分类集中存放，确保安全；对现有存在隐患的库区提出关、停改造计划；对规划新建的仓储区要重点加强消防安全设施建设，落实库区与周边的消防安全距离及防火分隔。

规划新建：古龙工业园、陈涌—蚬涌工业园各规划一处仓储用地。

规划撤销：沿沙湾水道、番禺水道的滨水仓储用地。

根据《沙湾镇总体规划》，沙湾镇内不独立设置危险品仓储区，由全区统一协调设置。规划撤销青峰气库。

第十四条　城市加油（气）站消防安全布局规划

根据有关规范和总体规划功能分区和道路布局，加油（气）站布点必须符合城市消防安全的要求。本规划共设置7座城市加油站（其中：保留5座，搬迁1座，新建1座）。

规划保留：番善加油站、龙湾加油站、沙湾加油站、龙歧加油站、桥梁加油站。

规划搬迁：陈涌加油站。

规划新建：古龙加油站（位于古龙工业园古龙路东侧）。该加油站与规划新建的市政高压走廊之间必须按规定设置安全距离。

第十五条 居住区布局规划

（1）城区内居住区用地结合商贸设施规划和旧城区改造进行调整，形成相当规模的配套齐全、环境优美、消防设施完备的居住小区。

（2）城区外居住建筑统一按城市住宅标准规划建设，改善居住环境，改变过去工业、居住混杂的不合理的布局状况。

（3）居住区的建筑结构、总平面布置及消防设施配置必须严格执行国家及地方的有关消防规定。消防通道内严禁乱搭建和摆放物件，严禁在消防通道设置固定的路障，严禁在防雷设施上搭挂各类通信线路。

（4）对于城中村和旧城区应严格按照市政府关于城中村和旧城区建设的法令、条文来进行规划管理和改造，杜绝无序建设的现象。近期要加快城中村和旧城区的改造。

（5）结合城市道路网建设，推动城中村和旧城区内部消防通道的建设，城中村和旧城区也要在近期内开辟出必要的消防通道，以保证消防的基本要求。

（6）加快旧城区消防基础设施建设，配备以市政、天然水源或人工水池相结合的消防水源，为消防灭火提供充分的保障。

第十六条 商业区消防安全布局规划

（1）商业区应加强绿地、停车场建设（可作为防火隔离带和紧急避难场所），逐步杜绝占道停车，保证消防通道的通畅，完善消防水池、消火栓建设，确保消防用水。

（2）新建、扩建、改建和装修商业建筑时，要严格按国家有关消防技术规范进行设计，并实行消防审核验收制度。

（3）加强对各类专业市场的消防监督和管理，配齐消防设施，严禁占道经营。

（4）重点清理、整顿铺面、仓库、居住混杂商业区。

第十七条 高层建筑消防安全布局规划

（1）严格控制高层建筑的高度和密度，做到疏密有序、合理布局。高层建筑宜结合城市广场建设，必须按规定设置公共绿地和疏散空间。

（2）严格执行高层建筑规划审批制度，对达不到规范要求的，不予批准建设。

（3）在高层建筑的设计审查、施工验收、维护管理过程中，加强消防监督指导，着重提高自防自救能力。

（4）加强现状高层建筑密集区的消防环境整治，拆除消防高层建筑的违章、临时附属建筑，确保消防车通道的畅通。

第十八条 城市地下空间消防安全布局规划

（1）地下设施的消防建设必须符合有关的消防技术规范。在投入使用前，必须经过严格的审核、验收合格后方可使用。

（2）严格执行地下设施防火的各种安全措施，严禁存放易燃易爆化学危险品。

（3）加强地下设施防火的安全管理和组织建设。

第十九条　文物古建筑消防保护规划

对文物建筑普遍存在的消防设施不足问题，应当由文物管理部门对文物建筑消防设施配备现状作一次详细普查，并针对其不足程度和其他火灾隐患提出具体整改方案意见，并列出专项整改计划，由文物部门组织实施，并须经消防部门验收合格。

第二十条　文化娱乐场所消防安全布局规划

对镇域分布的公共娱乐场所加强防火安全监督检查。对于消防安全出现隐患的，应坚决责令其整改，经验收合格后才能重新投入营业。对于消防安全隐患十分严重而又不执行整改意见的，应勒令其关闭。另外，还应对进入娱乐场所的人数作出明确规定，将允许进入的人数做出明显标示，在经营过程中不得违反。

文物古建筑和博物馆、图书馆建筑内不得设置文化娱乐设施；毗邻重要仓库或者危险品仓库不得设置文化娱乐设施；不得在居民住宅楼内改建公共娱乐场所。

第三章　重点消防地区规划

第二十一条　沙湾镇的重点消防地区分级如下：

（1）一级重点消防保护区域：

沙湾镇中心区；

紫坭的宝墨园和鳌山古庙群一带。

（2）二级重点消防保护区域：

番禺职业技术学院；

古龙、福龙现代新型产业区。

第四章　城市消防站布局规划

第二十二条　城市消防责任区划分

规划将全镇划分为4个消防责任区：

中部责任区：以沙湾、东区两个社区居委会为主体（但责任区面积并不等于社区居委会辖区，下同），东至光明南路，南至滨江大道，西至福北路，北至规划八横路（东北面至市桥河边）。中部责任区内设一个标准消防站，责任区面积6.41km^2。

东部责任区：以榄枕社区居委会为主体，东至草河，南至滨江大道，西至光明南路，北至市桥河边。东部责任区内设一个标准消防站，责任区面积7.28km^2。

北部责任区：以渡头社区居委会为主体，东至西环路，南至规划八横路，西至滴水岩，北至市桥河边。北部责任区内设一个标准消防站，责任区面积5.55km^2。

西部责任区：以紫坭社区居委会为主体，东至滴水岩，南至沙湾水道，西至陈村水道，北至市桥河边及番禺区界。西部责任区内设一个标准消防站，近期可先行按小型消防站建设，远期逐步完善，责任区面积

6.90km²。

第二十三条　城市消防站布局（表1）

规划消防站一览表　　表1

名称	站址	责任区面积（km²）	辖区范围	占地面积（m²）	建筑面积（m²）	备注
中区消防站	西环路北斗大桥收费站北侧	6.41	沙湾、中区	10042	4000	近期建设
东区消防站	市良路蚬涌小学东南角对面	7.28	榄枕	5072	3000	远期建设
北区消防站	福北路练车场东南面	5.55	渡头	5060	3000	远期建设
西区消防站	古龙路规划三横路南侧	6.90	紫坭	5100	3000	近期建设

第二十四条　城市消防站人员配备

规划的四处消防站均分别配备消防车4辆，按规定每车配备消防人员6人，则每站需配备消防人员24人，另各配备后勤保障人员6人，即每消防站共定员30人。

第二十五条　与周边镇消防站协防规划

沙湾镇消防工作应搞好与周边的石基、灵山、榄核、东涌和鱼窝头等镇消防站的协防，本镇或相关各镇发生特大火灾时，应由区消防指挥中心统一调度、互相支援、共同协防。

沙湾镇与西部接邻的佛山市顺德区相关镇的消防协防工作由省消防行政主管部门负责协调、指挥。

第五章　消防供水规划

第二十六条　沙湾镇近、远期均采用同一时间发生火灾次数为2次，一次灭火用水量为55L/s，火灾延续时间为2h计，则一次消防用水量为792m³。

第二十七条　凡新规划的区域，给水管网应布置成环状。给水干管最小管径不应小于200mm，最不利点市政消火栓的压力不应小于0.1MPa。地上式消火栓应有一个直径为150mm或100mm和两个直径为65mm的栓口。

环状管网应设置必要的分隔阀门，两阀门之间管段上消火栓的数量不宜超过5个。

第二十八条　规划近期增建消火栓177个，近期全镇市政消火栓总量应达到559个，远期全镇市政消火栓总量应达到779个。设置间距不大于120m及距路边不大于2m。

第二十九条　市政消火栓维护管理

明确谁供水谁负责消防供水基础设施建设，并由镇级市政部门统一管理的要求。

第三十条　规划在沙湾镇内设置消防固定取水点5个，分布为：紫坭河1个、沙湾水道2个、市桥水道1个、陈村水道1个。

第六章　消防通道规划

第三十一条　消防通道分为三类：一类消防车通道主要包括滨江大道、景观大道、西部干线、东环路；二类消防车通道主要包括青萝路、青新路、市良路等的主、次干道；三类消防车通道主要包括规划六横路、规划七横路等支路、组团级道路。

第三十二条　消防通道满足30t的承重要求，消防车通道宽度不小于3.5m，转弯半径不小于12m，经过的临空建筑物及桥涵离消防通道不低于4m，确保消防车的通行。

第三十三条　新建的规划小区、村民住宅区、商业区、大型公共建筑要满足消防通道系统的建设要求。

第三十四条　任何单位或个人，因维修或其他原因需临时占用消防通道的，必须事前向消防管理部门提出申请。

第三十五条　危险品运输线路规划

（1）危险品通行路线：以城市边缘的快速干道为主，由滨江大道、东环路、景观大道和西部干线等组成，担负爆炸品、剧毒品和过境危险品绕城运输任务。

（2）危险品限制通行路线：由西环路、古龙路等组成，主要担负危险性相对较低的油、燃气等城市居民生产、生活必需品的运输，以及加油站油品运输。尽可能避开政府机关、城市商业、办公繁华地带、城市居住人口稠密地带等重点消防保护地区。通行时间建议为23：00至次日凌晨6：00。

（3）对于镇域其他道路，禁止危险品运输通过。

第七章　消防通信及指挥系统规划

第三十六条　消防通信及指挥系统应当能够同各级系统协调配合，并达到以下两个要求：

（1）在任何时间、任何地点都能报警；

（2）在指挥灭火时随时可以指挥调度，包括与上级以及协调单位的联系。

第三十七条　消防通信及指挥系统应具备报警、自动辨识编制、语音数据通信调度等功能。

第三十八条　中队火警处理终端应具备接收信息、发送信息、无线通信、手动和自动控制、自动接受命令并打印及故障报警六项功能。

第三十九条　消防通信及指挥系统应具备联网功能。

第四十条　组建火场无线通信二、三级网络。

第八章　消防装备规划

第四十一条　消防站的车辆品种及数量配备、灭火器材配备、抢险救援器材配备和防护器材配备均应符合《城市消防站建设标准》的规定。

消防站的通信装备配备，应符合《城镇公安消防部队消防通信装备配备标准》的规定。

各消防站为了对成员进行技能、体能等综合训练，还应设置单双杠、独木桥、板障及软梯等器具。消防水带、灭火剂、空气呼吸器备用钢瓶、战斗服等消耗性器材，应按照不低于1：1的比例保证存储。

第九章　消防供电规划

第四十二条　加强电网建设，加大对电力建设资金的投入，改善供电质量，确保消防电源的可靠性。

第四十三条　严格按照《电力法》、《电力线路防护规程》和城市规划的有关规定控制电力线路走廊和变电站，对高压走廊内的建、构筑物要限期拆除，易燃易爆设施应立即拆除或搬迁。

第四十四条　市政供电在条件允许的情况下应当满足灭火照明的要求；建筑供电在任何情况下都要满足各

种消防设施启动的要求。

第四十五条　对重要等级的负荷，要确保双电源的可靠性。

第四十六条　推广消防防火电气产品的使用，对电气设备的使用要规范化。

第四十七条　完善无人值班的变配电所的消防设施建设。

第四十八条　城区内的架空线路应逐步实施电缆埋地改造，加强雷击危险单位防雷设施的建设与管理。

第十章　燃气规划

第四十九条　气源规划

近期使用管道供应“代天然气”（液化石油气混空气）作为沙湾镇管道气气源，远期利用珠江三角洲天然气为沙湾镇管道气气源。

第五十条　用气标准

根据《城镇燃气设计规范》（GB 50028—1993）及沙湾镇实际情况，规划居民用气指标如下：

近期（2005年）：65万～75万大卡/（人·年），气化率为70%～80%；

远期（2010年）：70万～80万大卡/（人·年），气化率为80%～90%。

工业用气及公共建筑用气占总用气量的50%。

第五十一条　输配系统规划

沙湾镇内采用中、低压管网。在近期的“代天然气”管道建设时，其设计与施工均按能同时满足将来输送天然气的要求考虑，以便将来与天然气并网。

第五十二条　压力大于1.6MPa的室外燃气管道应选用钢管，且应符合现行的国家标准。

第十一章　消防疏散及避难场地规划

第五十三条　疏散避难通道以快速路为主、干路为辅的道路网构成。

第五十四条　房屋之间的庭院绿地、街头绿地、居住小区绿地及中小学操场等作为就地疏散、避难场地。

第五十五条　规划一类异地疏散、避难场地34处。其中，公园4处，自然山体1处，广场29处。

第五十六条　所有避难疏散场地，平时加强管理，发生重特大火灾、地震等突发性灾害事故时立即投入使用。

第十二章　消防与抗震、人防规划的协调

第五十七条　沙湾镇中心城区按地震烈度VII度设防，因此，应重视加强城市生命线工程建筑物、构筑物的抗震性能。

第五十八条　严格按照国家和地方有关文件规定加强工程地震安全性评价工作。

第五十九条　按照人防规划，结合前文所述公园、广场、绿地等兼作疏散、避难场地的公共设施，修建区域性人防掩蔽工程，并在小区规划建设时，修建人防掩蔽工程。

第六十条　平战结合，合理开发地下空间，将人防建设、城市建设和经济建设有机结合起来，还可节省城市本来就紧张的建设用地。同时，也应注意地下空间设施的消防设施配置，对于重要的人防工程和地下空间，还应设置消防水池。

第十三章 社会救援规划

第六十一条 扩大消防机构的服务职能范围，使消防部门在一切与生命财产有关的救援工作中发挥重要作用。

第六十二条 建立包括消防、防雷、防风、防洪、防空、人员救护和其他特别服务相结合的社会安全保障体系。

第十四章 消防安全管理

第六十三条 工业区与仓储区消防安全管理建议

（1）严格落实“工业进园”方针，建设新工业园区。

（2）凡是火灾危险性大，距离当地公安消防队（站）较远的大、中型企业事业单位、专用仓库、储油或储气基地，应成立专职消防队。

第六十四条 社区消防建设

1. 社区消防队伍建设

建立专职或义务消防队伍，对社区各单位、居民住宅楼及用户的消防安全工作进行24h不间断巡查和安全提示，发现和纠正消防违章行为。同时，社区消防队伍应配备相应的消防器材，以提高自防自救能力。

2. 消防设施建设与维护

社区依托治安亭设置消防安全室放置一些基本的灭火器材，并装置报警电话。社区还应负责保证消火栓无埋压、圈占、损坏等现象，并定期进行检查、维护；消防车道保持畅通，确保一旦发生火灾，能够有效发挥作用。

3. 配合公安消防机构的工作

社区居委会应协助公安消防机构和派出所查处消防违章行为；参与组织火灾扑救、维持火场秩序、保护火灾现场，配合公安消防机构进行火灾原因调查，核查火灾损失。

4. 开展消防安全教育

发挥社区现有机构和设施的作用，利用街道文化站、社区服务活动室、社区宣传栏等设施，大力向辖区居民进行消防宣传教育。

第十五章 规划实施和保障措施

第六十五条 加强消防工作领导，强化组织措施

沙湾镇各级领导应以对国家和人民高度负责的态度，将消防规划分阶段实施的内容，纳入政府的任期目标责任制，纳入国民经济发展计划，切实有效地予以执行。

第六十六条 提倡市民参与规划、全面参与消防预防工作。加强对消防规划的公示和宣传，使全镇人民和外来务工人员参与规划、认识规划、监督规划得到落实，共同实施规划。逐步制定和完善消防教育培训体制。各行业和各有关单位，特别是危险品生产企业、加油站要把消防培训纳入职工培训内容之中，对各有关单位消防设备管理和操作人员、专职和兼职消防人员、义务消防人员和易燃易爆特定岗位人员，必须经过消防专项培训，并经考核合格后方可上岗。

第六十七条 建立高素质的消防专业队伍

（1）近期应提高消防专业队伍的政治思想、业务技术水平，进一步配备齐全、先进的消防装备，提供专门的训练、学习场地，以便有效提高其专业水平。

（2）对于未建立专职或义务消防队伍的工业区、仓库区、大型市场、居住小区，应限期尽快组建，其人员应接受消防部门的统一培训，并结合消防保卫对象的不同特点配备完善的消防装备和器材。

（3）完善消防监督机制，为加强消防法制化管理，消防监督部门应坚持检查城市建设中消防设施的规划落实和建设，督促建设和管理部门维护和改善城市消防设施，加强重点单位、重大活动及薄弱环节的消防监督管理，加强建筑消防设计审核和施工管理，严格依法查处火灾事故和违反消防法律法规的行为。

第六十八条　落实消防建设专用资金，保证规划顺利实施

（1）在有关政策的指导下，明确相关部门的责任和分工，多渠道开拓投资途径。

（2）建立正常的由地方财政支出的消防经费拨款制度。计划、财政等部门在进行项目、资金安排时，要按本规划安排每年的消防设施建设资金，其额度按照消防部门制定的年度申请计划执行。消防事业经费应在本镇财政年度预算中占有适当比例，并随着经济发展逐年加大消防经费投入。对大型车辆装备的购置和新增消防站的建设应另行设立专项资金，事业经费也要逐年在前一年基础上增加10% ~20%。

（3）制定对现有消防装备、设施查漏补齐和更新改造的投资计划，加快解决欠账问题，使现有消防设施充分发挥出作用。

（4）规划建议设立大型消防车辆装备购置基金，分别由区、镇财政拨款，争取社会单位、港澳同胞赞助，保险公司筹资等多种方式共同组成，做到专款专用。

（5）发展消防科技，推广运用消防新技术，运用先进、现代的消防技术，发展消防科技，积极开发消防应用新技术，以高科技手段防范和扑救城市灾害。

第十六章　近期建设规划

第六十九条　危险品仓库布局近期规划

（1）近期搬迁青峰气库。

（2）散布在各危险品生产企业内自行违章设置的小型危险品仓库，应责令其限时进行搬迁或整改。

（3）对于散布于居民楼内店铺的液化石油气换瓶、罐装站，必须进行严格清理。

第七十条　近期规划建设中区消防站和西区消防站，其中西区消防站与古龙工业区同步规划和建设，近期按小型消防站规模建设，远期完善建设。

第七十一条　消防供水近期规划

（1）规划输水管网应按环状布置。

（2）在2005年前扩建沙湾镇水厂二期工程，使水厂供水量为10万m^3/d。

（3）加强市政消火栓的建设，2003 ~ 2005年需再增加市政消火栓177个，使镇内市政消火栓总数达到约559个。

（4）在紫坭河、沙湾水道设置消防固定取水点，并应设置消防车通道，取水点应设立明显标志。

第七十二条　消防供电近期建设规划

（1）中心城区新增变压器3台，并改造旧城区的10kV低压线路。

（2）古坝工业区安装变压器12台，新建电房12座，新架线路6km。

（3）新建南郊变电站一座。

第七十三条 城市燃气近期规划

（1）结合广东省海洋石油气登陆项目（LNG）第一批城市的实施，加快市区门户站和市政天然气管网的建设，逐步取消小区气化站、瓶组气化站。

（2）专业部门应制定出LNG项目的实施规划与计划。

第七十四条 消防道路近期建设规划

（1）重点改造旧城区内的消防通道。主要是古龙路延长段、沙湾大道延长段、德兴路延长段、福德路延长段、青云大道延长段、福北公路延长段。拓宽东环路、桥南路、西环路、福龙路、青萝路、市良路等消防通道的道路红线宽度。

（2）新建紫屏公路、青新路、南堤路、规划二横路、规划四横路、规划五横路、规划六横路、规划七横路、规划二号路、陈涌路、西丽南路。

（3）近期建设五个停车场，分别是古龙停车场（位于规划一横路和西部干线之间）、福龙停车场（位于规划六横路和大巷涌路之间）、蚬涌停车场（位于市良路和蚬涌路之间）、草河停车场（位于规划一号路和福德路之间）、留耕堂停车场（位于规划八横路和大巷涌路之间）。

第十七章 附 则

第七十五条 本规划自批准之日起生效。

第七十六条 本规划一经批准即具有法定性和权威性，作为有关部门管理的依据。如需作重大调整必须经批准机关同意，按有关规定程序进行。

第七十七条 本规划由沙湾镇人民政府组织实施，规划部门依法按照本规划进行规划管理。国土部门依法按照本规划进行土地管理。公安消防部门依法按照本规划进行消防监督。

本规划由沙湾镇人民政府负责解释。

二、广东省广州市番禺区沙湾镇消防规划近期建设投资分年计划附表

近期建设投资分年计划见附表1～附表13。

中区消防站工程投资估算表 附表1

序号	项目	估算价（万元）	实施年限
1	征地费：每亩6万元计（沙湾当地价格）	90.00	2003年
2	通水：接通自来水和缴纳增容费	20.00	2005年
3	通电：需兴建配电房和接高低压电力电缆，按100kVA变压器计算，包括缴纳增容费	100.00	2005年
4	进行地质勘探、测量放线等	12.00	2003年
5	设计费：2＋3＋9＋10项＝620万元×2.5%＝15.50万元	15.50	2003年

续表

序号	项目	估算价（万元）	实施年限
6	监理费：2＋3＋9＋10项＝620万元×2.5%＝15.50万元	15.50	2003年
7	民防工程费：规定4000m^2×2%×1200元／m^2＝9.60万元	9.60	2005年
8	报建费：有质检、安检、白蚁防治和各种需要建设单位缴纳的费用基金	10.00	2003年
9	主体工程建安费用：估算指标1000元／m^2（沙湾地区价格）。中队按4000m^2×1000元／m^2＝400万元	400.00	2004年
10	室外工程：兴建训练场地、训练跑道、围墙、室外给水排水管网、绿化、出车口等	100.00	2005年
	小计	772.60	
11	预算不可预见费：1～10项相加，772.60万元×5%＝38.63万元	38.63	2005年
12	物价上涨因素：1～11项相加，811.23万元×5%＝40.56万元	40.56	2003年
	合计	852	

西区小型消防站工程投资估算表　　附表2

序号	项目	估算价（万元）	实施年限
1	征地费：每亩6万元计（沙湾当地价格）	45.00	2004年前
2	通水：接通自来水和缴纳增容费	10.00	2005年前
3	通电：需兴建配电房和接高低压电力电缆，按100kVA变压器计算，包括缴纳增容费	50.00	2005年前
4	进行地质勘探、测量放线等	6.00	2005年前
5	设计费：2＋3＋9项＝160万元×2.5%＝4.00万元	4.00	2004年前
6	监理费：2＋3＋9项＝160万元×2.5%＝4.00万元	4.00	2004年前
7	民防工程费：规定1000m^2×2%×1200元／m^2＝2. 40万元	2.40	2004年前
8	报建费：有质检、安检、白蚁防治和各种需要建设单位缴纳的费用基金	5.00	2004年前
9	主体工程建安费用：估算指标1000元／m^2（沙湾地区价格）。中队按1000m^2×1000元／m^2＝100.00万元	100.00	2005年前
	合计	227	

各消防站工程投资估算表（万元）　　附表3

站名 / 项目	中区消防站	西区小型消防站	总计
基建投资	852	227	1079

消防站灭火器材配备标准及估算　　附表4

消防站类别 / 名称	普通消防站		特勤消防站	参考单价（元）
	标准型	小型		
机动消防泵	2台	1台	3台	86000
移动式水带卷盘或水带槽	2个	1个	3个	30000

名称 \ 消防站类别	普通消防站		特勤消防站	参考单价（元）
	标准型	小型		
移动式消防炮	1个	—	2个	25000
A、B类比例混器、泡沫液桶、空气泡沫枪	2套	1台	2套	45000
消火栓扳手、水枪、水带、分水器、接口、包带、护桥等常规器材工具	所按配车辆技术标准要求配备			
每站费用小计（万元）	34.7	16.1	48.8	—

注：价格按2000年市场参考价。

消防站抢险救援器材配备标准及估算　　附表5

品种 \ 类别	普通消防站		特勤消防站	参考单价（元）
	标准型	小型		
化学侦检器材	—	—	1套	198000
洗消处理器材	—	—	1套	360000
液压破拆组合器材	1中组套	1小组套	1大组套	170000
机动切割器具	1台	1台	1台	18000
无火花工具	1套	—	1套	23000
起重气垫	1套	—	1套	230000
堵漏、抽吸器材	1套	—	1套	85000
消防热像仪	1台	—	2台	26000
消防排烟机	1台	—	2台	70000
照明灯具	1套	1套	1套	65000
强光手电	每班2只	每班2只	每班2只	8500
漏泄通信救生安全绳	每班2根	每班2根	每班2根	65000
缓降器	2个	1个	2个	15000
挂钩梯、两节梯、三节梯、软梯等登高工具	3套	1套	4套	25000
平斧、铁铤等一般破拆工具	3套	1套	4套	45000
救生气垫	—	—	1套	350000
生命探测器	—	—	1套	8000
储存罐	—	—	2个	3500
气动撬门器	—	—	4件	3500
拆爆设备	—	—	1套	260000
每站费用小计（万元）	99.6	74.3	239.5	—

注：价格按2000年市场参考价，每站人数按一班制战斗员考虑。

消防站消防人员防护器材配备品种数量及估算　　附表6

名称 \ 消防站类别	普通消防站		特勤消防站	参考单价（元）
	标准型	小型		
消防战斗服	每人1套	每人1套	每人2套	12000
消防手套	每人2双	每人2双	每人2双	1500

续表

名称 \ 消防站类别	普通消防站		特勤消防站	参考单价（元）
	标准型	小型		
消防战斗靴	每人2双	每人2双	每人2双	600
消防防化服	4套	1台	每班4套	3500
消防隔热服	每班4套	每班4套	每班4套	2600
消防避火服	2套	—	每班2套	18000
面罩外（内）置式消防头盔	每人1顶	每人1顶	每人1顶	1800
安全带、钩、腰斧、导向绳等	每人1套	每人1套	每人1套	2400
防毒面具（含呼吸过滤罐）	每人1个	每人1个	每人1个	1300
正压式空气呼吸器	每班4具	每班4具	每人1具	18000
空气呼吸器充气机和校验仪	—	—	各1套	360000
消防员紧急呼救器	每班4个	每班3个	每班1个	2500
绝缘手套和绝缘胶靴	每班2套	每班1套	每班3套	300
逃生面罩	—	—	20套	800
无线对讲头盔	—	—	每人1个	6800
每站费用小计（万元）	167.11	65.57	399.57	—

注：价格按2000年市场参考价，每站人数按一班制战斗员考虑。

各消防站装备投资估算表（万元）　　附表7

项目 \ 站名	中区消防站	西区消防站	总计
装备器材	150	0（现状搬迁，无须投资）	150

中区消防站配备车辆品种、数量及估算　　附表8

品种 \ 类别	标准型普通消防站			
	战斗车辆	后勤保障	单价（万元）	实施年限
水罐消防车	1		55	2005年
水罐或泵浦消防车	1		80	2004年
水罐或泡沫、干粉消防车	1		50	2005年
抢险救援消防车	1		80	2003年
每站费用小计（万元）	265			

近期建设消防站配备车辆投资估算表（万元）　　附表9

项目 \ 站名	中区消防站	西区消防站	总计
车辆	265	0（现状搬迁，无须投资）	265

消防站消防通信投资估算表 附表10

设备名称	数量	单价（万元）	总价（万元）	实施年限
头盔对讲机	30	0.5	15	2004年
火警终端台	1	5	5	2004年
车载台	6	1	6	2004年
手持机	10	1	10	2004～2005年
消防车辆动态终端机	4	1	4	2005年
固定台	1	1	1	2005年
固定基站设备	1	150	150	2005年
合计	—	—	191	—

市政消火栓建设投资表 附表11

时间	消火栓数量	总价（万元）
2003年	55个	27.5
2004年	36个	18.0
2005年	36个	18.0
合计	127个	63.5

近期投资汇总表（万元） 附表12

项目	消防站	消防装备	消防车辆	消火栓	通信设备	取水点	合计
资金	1079	150	295	63.5	191	12	1790.5

近期建设投资分年计划表（万元） 附表13

项目＼年份	总投资	2003年		2004年		2005年	
		中区	西区	中区	西区	中区	西区
消防站	1079	143	—	400	61	308	166
消防装备	150	50	—	50	—	50	—
消防车辆	295	90	—	90	—	115	—
消火栓	63.5	27.5		18		18	
通信设备	191	—	—	26	5	155	5
取水点	12	6	—	6	—	—	—
小计	1791	317	—	590	66	646	171

参考文献

[1] 中华人民共和国国家统计局.中国统计年鉴2015 [M] .北京：中国统计出版社，2015.

[2] 中华人民共和国公安部消防局.中国消防年鉴2014 [M] .昆明：云南人民出版社，2014.

[3] 焦双健，魏巍．城市防灾学 [M]．北京：化学工业出版社，2006.

[4] 何振德，金磊．城市灾害概论 [M]．天津：天津大学出版社，2005.

[5] 张书余，乔锐平，陈道红.气象与城市火灾及预报方法研究 [J] .气象，1999（10）：48-52.

[6] 高歌，祝昌汉，张洪涛．北京市火险气象等级预警数值模拟研究 [J]．应用气象学报，2002（5）：611-620.

[7] 上海市消防局.上海市消防科技“十二五”发展规划（2011—2015年）[Z] .

[8] 邓建华.城市消防规划学 [M] .北京：群众出版社，1997.

[9] 李德华.城市规划原理 [M] .北京：中国建筑工业出版社，2001.

[10] 中华人民共和国公安部消防局.中国消防手册第三卷“消防规划·公共消防设施·建筑防火设计” [M] .上海：上海科学技术出版社，2006.

[11] 上海市城市规划设计研究院，上海市消防局.上海市消防规划（2003—2020年）[Z] .

[12] 上海市城市规划设计研究院，上海市消防局.上海市消防规划（2003—2020年）（文本说明）[Z] .

[13] 马桐臣，杜霞.城市消防规划技术指南 [M] .天津：天津科学技术出版社，2004.

[14] 上海市消防局，中华人民共和国公安部上海消防研究所.社会消防发展综合评价指标体系及评价方法研究报告 [R]，1994.

[15] 马锐，阚强，吴丹等．火灾危险源与火灾隐患之辨析 [J]．安全，2005（6）.

[16] 吴宗之，高进东．重大危险源辨识与控制 [M]．北京：冶金出版社，2001.

[17] 刘诗飞，詹予忠.重大危险源辨识及危害后果分析 [M] .北京：化学工业出版社，2004：140.

[18] 魏立军，多英全，吴宗之．城市重大危险源安全规划方法及程序研究 [J]．中国安全生产科学技术，2005（1）.

[19] 范维澄，孙金华，陆守香等.火灾风险评估方法学 [M] .北京：科学出版社，2004.

[20] 中国人民武装警察部队学院国家“十五”科技攻关《城市区域火灾风险评估技术的研究》课题组.《城市区域火灾风险评估技术的研究》专题研究报告 [R]，2004.

[21] USFA .Information on the Risk，Hazard and Value Evaluation [Z]，1999.

[22] 中华人民共和国化工部化工劳动保护研究所．“化工厂危险程度分级”研究报告 [R]．1992.